如何玩转专利大数据
——智慧容器助力专利分析与运营

陈玉华 主编

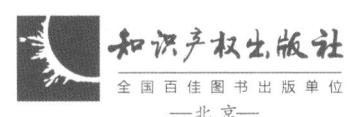

—北京—

图书在版编目（CIP）数据

如何玩转专利大数据：智慧容器助力专利分析与运营／陈玉华主编．—北京：知识产权出版社，2019.7
ISBN 978-7-5130-6088-2

Ⅰ.①如… Ⅱ.①陈… Ⅲ.①专利—分析—数据处理 ②专利—运营管理—数据处理 Ⅳ.①G306-39

中国版本图书馆 CIP 数据核字（2019）第 175431 号

责任编辑：雷春丽　　　　　　　　　　责任印制：刘译文
封面设计：张　悦

如何玩转专利大数据
——智慧容器助力专利分析与运营

陈玉华　主编

出版发行：知识产权出版社 有限责任公司	网　址：http://www.ipph.cn
社　　址：北京市海淀区气象路50号院	邮　编：100081
责编电话：010-82000860 转 8004	责编邮箱：leichunli@cnipr.com
发行电话：010-82000860 转 8101/8102	发行传真：010-82000893/82005070/82000270
印　　刷：北京九州迅驰传媒文化有限公司	经　销：各大网上书店、新华书店及相关专业书店
开　　本：720mm×1000mm　1/16	印　张：22
版　　次：2019年7月第1版	印　次：2019年7月第1次印刷
字　　数：345千字	定　价：88.00元
ISBN 978-7-5130-6088-2	

出版权专有　侵权必究

如有印装质量问题，本社负责调换。

《如何玩转专利大数据》编委会

主　编：陈玉华

副主编：姚宏颖　崔海波

执笔人：（排名不分先后）

魏　峰	王晓飞	徐卫锋	董　刚	杨　栋
王　平	刘梦瑶	王　伟	杜婧子	张思秘
白露霜	胡丽丽	陈毅强	徐　晓	周　正
刘　可	张　涛	王欣玥		

前　言

　　当前，全球产业竞争空前激烈，产品生命周期急速缩短，市场竞争已经从产品制造层面的竞争，发展到企业研发、创新能力的竞争。因此，企业之间的竞争越来越聚焦于知识产权的争夺和技术的竞争，更多的企业偏爱于利用专利分析的手段来了解行业态势、预估侵权风险、预测技术发展。

　　然而，随着专利信息步入大数据时代，在实际的专利分析过程中仍然存在一些不足，例如，数据量庞大，在专利数据的海洋中寻找真正有价值的信息的成本较高；存在一定的时间滞后，无法完全涵盖整个领域的创新活动；无法完全准确及时地评价企业现状及活动。

　　在当今技术爆炸的信息时代，大数据处理的技术已有很多，但是对于如何将专利分析与大数据进行技术上的结合却鲜有研究。专利大数据由于数据庞杂、数据形式和来源多种多样而具有高维度、数据格式难以统一、非结构化内容众多的特点；同时由于专利分析所针对的场景、应用以及需求各异，分析数据的方法也需要根据专利大数据的特性，结合各种学科建模工具实现流程多变的处理和加工。正是由于专利大数据及其相关分析的特点，导致传统的专利数据分析处理平台配置和部署相对繁琐，组件间的相互依赖关系复杂，创新主体在开展专利分析工作时，怯于从零开始的部署和实施，更多的是采用"一项目一框架"的分析方式。

　　本书正是从专利大数据的上述特点出发，重点分析研究专利大数据"维度高""多源""异构"等特性，结合被誉为"数据集装箱"的容器技术，探索解决专利大数据的上述问题。本书将容器的思想引入到专利大数据分析处理的具体方法中，将专利分析中常用的服务类型与容器结合，对专利服务和专利运营的全生命周期进行分析，对专利数据进行基于容器的建模，以使

如何玩转专利大数据

专利分析变得更加的高效，在政府机关、公益组织、研究机构、企业等创新主体进行专利分析运营时，可以更加快速准确地提取专利大数据中的价值，从而实现专利智慧的挖掘和传承。

本书共包括八章内容，各部分的完成人员如下：

第一章由王晓飞、徐卫锋完成；第二章由董刚完成；第三章第3.1节、第3.2节由杨栋完成，第3.3节由王平完成；第四章第4.1节由刘梦瑶完成，第4.2节由杜婧子完成，第4.3节、第4.4节由王伟完成，第4.5节由白露霜完成，第4.6节由胡丽丽完成；第五章由魏峰完成；第六章第6.1节由陈毅强完成，第6.2节由徐晓、周正完成，第6.3节由刘可、张思秘完成，第6.4节由王平完成；第七章第7.1节由张涛完成，第7.2节由王欣玥完成；第八章由王晓飞完成。

由于水平有限，书中错误在所难免，敬请国内外专家指正。

编　者

2019年3月

目　录
CONTENTS

第一章　概述　　1

第二章　专利大数据　　4

 2.1　大数据变革　　4
  2.1.1　大数据产生的背景　　4
  2.1.2　大数据的概念与特征　　6
  2.1.3　大数据技术架构　　9

 2.2　应运而生的专利大数据　　15
  2.2.1　专利大数据产生的背景　　15
  2.2.2　专利大数据的概念、特征与价值　　16
  2.2.3　专利大数据资源的现状　　22

 2.3　基于专利大数据的专利分析和运营　　26
  2.3.1　基于专利大数据的专利分析　　26
  2.3.2　基于专利大数据的专利运营　　31

 2.4　专利大数据的智能分析　　34
  2.4.1　专利大数据智能分析的发展趋势　　34
  2.4.2　基于专利大数据智能分析的必要性　　37
  2.4.3　现有方法、工具及系统架构　　39

第三章　容器思想　　43

3.1　从大数据到容器思想　　43
3.2　容器思想的内涵与外延　　46
3.2.1　容器思想的内涵　　46
3.2.2　容器思想的外延　　54
3.2.3　容器思想与其他数据处理思想的比较　　56
3.3　容器应用于专利分析和专利运营的必要性和可行性　　57
3.3.1　容器应用于专利分析的必要性和可行性　　57
3.3.2　容器应用于专利运营的必要性和可行性　　59

第四章　专利分析容器　　62

4.1　容器与专利分析的结合　　62
4.1.1　专利分析服务的价值　　62
4.1.2　专利分析服务的现状　　64
4.1.3　容器与专利服务的结合分析　　71
4.2　容器与专利分析项目　　75
4.2.1　专利分析项目　　75
4.2.2　容器与专利分析项目的结合　　76
4.2.3　专利分析项目容器的应用　　89
4.3　容器与专利稳定性项目　　92
4.3.1　专利稳定性项目　　92
4.3.2　容器与专利稳定性项目的结合　　94
4.3.3　专利稳定性项目容器的应用　　102
4.4　容器与专利主题检索项目　　103
4.4.1　专利主题检索项目　　103
4.4.2　容器与专利主题检索项目的结合　　104
4.4.3　专利主题检索项目容器的应用　　109
4.5　容器与专利导航项目　　110
4.5.1　专利导航项目　　110

		4.5.2	容器与专利导航项目的结合	111
		4.5.3	容器在专利导航项目的应用	125
	4.6	容器与专利预警项目		128
		4.6.1	专利预警项目	128
		4.6.2	容器与专利预警项目的结合	133
		4.6.3	专利预警项目容器的应用	135

第五章 专利运营容器　　　　　　　　　　　　　　　　142

	5.1	容器与专利运营的结合		142
		5.1.1	专利运营的概念与价值	142
		5.1.2	专利运营的特点与问题	145
		5.1.3	容器与专利运营的结合	152
	5.2	容器在专利价值评估中的应用		157
		5.2.1	专利价值评估概述	157
		5.2.2	专利价值评估项目数据	163
		5.2.3	容器与专利价值评估的结合与应用	168
	5.3	容器在高价值专利挖掘中的应用		184
		5.3.1	高价值专利挖掘概述	184
		5.3.2	高价值专利挖掘项目数据	187
		5.3.3	容器与高价值专利挖掘项目的结合与应用	193
	5.4	容器在专利布局中的应用		200
		5.4.1	专利布局概述	201
		5.4.2	专利布局项目数据	204
		5.4.3	专利容器与专利布局的结合与应用	210

第六章 容器的实现　　　　　　　　　　　　　　　　　220

	6.1	专利大数据容器系统的设计		221
		6.1.1	容器在专利大数据系统中的作用	221
		6.1.2	专利大数据容器系统的结构	223

6.1.3	项目检索设计	225
6.1.4	新项目建立设计	228
6.1.5	项目导入设计	231
6.1.6	图表生成及算法复用设计	235
6.1.7	生成报告流程设计	238
6.1.8	项目管理设计	240
6.1.9	角色设计	241
6.2	容器数据结构的实现	242
6.2.1	容器的高维数据模型	243
6.2.2	容器的分层结构和组合结构	245
6.2.3	容器的构建机制	246
6.2.4	容器的安全机制	248
6.2.5	容器的存储机制	248
6.2.6	容器的封装机制	250
6.2.7	容器的接口适配机制	256
6.2.8	容器的性能提升机制	257
6.2.9	容器的联动更新机制	259
6.2.10	容器的接口路径机制	263
6.2.11	专利容器的实现	264
6.3	基于微服务的专利容器实现	266
6.3.1	为什么使用微服务	266
6.3.2	Spring Cloud 微服务框架	268
6.3.3	专利容器的微服务实现	272
6.4	基于 Docker 的专利容器分布式部署	293
6.4.1	Docker 与虚拟机	294
6.4.2	Docker 到底是什么	296
6.4.3	Kubernetes 实践	297
6.4.4	高可用及自动发现专利容器服务的远期架构规划	302

第七章　应用前景分析与展望　　　　　　　　　　　　　　　　**303**

7.1　容器思想进一步提升价值　　　　　　　　　　　　　　　303
- 7.1.1　容器思想提升专利分析运营　　　　　　　　　303
- 7.1.2　专利容器的扩展运用　　　　　　　　　　　　308
- 7.1.3　基于容器的专利分析运营的附加值　　　　　　310

7.2　基于容器的专利体系构成　　　　　　　　　　　　　　　314
- 7.2.1　基于容器的专利大数据在产品研发的应用　　　315
- 7.2.2　基于容器的专利大数据在专利申请的应用　　　317
- 7.2.3　基于容器的专利大数据在专利审查的应用　　　317
- 7.2.4　基于容器的专利大数据在专利侵权的应用　　　318
- 7.2.5　基于容器的专利大数据在专利引进的应用　　　320
- 7.2.6　基于容器的专利大数据在政府管理的应用　　　323
- 7.2.7　基于容器的专利体系融合　　　　　　　　　　326

第八章　总结　　　　　　　　　　　　　　　　　　　　　　　　**327**

8.1　基于容器的专利质量评估　　　　　　　　　　　　　　　327
- 8.1.1　基于容器的申请质量评估　　　　　　　　　　328
- 8.1.2　基于容器的专利价值评估　　　　　　　　　　329

8.2　基于容器的专利智能再分类　　　　　　　　　　　　　　330
8.3　基于容器的审查过程数据分析　　　　　　　　　　　　　334
8.4　基于容器的创造性评判　　　　　　　　　　　　　　　　336
- 8.4.1　基于容器的创造性因子选择模型　　　　　　　337
- 8.4.2　基于容器的公知常识鉴定模型　　　　　　　　338

参考文献　　　　　　　　　　　　　　　　　　　　　　　　　　**340**

第一章 概　　述

21世纪，世界进入知识产权博弈的时代，"专利大战"不断在世界各地上演。专利的保护和应用已经构成人们经济活动中的重要内容。与此同时，专利信息也步入了大数据时代。2015年9月5日，国务院印发《促进大数据发展行动纲要》，标志着大数据上升为国家发展战略。该战略对政府治理与服务提出更加精细化、科学化、规范化的管理要求，也对政府管理和服务数据的公开共享与开发利用提出了更为明确的要求。在保护知识产权方面，《国务院关于新形势下加快知识产权强国建设的若干意见》的发布标志着知识产权战略已上升为国家战略，面对国民经济的快速发展和对知识产权保护的强烈需求，专利创造、管理、运用、保护和服务能力都需要进行进一步的、实质性的提升，专利行业必然也会贯彻以数据驱动为核心的战略规划。而专利大数据作为拥有高质量"大数据资源"和高潜力"知识产权附加值"的双重属性的信息载体，正在获得越来越多的政府部门与产业界的关注。

一方面，从数据体量上来说，目前全世界拥有超过一亿件专利文献，并以每年百万件以上的速度增加。面对海量的专利文献数据，如何有效地从纷繁复杂的专利文献海洋中获得有价值的信息，是一个亟待解决的问题。而随着技术创新和"双创"的开展，一些大数据企业也将视线投入到专利数据上，同时，专利行政管理机构以及专利行业内企业也期望利用专利大数据进行创新。正如2015年9月15日，国家知识产权局局长申长雨在以"专利运用新业态支撑经济发展新常态"为主题的专利信息年会上指出的那样：要实现专利信息服务与互联网和大数据的深度结合，既要依托互联网提高专利信息的传播利用效率，也要借助大数据对专利数据信息进行深度整合、加工、挖掘、处理，并实现与经济、贸易等数据的关联分析，使更有价值的隐性信息浮出水面，加以利用。

另一方面，从数据价值含量上来说，在各个行业海量的大数据资源中，专利大数据无疑是最有研究价值的大数据体系之一，专利作为国家自主创新成果的重要载体，具有重要的启发性、可靠性和准确性。专利是世界上最大的技术信息源，包含了世界全部科技信息的90%—95%。专利文献完整记录了专利活动，是世界上反映科学技术发展最迅速、最全面、最系统的信息资源。作为自成体系的专利大数据，其具有以下特点：一是来源广泛、覆盖面全，专利大数据包括物理、化学、生物、医药、电学等诸多方面，几乎涵盖了绝大多数的技术领域，是世界上最大的信息源之一；二是专利数据复杂度高，仅数据内涵就涉及大量著录项目，如申请号、公开号、申请人、发明人、代理人，各国各类型的专利数据还具有数据形式多样性、数据格式的非统一性、数据纬度高等特点；从数据外延来说，专利数据因其与科技、法律、经济高度关联，被人们誉为"技术一体化信息"，其信息含量可见一斑；三是专利大数据的更新周期快，专利文献涵盖的是全世界最新的发明创造信息，专利大数据必然随之快速更新；专利的以公开换取保护的实质也决定了专利大数据具有较强的时效性。

针对以上特点，专利数据的分析处理还存在自身的一些不足与困难，难以实现专利大数据的智能分析，例如，数据量庞大，在专利数据的海洋中寻找真正有价值的信息的成本较高；存在一定的时间滞后，无法完全涵盖整个领域的创新活动；无法完全准确及时地评价企业现状及活动。

在当前技术爆炸的信息时代，大数据处理的技术已有很多，然而，大数据作为一个专有名词成为热点，主要应归功于近年来互联网、云计算、移动和物联网的迅猛发展。无所不在的移动设备、射频识别、无限传感器每分每秒都在产生数据，数以亿计用户的互联网服务时时刻刻在产生巨量的交互，要处理的数据量太长，增长太快，而业务需求和竞争压力对数据处理的实时性、有效性又提出了更高要求，传统的常规技术手段根本无法应付。在这种情况下，技术人员纷纷研发和采用了一批新技术。但根据专利大数据的特点，为专利数据量体裁衣，专门为专利数据的分析运营服务的方法和技术还极为欠缺。

为了具体解决上述问题，可采取以下措施：首先，在数据方面，不同来源的专利数据要去伪存真，异构的数据要识别和定义，不同维度的数据要关联和交互；其次，针对不同专利分析目的和对象，分析建模工作将必不可少，其中需要将包括语义学、关联学、分类学等方法综合应用；最后，在分析工具和可视化方面，如何使结果的呈现更直观、更便于观察，并具备可交互性，这些都已经远远超出目前大多数图表工具的功能界限，都需要全新的设计和实践。

本书正是从专利大数据的特点出发，重点分析研究专利大数据"维度高""多源""异构"的特点，这些也正是专利大数据处理的难点和痛点，而随着技术界容器大会的召开，百度、Google、阿里巴巴等IT巨头都已经将大数据的进展聚焦到容器技术上，结合应用被誉为"数据集装箱"的容器技术，来解决专利大数据的上述问题已一一成为可能。本书旨在探索将容器的思想引入到专利大数据的分析处理中的具体方法，将专利分析中常用的服务类型与容器结合，对专利服务和专利运营的全生命周期进行分析，对专利数据进行基于容器的建模，解决专利大数据如何高效挖掘和连通信息孤岛、重复利用等问题，以实现专利服务和专利运营过程中的检索复用、算法复用、技术分解复用、可视化图表复用等目的，从而实现专利智慧的传承，并且基于软件工程、软件设计对上述具体过程设计了实现模式。

容器思想的"初心"是专利大数据的高效分析挖掘和分析结果再利用，它的设计不仅很好地支撑了这个"初心"的实现，也蕴含了巨大的扩展能力，本书即对如何打造智慧数据容器来助力专利分析与运营进行探索，带你走进如何玩转专利大数据的世界！

第二章　专利大数据

随着信息化技术的普及和推广，尤其是承载数据处理能力、网络传输能力、数据存储能力等信息基础设施的建设运营成本降低，性能提升，大数据迅速发展成为科技界、企业界关注的宠儿。著名管理咨询公司麦肯锡称："数据已经渗透到当今每一个行业和业务职能领域，成为重要的生产因素。人们对于大数据的挖掘和运用，预示着新一波生产力增长和消费盈余浪潮的到来。"[1] 美国政府也认为：大数据是"未来的新石油"，一个国家拥有数据的规模和运用数据的能力将成为综合国力的重要组成部分，对数据的占有和控制将成为国家之间、企业之间新的争夺焦点。大数据已成为各行各业关注的新热点，"大数据时代"已然来临。

2.1　大数据变革

2.1.1　大数据产生的背景

信息化技术发展的早期，由于数据源比较单一，信息基础设施价格高昂，限制了人们对数据应用的能力和想象空间，仅通过数据库进行数据的存储和

---

[1] Manyika J, Chui M, Brown B, Bughin J, Dobbs R, Roxburgh C, Byers AH. Big data: The next frontier for innovation, competition, and productivity, 2011 [OL] [2019-03-20]. http://www.mckinsey.com/insights/business_technology/big_data_the_next_frontier_for_innovation.

分析即可满足一般的信息化要求。但随着信息化技术的发展，尤其是软硬件技术的升级换代，尤其是各种传感网络和传感设备作为承载大量数据的主体，其各自异构的特点使得所承载的数据呈现出多样且复杂的特征。以社交网络为例，以微信、微博、推特、脸书等为代表的新型社交媒体发展势头迅猛，已经成为社会大众工作生活的主要载体。地铁上、公园里，低头浏览手机的人随处可见，甚至行色匆匆的行人都时不时地低头浏览手机。人们比以往任何时候都更加频繁地通过互联网与外界收发信息，仿佛害怕随时可能被这个高速运转的社会"丢弃"。"输入/输出"信息流成了人类世界中，比物质循环层次更高一个水平的循环承载方式。根据国际数据资讯公司（International Data Corporation，IDC）的监测，全球数据量大约每两年翻一番，预计到2020年，全球将拥有35ZB（10的21次方）的数据量，并且85%以上的数据以非结构化或半结构化的形式存在。

这么大的数据量，无非产生自三个层面。第一，产生自"人"。任何技术的产生、发展、升华和淘汰无不伴随着人类个体需求的变化。例如，人们利用纸笔记载人体健康指标，指标数量有限，载体容易灭失，特别是由于工作负担和分析手段的局限性而导致周期往往较长。随着技术的发展，人体监测腕表的出现为人们关注个体的生命质量扫平了各种技术障碍，特别是这样的腕表可以不受周期设置的影响，如果愿意，它能够在整个个体生命周期中全程记录人体健康指标数据，并进行实时分析。第二，产生自"社会"。社会具体指在特定环境下共同生活的人群，能够长久维持的、彼此不能够离开的、相依为命的一种不容易改变的结构[①]。人群中大量的个体在共同生活的环境中将产生大量的交互数据，从时间维度来看，这属于过往的社会历史数据，但从应用维度上来看，也可以用于指导当下与将来一个时段内的社会生活。例如，交通状态的实时播报、地铁人流的实时监测、股票市场的实时盘面涨跌、食品物价升降的实时变化。第三，产生自"自然"。社会是由人组成的，人有意识、有目的地改造自然和社会。而社会承载于自然之上，人们对自然的认识、改造程度直接决定了社会发展的水平和深度。人类通过持续创新的科技手段不断调整社会与自然的关系，保持两者的和谐共生与动态平

---

① 百度百科"社会"词条［OL］［2019-04-02］. https://baike.baidu.com/item/社会/73320.

衡。例如，对自然的认识，以及基于这样的认识的改造可以通过各种传感器、物联网等技术手段持续不间断地获取大量环境记录数据，如长江上中下游联动的水文数据、整个华北平原各省的PM2.5联动变化数据、渤海湾海水涨落变化数据。对这些持续监测的数据进行监控和分析，不但可以预防灾害的发生，更能指导人类的社会经济活动。最终，使得人、社会、自然能够协调发展。可以看出，人们期待能够方便且低成本地获取、存储如此难以想象的大规模数据，并且当这些数据以难以置信的全面、细致程度呈现了人们的面前时，人们唯一能够想到的是如何享用这样的数据大餐，从而最大程度地利用这些数据来拓展认知深度和广度。正如史蒂夫·洛尔在《大数据主义》一书中所说，大数据技术，就是数字时代的"望远镜"和"显微镜"，使我们可以看到并计量之前我们一无所知的新事物，"望远镜"让我们看得更远，发现新的星系，而"显微镜"则将比细胞更微小的神秘世界展现在我们眼前。

2.1.2 大数据的概念与特征

2.1.2.1 大数据的概念

关于大数据如何定义，研究机构Gartner的定义是：大数据是指需要新处理模式才能具有更强的决策力、洞察发现力和流程优化能力的海量、高增长率和多样化的信息资产。麦肯锡的定义为：大数据是指无法在一定时间内用传统数据库软件对其内容进行采集、存储、管理和分析的数据集合。舍恩伯格·维克托在《大数据时代》中的定义为：大数据指不用随机分析法（抽样调查）这样的捷径，而采用所有数据的方法。徐宗本院士则在第462次香山科学会议上的报告中，将大数据定义为"不能够集中存储并且难以在可接受时间内分析处理，其中个体或部分数据呈现低价值性而数据整体呈现高价值的海量复杂数据集"[1]。

虽然以上关于大数据定义是基于不同的角度和侧重，但所描绘出的结果基本一致，即大数据本质上就是一种数据集合，且是一种从产生、储存、管理和分析应用均有别于传统数据库的数据集合。为了更好地体会上述区别，

---

[1] 徐宗本，张维，刘雷，等."数据科学与大数据的科学原理及发展前景"：香山科学会议第462次学术讨论会专家发言摘登 [J]. 科技促进发展，2014, 10 (1): 66—75.

我们需要回答下面的问题，即按照数据库中传统的数据采集、存储、管理和分析的方法将数据累积到一定的规模后是否能称之为大数据？

首先，传统数据库中的数据总是伴随着现实活动而产生并存储，例如，只有发生了股票交易，才会产生股票交易信息，并在数据库中产生一条交易记录。而后，云计算、物联网以及传感技术的发展，使得数据以一定的速率源源不断地产生，该阶段的数据呈现自发性。即数据产生方式经历了被动到自发式的历程，其已经脱离了对活动的依赖性，突破了传统时间的限制，具备了持续不间断产生的特性[1]。其次，大数据已经出现在各种领域，包括互联网金融、教育、医疗、科研、娱乐等，且数据所应用的领域与数据产生的领域并无严格的界限。最后，产生数据的主体也从传统的"人"，扩展到"机"（信息系统）和"物"（如"摄像头""动态心电图"）。综上所述，数据产生方式已经发生了历史性的变革，其是由人、机、物协同作用，不间断、跨领域地进行，这种数据产生方式已经突破了传统数据的概念，其必然导致数据性质的变革——大数据变革。

现在我们再回到上面的问题，按照数据库中传统的数据采集、存储、管理和分析的方法将数据累积到一定的规模只能被称之为"大规模数据"，仅是数据规模巨大，而非"大数据"。

2.1.2.2 大数据的特征

相比于传统的数据，业界将大数据的特征主要概括为五个层面，并已经达成广泛的共识。

第一，体量大（volume）。例如，科研领域中，大型强子对撞机在一年内积累的新数据量就达到15 PB左右。[2] 在互联网领域，每秒使用Google搜索引擎的用户数量已超过200万，而Twitter每天的发推量已经超过了3.4亿。航空航天领域中，仅一架双擎波音737在横贯大陆的洲际飞行过程中，各种传感器网络便会产生近240TB的数据。综合各个领域，目前积累的数

---

[1] 孟小峰，慈祥. 数据管理：概念、技术与挑战 [J]. 计算机研究与发展，2013，50（1）：146—149. MENG X F, CI X. Big data management: concepts, techniques and challenges [J]. Journal of Computer Research and Development, 2013, 50 (1): 146—149.

[2] 覃雄派，王会举，杜小勇，等. 大数据分析：RDBMS与MapReduce的竞争与共生 [J]. 软件学报，2012，23（1）：32—45.

据量已经从 TB 级上升至 PB、EB 甚至已经达到 ZB 级别，其数据规模已经远远超出了现有计算机所能够处理的量级。之所以产生如此巨大的数据量，一是由于各种传感器、仪器、机器的使用，使我们能够近乎无限制地从不同的角度、维度更全面地感受更多的事物，而以前对这些事物的了解往往受到时间、空间的制约。二是由于网络带宽速度的增加，以及价格的降低，使得数据的传送更加便宜和高效。三是由于集成电路技术的飞速发展，使得各种数据处理成为可能且更加高效，赋予数据更为智能和丰富的内涵。

第二，种类繁多（variety）。随着各种采集仪器、智能设备的使用，以及社交网络的普及和流行，数据类型也变得更加纷繁复杂，不仅包括传统的结构化、关系型数据，同时还要考虑文本、音频、视频等非结构化、半结构化数据。非结构化、半结构化数据的体量是结构化大数据的几十倍甚至更多，涵盖的内容更加广泛和丰富，因此，其也是大数据处理的主流和着眼点。

第三，价值密度低（value）。数据量呈指数增长的同时，隐藏在海量数据中的有价值内容没有同比例的增长，而是更加稀疏，这就加大了获取有价值内容的难度。而这样的难度增加需要在后期的大数据处理过程利用更加高效的挖掘算法予以抵消。

第四，速度快（velocity）。这是大数据区分于传统数据的最显著特征。根据 IDC 的报告，预计到 2020 年，全球数据使用量将达到 35.2ZB。一方面，数据产生的速度快。即在短时间内产生 TB 级别的数据，例如，大型强子对撞机、天文射电望远镜，即"爆炸型"的数据产生，又如 Google、Twitter、GPS 位置信息等用户并发使用，即"密集使用型"的数据产生；另一方面，数据处理的速度快。在如此海量的数据面前，处理数据的速度是制约大数据价值体现的"瓶颈"。根据"1 秒定律"，要在秒级时间范围内给出分析结果，超出这个时间，数据就失去了价值[1]。因此，只有与大数据的"快产生"

---

[1] HUANG S, CAI L, LIU Z, HU Y. Non-structure data storage technology-An discussion [C]. 2012 IEEE/ACIS 11th International Conference on Computer and Information Science, China: Shanghai, 2012: 482—487.

相匹配的"快处理",才能释放大数据技术的实时性,使得大数据技术脱离"事后总结",从而具有"未卜先知"的魅力。

第五,真实性(veracity)。大数据的真实性特征是指大数据的数据质量和可信赖度。大数据的真实性是大数据技术的生命线,如果不能保证数据质量及其可信赖度,则其就没有存在的价值。大数据数据源的真实、全面以及数据处理过程的科学、严谨、准确则是大数据权威和可信的重要保障。其中,数据清洗则是目前有效利用大数据,保证其质量和可信赖度的被普遍接受的技术。主要是清除和减少由于抽样、采集、输入等环节出现的错误以及缺失值和虚假数据等对数据造成的"污染"。目前关于数据清洗,已发展出一些较为规范和专用的算法软件、应用系统和工作流程。例如,在大数据处理过程中,经常出现的离群值、奇异值,其是反映事物发展规律的正常波动,或是人为控制,则需要结合具体情况进行分析,以便精准、细致地找出大数据体现的事物发展和变化的内在机理,从而保证大数据的真实性。

综上所述,大数据的"5V"特征表明其不仅是数据海量,对于大数据的分析将更加复杂、更追求速度、更注重实效。

2.1.3 大数据技术架构

2.1.3.1 技术概览

大数据的产生颠覆了传统数据处理技术的一系列技术。例如,大数据的不间断持续获取方式导致数据规模呈指数增长;而大数据数据类型种类繁多的特点,使得索引、查询以及存储都面临着革命性的考验,也就是说,这样的考验并非原有技术的简单升级。因此,针对体量大、种类繁多、价值密度低、产生和处理速度快且需要保证真实性的大数据,将大数据技术架构分解为大数据的采集、大数据的分析及挖掘、大数据的存储以及大数据的结果形成与呈现。

2.1.3.2 大数据的采集

大数据采集的挑战是数据产生分散且速度快,其中,来自不同数据源的大数据,其类型、数据量以及用户数目不同,按照结构类型,可划分为三种类型:

如何玩转专利大数据

结构化数据（如关系数据库表）、半结构化数据（如 XML 文档）以及非结构化数据（如纯文本）。三种类型数据的特点如表 2-1 所示。

表 2-1 按结构划分的数据类型及其特点

数据类型	举例	数据特点
结构化数据（structured）	关系型数据库表	先有数据关系、数据结构，根据数据关系、数据结构产生数据
半结构化数据（semi-structured）	XML 文档	先有数据，无规则性结构
非结构化数据（unstructured）	纯文本	无规则且多样

其中，结构化数据可用二维表结构来逻辑表达实现，一般采用数据记录存储，而非结构化数据一般采用文件系统存储。据统计，目前大数据的构成中非结构化数据与半结构化数据占据主体地位，且非结构化数据以及半结构化数据规模呈膨胀式增长。由于半结构化数据以及非结构化数据的模式多样，没有强制性的结构要求，为大数据的存储、分析、呈现带来巨大挑战[1]。

不同数据源对应的数据采集方法以及工具也不同。例如，互联网领域中，许多业务平台每天都会产生大量的日志数据，对于这些日志数据，我们可以得到很多有价值的信息。而系统日志采集工具就是收集这些日志数据供后续离线和在线的实时分析使用。用于系统日志采集的大数据获取工具及其各自的特点如表 2-2 所示。

表 2-2 用于系统日志采集的大数据获取工具及其特点

工具名称	特点
Chukwa	Chukwa 是一个构建在大规模 Hadoop 集群基础上的分布式日志处理系统。它的实时性虽然停留在分钟级，但它提供了一整套强大且灵活的工具集，用于收集、展示、监控和分析日志数据

---

[1] HUANG S, CAI L, LIU Z, HU Y. Non-structure data storage technology-An discussion [C]. 2012 IEEE/ACIS 11th International Conference on Computer and Information Science, China: Shanghai, 2012: 482—487.

续表

工具名称	特点
Flume	Flume 是 Cloudera 提供的一个高可用的、高可靠的、分布式的海量日志采集、聚合和传输系统。Flume 支持在日志系统中定制各类数据发送方,用于收集数据。同时,Flume 提供对数据进行简单处理,并分析各种数据接收方的能力
Scribe	Facebook 开源的日志收集系统,能够从各种日志源上收集日志,存储到一个中央存储系统(如分布式文件系统)上,以便集中统计分析处理。当中央存储系统的网络或者机器出现故障时,Scribe 会将日志转存到本地或另一个位置,当中央存储系统恢复后,Scribe 会将转存的日志重新传输给中央存储系统
Kafka	Kafka 是一种高吞吐量的分布式发布订阅消息系统。通过磁盘数据结构提供消息的持久化,这种结构对于即使 TB 级别的消息存储也能够保持长时间的稳定性能。而其高吞吐量的特性即使非常普通的硬件也可以支持每秒数百万的消息①

通过网络数据采集的网络爬虫或网站公开的 API 等方式也可以从网站上获取数据。这样可以从网站上获取非结构化数据或半结构化数据,通过提取、清洗、转换成结构化数据,而与采集的结构化数据统一存储和管理。目前,常用的网页爬虫有 Apache Nutch、Crawler4j、Scrapy 等。

对于那些仍旧依赖于传统的关系型数据库 MySQL 和 Oracle 等来存储数据的企业而言,Redis 和 MongoDB 这样的工具也常用于数据采集,以获得组织运行过程中每时每刻所产生的业务数据,以数据库行记录的形式直接写入到数据库中,并由特定的处理分析系统进行数据清洗和分析。

由上可见,数据产生以及采集方式的发展为大数据的获得提供了重要基础。

2.1.3.3 大数据的分析及挖掘

大数据分析包括统计分析以及分类汇总,其挑战在于导入数据规模大,查询请求多;而大数据挖掘涉及数据分类、聚类、频繁项挖掘。整个过程复杂而且计算量大。

---

① Benchmarking Apache Kafka: 2 Million Writes Per Second (On Three Cheap Machines) [OL] [2019 - 04 - 10]. 2014 - 04 - 27, https://www.cnblogs.com/yanduanduan/p/6688209.html.

由于大数据技术可应用于不同的领域,而不同的领域往往对应不同的查询及处理需求。例如,互联网行业按照其业务需求,可以将大数据处理技术分为在线、近线以及离线①,其中,不同的模式下对于处理响应时间和处理需求存在明显的区别,如表2-3所示。

表2-3 不同模式对处理响应时间和处理方式的区别

划分标准	处理模式	特点	处理方式
按照处理响应时间	在线	毫秒级、秒级	流式处理
	近线	分钟级、小时级	批量处理
	离线	以天为单位	批量处理
按照处理需求	分布式处理	海量数据、数据拆分、结果汇总	批量处理
	非结构化数据处理	特殊数据类型的处理	文本处理、图像处理、音视频处理
	实时数据处理	时间短、数据源源不断且无尽头	流式处理

目前,根据不同的处理方式,现有技术中已存在的大数据处理系统包括批量数据处理系统和流式数据处理系统。前者包括著名的 Hadoop 生态系统,其源自 2002 年的一个网络搜索引擎项目 Nutch。Nutch 最初被用来进行页面信息的抓取和搜索,但随着网络的发展,网页的抓取信息越来越大,处理和存储问题困扰着开发人员,为了克服高性能处理和海量存储问题,在受到 Google 研发的 Google 文件系统 GFS 的启发下,开发了分布式文件系统 HDFS 和编程模型 MapReduce,并最终发展成了 Hadoop。目前,Hadoop 已经成了典型的大数据处理架构。而对应的实时处理需求衍生出的流式数据处理系统包括 Twitter 推出的可用于实时处理新数据和更新数据库的 Storm 系统、Linkedin 开发的自己的流式数据处理框架 Samza、Berkeley 提出的基于内存计算的可扩

---

① 孟小峰,慈祥. 数据管理:概念、技术与挑战 [J]. 计算机研究与发展,2013,50 (1):146—149. MENG X F, CI X. Big data management: concepts, techniques and challenges [J]. Journal of Computer Research and Development, 2013, 50 (1): 146—149.

展的开源集群计算系统 Spark 以及 Google 研发的交互式数据分析系统 Dremel。

2.1.3.4 大数据的存储

面对如何存储大数据的问题时，首先需要考虑的应该是数据量，即需要存储的数据的动态上限，从而选择相应量级的存储工具。当仅为响应用户简单的查询或者处理请求的情况下，且数据量在轻型数据库存储能力范围内时，可将数据存储至轻型数据库内。例如，关系型数据库 SQL、非关系型数据库 NoSQL 以及新型数据库 NewSQL。现有的用于大数据存储的主要轻型数据库产品如表 2-4 所示。

表 2-4 现有的用于大数据存储的主要轻型数据库产品

类型	所属公司	数据库名称	主要特点
SQL	EMC	Greenplum	大规模并行处理架构
	HP	Vertica	通过增加节点，可线性扩展集群的计算能力和处理容量
	Teradata	Aster Data	支持 SQL
NoSQL	Google	HBase	适合于非结构化存储
	Facebook	Cassandra	高扩展性，可随意添加节点；模式灵活，可随意添加或移除字段
	VMware	Redis	支持丰富的数值类型，且周期性的实现数据的持久化
NewSQL	Google	Spanner	可扩展
	Google	Megastore	融合 NoSQL 和传统关系型数据库
	Google	F1	高可用性、高可扩展性

关系型数据库是把所有的数据都表示为能够互相联接的二维行列表格，其具有非常好的通用性，但是 SQL 并不适宜于海量数据以及非结构化数据的查询等，所以用于大数据存储的关系型数据库需要作出针对性的改进才能满足大数据的存储以及查询要求。

例如，表 2-4 中的 EMC 公司的 Greenplum，其并不是简单的关系型数据库，而是属于关系型数据库集群，采取了 MPP 并行处理架构，查询速度快，数据装载速度快，批量 DML 处理快；Vertica 是具有 MPP 架构的分布式列式存储关系型数据库，其属于高效能、低成本的海量数据实时分析数据库；而 Teradata 公司开发的 Aster Data，其提供两种分析框架，SQL 与 MapReduce，并具有近似线性的扩展能力。

NoSQL 为非关系型数据库，主要分为键值存储数据库、列存储数据库、文档存储数据库、图形数据库。表 2-4 中 HBase 与 Cassandra 属于列存储数据库，MongoDB 属于文档型数据库，Redis 属于键值存储数据库。

NewSQL 是对各种新的可扩展、高性能数据库的简称，这类数据库不仅具有 NoSQL 对海量数据的存储管理能力，还保持了传统数据库支持 ACID 和 SQL 等特性，表 2-4 中的 Google 推出的 Spanner、Megastore 以及 F1 等均可归为 NewSQL 类型。

目前典型的大数据存储平台包括 Hadoop、BigTable、YunTable、HANA 以及 Exadata 等，以上数据库中除 Hadoop 外均可满足大数据的在线分析请求。

然而，随着 Web2.0 技术、重复数据删除技术、数据备份技术、数据加密存储技术、分布式存储技术、存储虚拟化技术的发展，云环境下的大数据存储将成为未来数据存储的发展趋势。

2.1.3.5 大数据的结果形成与呈现

大数据可视化，不同于传统的信息可视化。由于大数据的首要特点就是"体量大"，因而如何提出新的可视化方法以帮助人们分析大规模、高维度、多来源、动态变化的信息，并辅助地实时作出决策，成了这个领域最大的挑战。

为了解决这个问题，现有技术主要是从主客观两个方向入手，客观方面主要是简化数据，主观方面主要是视觉转换。前者包括对信息流进行压缩或者删除数据中的冗余信息，对数据进行简化[1][2]，后者则包括对重点数据进行

---

[1] Schroeder WJ, Zarge JA, Lorensen WE. Decimation of triangle meshes [J]. Computer Graphics, 1992, 26 (2): 65—70. [doi: 10.1145/133994.134010]

[2] Renze KJ, Oliver JH. Generalized unstructured decimation [J]. IEEE Computer Graphics and Applications, 1996, 16 (6): 24—32. [doi: 10.1109/38.544069]

细节展示，对不重要的数据简化表示[1][2]。

对大数据的结果形成与呈现可视化的探索仍然处在初始阶段，特别是对于动态多维度大数据流的可视化技术还非常匮乏，这不但需要扩展现有的可视化算法，还需要拓展出新的数据转换方法以便能够应对复杂的信息流数据，特别是，为了提高交互性以及辅助用户决策，需要更加创新的交互方式。

2.2 应运而生的专利大数据

2.2.1 专利大数据产生的背景

随着大数据时代的来临，一个大规模生产、分享和应用数据的时代正在开启，大数据已经影响到了我们的吃穿住行、经济、医疗、环境等方方面面，相关组织、机构所掌握的数据规模、对数据的分析运用能力已经成为考量其综合实力的重要因素。而在海量的大数据中，专利大数据无疑是最有研究价值的大数据之一。专利作为国家自主创新成果的主要载体，具有重要的启发性、可靠性和准确性。专利是世界上最大的技术信息源，包含了世界全部科技信息的90%—95%。专利文献完整记录了专利活动，是世界上反映科学技术发展最迅速、最全面、最系统的信息资源。因此，在研究开发过程中，发挥专利文献和专利制度的作用，不仅能提高研究的起点，而且能节约40%的研发费用和60%的研发时间[3]。大数据提供了空前的数据量，每个数据都是情报数据源，以大数据技术承载的专利数据，将隐含着巨大的经济价值。目前，全球的专利文献已超过1亿篇，而每1篇专利文献，通常都包括多个技术方案及数十个技术特征，且专利文献的申请人、发明人、公开日期、法律

---

[1] Plaisant C, Carr D, Shneiderman B. Image - Browser taxonomy and guidelines for designers [J]. IEEE Software, 1995, 12 (2): 21—32. [doi: 10.1109/52.368260]

[2] Plaisant C, Grosjean J, Bederson BB. Spacetree: Supporting exploration in large node link tree, design evolution and empirical evaluation. In: Proc. of the IEEE Symp. on Information Visualization (InfVis 2002) [J]. Washington: IEEE Computer Society, 2002. 57—64. [doi: 10.1109/INFVIS. 2002. 1173148]

[3] 卢青，赵澎碧. 大数据环境下的专利分析模型 [J]. 现代情报, 2018, 38 (1): 37—38.

状态等著录项目也达几十种,因此,这些专利文献的背后,需要分析的是百亿级数量的数据。与此同时,全球的专利申请量每年都在大幅增长,以我国为例,从 2015 年开始,我国相继实现年发明专利申请量和有效发明专利拥有量都突破了 100 万件的成就,彰显出中国市场的创新活力。以 2017 年为例,当年,中国专利申请量达 369.8 万件,较上一年同比增长 15.6%,其中发明专利、实用新型专利的申请量均突破 100 万件,分别达 138.2 万件和 168.7 万件①。此外,专利还含有技术、法律、经济等多种类别的信息,专利的说明书是文本数据,是典型的非结构化数据,因此专利大数据也完全符合大数据的 5V 特点。

2015 年 9 月 15 日,国家知识产权局局长申长雨在以"专利运用新业态支撑经济发展新常态"为主题的专利信息年会上指出:要实现专利信息服务与互联网和大数据的深度结合,既要依托互联网提高专利信息的传播利用效率,也要借助大数据对专利数据信息进行深度整合、加工、挖掘、处理,并实现与经济、贸易等数据的关联分析,使得更有价值的隐性信息浮出水面,加以利用。② 随着全球专利申请量的不断提高,海量的专利数据所蕴含的丰富的知识产权信息,是一座巨大的"金矿",如果对这些丰富的专利数据进行有效的采集、管理和处理并整理成为对企业经营决策具有参考价值的资讯,对我国创新驱动发展将具有重大作用。

2.2.2 专利大数据的概念、特征与价值

2.2.2.1 专利大数据的概念

专利大数据的内容包括专利相关活动中产生的数据,例如,专利申请、审查、许可、转让和诉讼等各方面的数据。但专利大数据是否仅包括这些专利数据本身就足够了?根据实践经验,在知识产权的保护和运用过程中,实际上需要除专利数据外的更多的数据支持。从广义上看,专利大数据除人们平常接触较多的专利数据外,还有着更广泛的内容——凡是有专利应用的地方,都会产生专利的数据资源。它不仅包括专利、版权、地理标识、商标、

---

① 2017 年国家知识产权局年报 [N]. 2018 - 05 - 03.
② 刘倩. 基于大数据对专利信息的分析 [J]. 电信网技术,2017 (3):21.

域名、植物新品种、传统非物质文化遗产等，也包括与专利密切相关的科技期刊论文、知识产权相关法律裁判文书、知识产权实施转让、商业情报等数据。例如，知识产权领域还包括著作权数据、商标数据，法律领域还包括复审无效数据、法律诉讼数据、行政执法数据等，经济领域还包括专利质押融资数据、专利转让许可数据、工商登记数据、营业收入数据、投融资数据、税收数据、海关统计数据等。真正的专利大数据是专利、商标、著作权、法律、经济甚至科技文献、标准等非专利数据的大数据集合。因此，我们说专利大数据是指包括专利文献型专利信息大数据和非专利文献型专利信息大数据的集合。在使用专利大数据时，不仅要关注专利数据本身的价值，也要重视专利与产业、经济和贸易等数据的关联分析，实现专利数据对产业和经济社会发展的贡献和价值。由于专利大数据蕴含着极其丰富的知识资源，因而对专利大数据进行深度挖掘和充分利用，不仅可以提高我国知识产权的发展水平，而且可以为我国创新驱动发展战略和产业转型升级提供良好的助力。

2.2.2.2 专利大数据的特征

专利是反映科技创新最重要的知识产权形式，保护对象为整个实用技术领域，许多发明成果仅通过专利文献公开，并不见诸于其他科技文献。专利信息不仅揭示发明创造的实用技术，也用来确定专利权人独占的权利范围，还可以反映专利产品和投资的市场趋势，是集技术、法律和经济于一体的信息。专利信息是知识产权战略管理和决策中最基础、最重要的信息来源，高质量的专利信息对于知识产权的创造、运用、保护和管理起着重要的促进作用。

通常事物均是具有外在和内在两方面的特征，具有重要研究价值的专利大数据也不例外。关于专利大数据的外在特征，其主要体现在两个方面，即专利大数据共有的特征（普遍特征）以及专利大数据独有的特征（特有特征）。

专利大数据的普遍特征包括以下几个方面：首先，专利大数据是能够被共享的。专利大数据与人们日常接触的物质等不同，不会随着时间的流逝而消耗，专利大数据的转换和利用可以一直进行下去，为大家所共享。目前，全世界的互联网上存在许许多多的专利大数据，这些专利大数据每天都在被

如何玩转专利大数据

很多的检索用户检索和使用，不受任何限制。其次，专利大数据是基于载体而存在的。大部分的专利大数据是一种文献信息，其是以文献信息的形式存在的，利用文献为载体来表达信息。一系列因专利法律规定而产生的专利文献，是专利大数据的主要载体。当然，专利大数据也可以是以非文献信息的形式存在的，可以借助专利文献载体之外的其他载体来表达、传播和利用。[①] 最后，专利大数据数据量巨大，更新周期快。随着各国技术创新速度的不断加快，专利申请量逐年增长，专利文献数据也越来越多。各国专利局都在不断地对专利数据进行更新，更新的速度缩短到了每周。更新的专利文献和数据被随时添加到专利数据库中。

专利大数据的特有特征包括以下几个方面：首先，专利大数据具有法律性。专利大数据是基于专利法而存在的，因此，专利大数据本身就是一种法律数据，专利大数据的法律性有助于人们借此来从事专利法律活动。例如，在完整的专利审查流程中，在专利纠纷的解决过程中，往往都需要借助于对专利大数据进行研究和使用，并借此维护专利权主体的合法权益。其次，专利大数据具有地域性。目前，世界上大部分的国家和地区均具有各自的专利法，而各国的专利法只能在其管辖范围内有效，也就是说专利法的效力有地域的限制。专利的地域性决定了专利大数据同样具有地域性。由于专利保护的地域性特点，各国专利制度存在明显差异，专利收录时间、专利类型、保护期限等因素的不一致性导致各国专利数据存在很大的差别。除了专利申请审查过程中产生的专利申请公开和授权数据，专利数据还包括专利交易中发生的专利许可转让数据，以及侵权诉讼中出现的专利诉讼数据等。另外，由于各国专利审查标准和程序不同，专利的质量和价值也存在很大的差异。这些都导致在专利数据的海洋中寻找真正有价值信息的成本较高。最后，专利大数据具有时效性。这是因为专利的法律效力是有时效性的。专利大数据的更新周期快。一方面，专利文献涵盖的是全世界最新的发明创造信息，而上述信息本身的更新周期是非常快的，因此，专利大数据必然随着信息的更新而快速更新。另一方面，专利的实质就是以公开来换取保护。不同国家和地区的专利以及不同类型的专利依据其类型的不同具有不同的保护期限。例如，

---

① 李建蓉. 专利信息与利用 [M]. 北京：知识产权出版社，2006：5—10.

我国发明专利的时效是 20 年，而实用新型专利的时效则是 10 年，专利所具有的时效性决定了专利大数据同样具有时效性。超出了保护期限，该专利文献就不再受专利法的保护。这也从另一角度促使了发明创造的不断更新，因此专利大数据本身具有时效性[①]。

关于专利大数据的内在特征，首先，专利大数据本身是集技术、法律、经济信息于一体的数据：（1）专利大数据的经济、科技、法律价值均较高，是一种复合型的数据源。专利大数据具有技术性。人类取得的每一个科技进步，均能够体现在专利文献中。专利文献涉及人类科学技术的研发成果，是科研人员从事智力活动所创造的认识成果，它反映了最新科技信息的发明、创造及设计思路。专利文献的说明书中详尽且完整地记载了发明创造的技术方案，并达到了本领域技术人员能够实现的标准。通过对专利文献的阅读，人们能够在较短的时间内获取某个特定领域的发展历史及前沿技术，因此专利大数据具有较高的科技价值。（2）专利大数据具有法律性。专利大数据是基于法律活动而存在的，因而它必然表现法律活动的存在状态。例如，它包含了发明创造的权利要求保护范围、专利权生效日期和保护期限。此外，由于各国均有相应的专利法，专利文献需要按照本国专利法的相关规定撰写，因而专利文献本身就是法律文献，且专利文献的保护范围表达在权利要求书上，后续的审查流程，包括驳回、复审决定、无效宣告、侵权判定等均是以专利文献作为基础而进行的，因此专利大数据还具有较高的法律价值。（3）专利大数据具有经济性。专利文献与经济活动是密切相关的。在专利文献中记载着一些与国家、行业或企业经济活动密切相关的信息，如申请人的名称、专利的国家标识、申请年代，这些信息反映出专利申请人或专利权人的经济利益趋向和市场占有率。此外，科技型企业需要借助专利大数据为生产经营活动提供技术支持和研发指引，投资机构需要借助专利大数据对拟投资项目进行技术实力评估和技术价值判断，政府部门则可依托专利大数据对产业规划、科研项目立项、创新资源投入等作出科学决策，因此专利大数据还具有较高的经济价值。其次，专利大数据的来源广泛，数量巨大，类型较多。专利大数据包括物理、化学、生物、医药、电学、人类生活必需等诸多方面，

---

① 李建蓉. 专利信息与利用 [M]. 北京：知识产权出版社，2006：5—10.

几乎涵盖了绝大多数的技术领域,是世界上最大的信息源之一,拥有广泛的来源。每天都有来自全世界不同国家和地区的科技人员在为其辛勤研究的发明创造申请专利,世界知识产权组织研究表明,全世界最新的发明创造信息90%以上首先通过专利文献反映出来,而且许多发明创造仅通过专利文献公开,并不见诸于其他科技文献。此外,专利大数据的类型较多,包括专利文档、电子表格、图表、HTML文件、演示文稿等,这些数据类型之间存在关系多源、结构不同、多维的特点。最后,专利大数据内容既详实又规范。专利文献是依据专利法进行撰写的,其撰写具有严格的格式要求。各国专利法中详细规定了专利文献各部分的撰写方式。所有的专利文献扉页上都有统一的著录项目,包括申请号、申请人、申请日、公开日、国际分类等,便于对专利文献进行统一的管理,也便于后续的数据检索和数据分析。并且专利文献的首页还列出了发明创造的摘要,便于人们快速地获取发明创造的核心构思,专利文献的说明书中还会列举出发明创造的具体实施例,阐述发明创造实现的具体方式,因此专利大数据的内容既详实又规范。[①]

2.2.2.3 专利大数据的价值

要了解专利大数据的价值,其实是在关心专利大数据到底能够做什么,专利大数据能够为创新带来哪些切实的好处。

在信息化时代,人们越来越意识到,大数据将是未来发展的一座巨大"金矿",专利大数据作为人类智慧结晶的集中体现,近年来更是受到广泛关注。那么面对如此海量的专利数据,我们可以做什么?专利大数据资源汇集了人类智慧的结晶,对专利大数据进行深度挖掘和有效利用,不仅是推动科技创新和知识产权保护的重要基础,而且能创造出巨大的社会经济财富,专利大数据可以为创新主体提供多方面的重要服务。

首先,创新主体可以利用专利大数据"找技术"。专利文献是反映全世界最前沿科技信息的新发明、新创造、新设计,因此,创新主体可以通过挖掘专利大数据发现自己想要进入的领域目前有哪些先进的技术,以及最新的研究成果是怎样的,以便于"站在巨人的肩膀上"进行创新,简便、快捷的

---

① 李建蓉. 专利信息与利用 [M]. 北京:知识产权出版社,2006:5—10.

定位创新主体想要找寻的新技术。

其次，创新主体可以利用专利大数据"找人才"。创业创新需要寻找最契合的合伙团队和最优秀的研发团队，这样才能事半功倍，通过对专利大数据进行分析，可以获知该领域最优秀的研发团队分布在哪些国家和地区的企业、高校及科研院所中，为创新主体寻找优秀的人才提供了关键的信息。

最后，创新主体可以利用专利大数据"找伙伴"。通过对专利大数据进行自动匹配对接，可以帮助创新主体在专利运营过程中发现潜在的买家，或者寻找合适的投资项目；帮助创新主体了解产业最新的发展态势，为创新主体制定商业决策提供支撑，防范和规避创新主体可能存在的知识产权侵权风险，为创新主体的发展保驾护航。

既然专利大数据具有如此多的优势，那么发展专利大数据则是极其必要的。根据传统的检索经验，通常的专利检索方法就是根据发明的关键词、分类号、发明名称、解决的技术问题等方面提取发明的重要信息，在专利检索系统中进行检索得出检索结果。但是传统的检索方法具有一定的局限性，我们只能够准确的获得某一篇或者某一个领域的部分专利文献的信息，但是无法获得该领域内整体的专利文献分布情况，更无法获得相关联的多个领域之间的发展关系。而专利大数据的出现，刚好克服了专利检索的局限性，为专利检索和分析提供了一种行之有效的新方法。通过大数据技术，我们可以从海量的专利文献数据中，提取隐含在其中且人们无法通过传统检索手段获知的其他有价值的信息和知识。可见，专利大数据是值得未来重点培育和发展的知识产权服务之一，而专利数据正是知识产权服务的基础。专利大数据贯穿于专利的获权、确权、用权的整个专利过程中，并且大数据的开发和使用有利于创新专利信息服务模式。传统的专利信息服务模式由于自动化程度较低，因而服务的效率和质量均难以提高。传统的专利分析工作要依靠人工进行，因此专利服务的质量主要取决于分析人员的经验和业务水平。而采用大数据技术，引入人工智能、机器学习、模式识别等信息化手段，可以对海量的专利大数据进行自动挖掘，排除人为因素的干扰，提高专利信息服务的效率和水平。[①]

---

① 姚卫浩．专利大数据及其发展对策［J］．中国高校科技，2014（6）：17—18．

如何玩转专利大数据

既然专利大数据既能够为创新主体提供有价值的信息，又有利于创新专利信息服务模式，那么专利大数据的发展也势在必行。为了更好地发展专利大数据，我们有必要提出专利大数据的发展对策，未雨绸缪。首先，应加强专利大数据的数据资源整合。目前，互联网上存在大量专利数据，但是这些数据存在于不同的网站上，若想将资源进行有序整合，首先需要制定一套健全的专利大数据管理制度和规范标准，由用户认可的机构对专利大数据进行统一管理，充分利用现有的先进技术，如云计算、云存储，推进专利数据大集中，进行资源整合。其次，应推进专利大数据免费开放。目前，互联网上存在的很大一部分数据是需要付费才能够获取的，普通技术人员要想快速、完整地获得这些资源存在诸多困难，严重的阻碍了专利大数据的发展进程。对此，我们应借鉴发达国家的先进经验，从国家层面统一建设专利数据网站，向公众免费开放专利数据。这样，任何对专利大数据有需求的机构都可以根据自身专业特长，利用大数据技术对专利大数据进行挖掘、分析并加以利用。再次，应鼓励专利大数据技术的研发。若想长足发展专利大数据，必然离不开创新主体的技术支持。因此，应大力扶持知识产权服务机构积极申报国家高新技术服务专项资金、相关领域的国家重大科技专项，支持知识产权服务机构采用大数据技术，研制智能化、实用化的专利大数据工具软件。同时，面向一些热门领域，如新材料、新能源等开展专利大数据技术应用。支持高校在知识产权服务机构建立研发基地，为专利大数据培养储备人才。最后，应提供优良的专利大数据发展环境。良好的发展环境不仅需要创新主体自身的努力，在一定程度上也需要国家的助力。因此，从国家层面，应研究制定促进专利大数据发展的政策措施，积极争取国家财政资金对专利大数据的支持，引导社会资本支持专利大数据企业的发展壮大。组织开展专利大数据方面的培训和宣传活动，营造良好的社会氛围。[①]

2.2.3 专利大数据资源的现状

2004 年经济合作与发展组织（Organization for Economic Cooperation and Development，OECD）所有成员国的科技部长共同签署了一个宣言，提倡为

---

① 姚卫浩. 专利大数据及其发展对策 [J]. 中国高校科技，2014（6）：17—18.

了减少政府与公众之间的信息不对称，增强互信和理解，政府有义务向社会开放由公共资金支持得到的档案数据，公众可以自由获取、共享这些数据，其中就包括专利信息。专利信息是指以专利文献为基础所形成的与专利申请相关的各种信息，其中专利文献是指各国家、地区、政府间知识产权组织在审批专利过程中按照法定程序产生的出版物，以及其他信息机构对上述出版物加工后的出版物。中国专利文献包括按照法定程序公布的发明专利申请单行本、发明专利单行本以及实用新型专利单行本和外观设计单行本。发明和实用新型单行本包括扉页、权利要求书、说明书和说明书附图。外观设计单行本包括扉页、外观设计图片或照片、简要说明。专利信息集技术、法律、经济信息等为一体，是重要的创新资源。技术研发者利用专利信息可以及时掌握全球的技术最新进展，提高研发起点，进一步提升创新能力，发挥竞争优势，还可以避免知识产权纠纷。目前，通过互联网可以获取的专利信息数据资源主要来自各国家、地区的知识产权组织的官方机构，以及极少的社会服务机构。

专利基础数据资源是指由各国家、地区或组织的知识产权机构提供的未经加工和处理的专利数据资源，其中专利基础数据的一部分是免费供公众下载的，还有部分数据是需要付费订购的商业数据。为了扩大专利信息的应用，中国国家知识产权局（China National Intellectual Property Administration, CNIPA）构建了国家、区域、地方的三级专利信息公共服务体系。2015年1月20日，国家知识产权局发布《全国专利信息公共服务指南（2014年修订版）》。该服务指南包括以下内容。

——国家专利数据中心：实现与区域专利信息服务中心、地方专利信息服务中心之间实时、同步的专利数据交互和更新，并为之提供符合地方特色、专业性强的专利数据，促进专利信息资源在全国范围的广泛传播和有效利用。

——区域专利信息服务中心：根据需求从国家专利数据中心获取专利数据资源，提供专业检索、预警、技术发展趋势分析、专题库研发等深层次专利信息服务，为区域内重大项目进行专利分析、跟踪和管理，指导区域内的地方专利信息服务中心及有关单位自行建设专题专利数据库，广东省、上海市、江苏省、山东省和重庆市知识产权局陆续设立国家知识产权局区域专利信息服务中心。

——地方专利信息服务中心：从国家专利数据中心区域专利信息服务中心获取专利数据资源，提供专业、有效、快捷的专利信息检索和法律状态查询服务，提供专利信息统计和分析服务，将专利信息服务工作延伸到所辖市、区、县，分两批共确定在43个知识产权局设立国家知识产权局地方专利信息中心。

2014年12月10日，中国国家知识产权局首次通过专利数据服务系统（网址http：//patdata.cnipa.gov.cn）向公众免费开放专利基础数据资源，提供中国国家知识产权局（CNIPA）、美国专利商标局（United States Patent and Trademark Office，USPTO）、欧洲专利局（European Patent Office，EPO）、日本专利局（Japan Patent Office，JPO）、韩国知识产权局（Korean Intellectual Property Office，KIPO）5个机构的30个自然日内的最新专利数据的下载和更新（中国国家知识产权局通过数据交换获取其他4个机构的数据资源）。

同时，中国国家知识产权局通过专利数据服务试验系统为社会公众免费提供专利基础数据资源的更新数据服务平台。由两个服务站点提供网站服务、文件传输站点服务、数据服务、咨询服务和日常管理等服务内容。用户可以从"知识产权出版社有限责任公司"或"中国专利信息中心服务站点"中任选一个服务站点，注册成为其系统用户并签署协议，获得该服务站点的各项服务。为了规范专利基础数据资源申请流程，国家知识产权局制定了《专利基础数据资源申请暂行办法》。登录专利数据服务系统的方式：直接链接网址http：//patdata.cnipa.gov.cn；通过国家知识产权局的主页（www.cnipa.gov.cn）点击"专利数据服务"进入。其中，中国国家知识产权局面向公众开放的专利基础数据资源包括著录项目、申请公布和授权公告等数据，具体包括中国的发明、实用新型和外观设计的著录项目和全文图像数据，发明和实用新型全文文本和英文摘要数据，以及经数据交换获得日本专利局的著录项目和英文摘要数据、韩国知识产权局的英文摘要数据、美国专利商标局的全文文本数据、欧洲专利局的全文文本等。

公众可以通过国家知识产权局的主页进入不同的子系统获取相关专利信息。子系统包括"专利检索""专利审查信息查询""中国专利公布公告查询"。具体介绍如下。

（1）国家知识产权局的"专利检索"子系统。登录"专利检索"子系统的方式：直接链接网址 http：//www.pss-system.gov.cn/；通过国家知识产权局的主页点击"专利检索"进入。该子系统收录了103个国家、地区和组织的专利数据，以及引文、同族、法律状态等数据信息，其中涵盖了中国、美国、日本、韩国、英国、法国、德国、瑞士、俄罗斯、欧洲专利局和世界知识产权组织等。可以进行常规检索、表格检索、药物专题检索、检索历史、检索结果浏览、文献浏览、批量下载等。还具有数据分析功能，可以进行快速分析、定制分析、高级分析、生成分析报告等。需要注意的是：用户免费注册后，才能获得相关功能的使用权限。通过"专利检索"子系统的友情链接，还可以链接到"国家重点产业专利信息服务平台"（网址 http：//www.chinaip.com.cn/）。该平台于2010年2月开通，目的是为钢铁、汽车、船舶、石化、纺织、轻工、有色金属、装备制造、电子信息、物流这十大重点产业在自主创新、技术改造、并购重组、产业行业标准制定和实施"走出去"战略中提供必要的专利信息服务。该平台针对科技研发人员和管理人员，提供集一般检索、分类导航检索、数据统计分析、机器翻译等多种功能于一体的集成化专题数据库系统。

（2）国家知识产权局的"专利审查信息查询"子系统。登录"专利审查信息查询"子系统的方式：直接链接网址 http：//cpquery.cnipa.gov.cn/；通过国家知识产权局的主页点击"专利审查信息查询"进入，再点击"中国及多国专利审查信息查询入口（http：//cpquery.cnipa.gov.cn/）"可以查询相关信息。该子系统分为注册用户和普通用户。普通用户可以通过"中国专利审查信息查询"栏目，输入申请号、发明创造名称、申请人/专利权人名称等内容查询已经公布的中国发明专利申请，或已经公告的发明、实用新型及外观设计专利的相关内容（基本信息、审查信息、公布公告信息）。通过"多国发明专利审查信息查询"栏目，输入申请号、公开号、优先权号等查询中国国家知识产权局、欧洲专利局、日本专利局、韩国知识产权局、美国专利商标局受理的发明专利审查信息，例如，审查意见通知书、缴费日期。

（3）国家知识产权局的"中国专利公布公告查询"子系统。登录"中国专利公布公告查询"子系统的方式：直接链接网址 http：//

epub.cnipa.gov.cn/；通过国家知识产权局的主页点击"专利公布公告查询"进入。该子系统可以查询自1985年9月10日以来的发明公布、发明授权、实用新型和外观设计共4种中国专利申请的公布公告信息，以及实质审查生效、专利权终止、专利权转移、著录事项变更等事务数据信息。

2.3 基于专利大数据的专利分析和运营

2.3.1 基于专利大数据的专利分析

专利能够获得授权的必要条件就是其并非现有技术，正是因为专利制度的此种特点，创新主体通常都会先申请专利再通过其他信息载体发表，这也就导致了同一发明创造成果出现在专利文献中的时间比出现在其他信息载体上的时间平均早1—2年，因此，对专利信息的挖掘无疑是能够最快获得最前沿技术信息的有效手段，而专利分析则是从专利信息中获取有价值信息的重要途径。

专利分析方法起源于1949年，Seidel首次在Shephard引用规则（1873年）的基础上，提出应用专利引文分析专利文献的重要性和影响力，打开了专利分析的大门，但由于当时人们的不重视和技术的局限性，他的设想直到20世纪90年代初才被人们所采纳。[①] 当前，对专利分析的定义为：专利分析是指对来自专利文献中的专利信息进行加工及组合，并利用数据处理手段或统计方法使这些信息具有预测及纵览全局的功能，并上升为有价值的情报。专利分析通常是对专利文献进行数据挖掘、加工、统计处理，进而获取符合分析目标要求的有价值信息，主要应用于专利导航、专利预警、专利布局、专利评估、技术规避、侵权分析等。[②] 而基于大数据技术的专利分析即以专利数据以及期刊文献为研究对象，将专利信息的技术内容集成化、数据化，然后进行加工和分析，识别有效的、新颖的、潜在有用的，

---

① 张龙晖. 大数据时代的专利分析 [J]. 信息系统工程, 2014 (2)：148.
② 马兵. 大数据与专利分析 [J]. 科技经济导刊, 2017 (30)：3—4.

以及最终可理解的知识的过程。基于专利大数据的专利分析就是在现有分析方法上架设了一个高倍显微镜，并可以进行更深、更细微层次的系统性分析。

随着信息技术的发展以及数字化的普及，专利分析方法也正式步入人们的眼帘，专利分析的方法体系不断地建立和完善。目前，专利分析的方式方法很多，其过程一般包括数据采集处理阶段、专利分析阶段、报告形成及成果展示阶段。由于专利分析的对象数据规模庞大，因此通常需要借助计算机和分析工具，但是人员的参与仍然必不可少，例如，在数据采集处理阶段，需要完成技术分解、检索、数据加工、数据标引等工作，而检索过程中的检索策略的制定、检索要素的筛选、结果噪声去除等很大程度上依赖于专利分析人员的经验和能力，这也导致了专利分析的高成本、高门槛。

专利大数据的巨大价值以及广阔的发展前景，吸引了越来越多的主体开始从事专利大数据的研发和应用。因此，专利与专利分析技术已经成为当今最先进技术的来源，为了解当前技术现状以及进一步技术创新提供了重要依据。目前，许多从事知识产权服务的机构都非常重视大数据资源的积累、建设和应用，开始尝试探索新的数据应用模式，并取得了一定的成果，在专利分析过程中引入大数据技术是今后的发展趋势。传统的专利分析是单独的对专利信息进行分析，数据处理过程缓慢，对海量专利数据的检索、存储、统计、可视化等存在严重障碍，处理手段通常就是人工标引，而在大数据基础上的专利分析，摒弃了原有专利分析手段的弊端，整个专利分析过程是结合商业、经济、贸易、技术、法律等信息进行综合运用分析，将孤立的数据或信息关联成有机的生态系统，采用模块化的智能处理模式，数据处理过程迅速、高效。随着专利分析手段的不断发展，未来的专利分析服务系统会根据用户提供的专利大数据自动推荐用户关心的专利技术，及时地向用户汇总行业信息及竞争对手的专利布局，进行专利预警，此外，还能够定期向政府、行业管理部门通报行业的专利现状，为相关政策的制定及出台提供数据支撑。

可以预见，基于大数据的专利分析将成为未来的发展趋势。通过对专利信息的分析，可以为技术创新管理提供必要的决策支持和信息保障，使用专利数据进行量化研究，对数据进行多角度的分析和可视化展示可以很好地展现技术发展演变的脉络及趋势。

如何玩转专利大数据

伴随着大数据的快速发展,以及专利分析技术工具和技术思想的推陈出新,大数据的专利分析面临了前所未有的发展机遇,将大数据分析充分运用到专利信息的数据挖掘、可视化预测中,改善专利分析的用户体验将成为专利分析的重要研究发展方向。当然,这对从业人员来说也是一种挑战。目前,单纯的依靠某方面的数据信息已经越来越难以满足日益高涨的专利分析需求,大数据的到来,为连通这些信息孤岛提供了可能。大数据的专利分析将这些孤立的数据组成了一个有机的整体,为获得更有价值的信息提供了可能。此外,借助于专利大数据,专利分析工作可以由原来的"拣着测、挑着存、采着样处理",逐步向"全样本、多维度、实时化处理"方向发展。借助不断发展的专利分析趋势,专利分析的结论将更加的精准。正如上海市知识产权服务中心副主任梁建军所说:"接轨大数据,专利信息的价值可能会同时向产业链上下端蔓延,它一定会超越人们的想象!"[1]

基于大数据分析的主要内容以及专利分析的现状,可以预测未来基于大数据的专利分析存在以下发展机遇。

(1) 基于语义引擎数据采集处理。以往的机器检索,计算机不能理解信息的含义,只能在字符匹配层级认知用户的输入信息,特别是在专利信息的检索过程中,检索策略的设定和调整都需要借助人工模式。而随着计算机技术和人工智能的发展,通过对网络大数据的语义标注处理,使计算机能够从语义层级理解输入信息,例如,Apple公司的语音识别工具Siri、专利检索系统Patentics,都采用了语义引擎。在此基础上发展专利数据采集,例如,实现语义专利信息检索,可以降低对专利分析人员个人能力的依赖,降低专利分析的成本,同时提高专利分析的效率和质量。

(2) 基于数据挖掘算法、前瞻性分析和数据质量管理的专利分析。大数据分析的核心在于数据挖掘算法,从大数据中挖掘价值信息同研究对象之间的相关性,从而挖掘出对象间的未知联系,利用这种信息的相关性,可以实现个性化分析,并将专利分析的结果与企业需求结合得更加紧密。通过前瞻性分析模型,从大数据中获得规律性信息,可以预测专利发展趋势、技术乃至行业的发展走向,允许企业根据专利分析结果对专利布局、技术发展路线

---

[1] 邓鹏. 大数据时代专利分析服务的机遇与挑战 [J]. 中国发明与专利,2014 (2):29—31.

作出前瞻性的判断，能够很大程度地规避由于专利公开滞后对专利分析准确性造成的影响。通过数据质量管理方法，借助标准化数据处理流程和质量管理方法对数据进行处理，可确保获得的分析结果具有较高的质量和可靠性。

（3）基于可视化分析的报告形成及成果展示。可视化分析能够自动将负责数据分析结果转换为图表，借助图表简单直观地展示复杂的大数据分析结果，还能够针对不同的分析对象选择不同的展示内容和展示方式，能够有效地降低专利分析使用门槛、扩大用户群体。[1]

虽然专利分析与大数据的结合前景光明，但现阶段仍存在诸多困难与挑战。客观来看，目前专利分析尚存在以下不足。

（1）分析成本高。首先，目前存在海量的专利数据，要想在如此庞大数量的专利数据中寻找真正有价值的信息，需要消耗大量的成本。此外，即使确定了寻找方向，现有的专利数据分析方法及流程还不完善，并且很多流程如数据筛选、标引、制作图标、撰写报告等都需要人工来实现，人工的大量参与即意味着需要消耗更多的成本。据统计，目前对于特定行业或领域的专利分析费用整体较高，少则几万，多则上百万。对于那些实力较弱的中小型企业来说无疑是较大的一笔负担，如果企业本身对知识产权保护的认识没有达到一定程度，很难愿意花费如此多的经费涉足专利分析项目。

（2）滞后性。根据专利法的规定，通常情况下，专利申请后需要一定的时间才能够被公开，且从公开到授权也需要经历为时数月的审查周期。而我们在进行专利分析时，只能获取公开之后的数据，这些数据与申请日申请的数据具有一定的时间差距，换句话说，正在进行分析的专利所涵盖的信息并非是最新的技术，通常应是1—2年之前的技术。于是依托于专利制度下的专利分析必然会具有一个天生的缺陷，那就是分析的滞后性。因此，专利分析对于研究最前沿的信息技术有些鸡肋，但是仍然能够为相关领域内技术的整体发展动向提供参考。

（3）价值挖掘少。企业可以结合多种不同的手段来对其技术进行保护，例如申请专利、商业秘密，专利仅是企业进行技术保护的手段之一，因此专

---

[1] 马兵. 大数据与专利分析 [J]. 科技经济导刊, 2017 (30): 3—4.

利数据无法完整地反映企业的全部技术内容。另外，通常一件专利申请只是基于某个特定的技术问题进行申请，不会把所有的细节描述得特别完整详细；并且专利申请公开的通常是一个比较宽泛的实施例，企业基于自身保护的考虑，通常不会把全部的技术细节公诸于众。因此，单独通过专利分析并不能够准确获知企业完整的技术发展情况及企业的创新能力。专利分析无法完全涵盖整个领域的创新活动，通过现有的专利分析并不能挖掘出较多的真正有价值的信息。

（4）分析方法欠缺。专利大数据由于涉及了海量的数据，因而针对不同的分析目的和对象，分析建模工作必然是不可或缺的，绝大多数专利分析均需要借助模型来实现。与之相应的，为了保证应对海量数据时的分析效率，高效的统计模型和并行处理能力也是必不可少的。另外，为了能够更加直观的在用户面前呈现分析结果，便于用户观察，并具备可交互性，对结果的可视化呈现将尤为重要。但是目前大多数的图表工具并不具备此种功能，导致现有的专利分析结果可视化程度较低。

除此以外，专利分析的一个最大的困难在于数据整合困难重重。虽然专利大数据已经获得了广泛的关注，但是目前我国的专利大数据开发还处于初级阶段，数据资源仍然比较分散，没有进行深层次的关联整合。首先，从数据源头考虑，专利大数据来源广泛，不同种类的数据通常由不同的组织、单位掌握，不同来源的数据具有不同的格式和维度，还需要对数据的真伪进行辨别，去伪存真，要把这些数据资源整合到一起，更加开放地供社会公众使用，是一件比较困难的事情。另外，专利文献又不同于普通的技术资料，专利文献通常具有标准的模式，且为了较好地对其发明创造的方方面面进行保护，专利文件的篇幅通常较长、跨越多个不同的技术领域且囊括大量的法律词汇，因此，对专利文献的技术领域进行专利分析是一门跨学科的技术。此外，专利文献涉及多种自然语言，除英文外还包括大量的中文文献，若想从这些跨越多个领域的专利文献中挖掘有用的信息，需要专利分析师具备多方面的知识储备以及良好的语言分析功底。归根结底，主要问题在于数据资源之间的信息"孤岛"问题还不能从根本上解决。进一步讲，即使从技术的层面上能够实现将不同来源的专利数据整合到一起，目前如何应用仍是一个难题。大数据资源整合的意义在于实现数据互联互通，开发更多的数据应用场景，但不同来源的专利数据由于专业性较强，并且遵从不同的业务分类体系，在应用上很难从更深的层次上对数据源进行整合关联。要解决这两个方面的问题，使专利大数据不再是"看上去很美"，既需要相关部门和机构进一步提升数据开放程度，也需要更多的资本和人力投入到数据加工和知识产权大数据技术的研发当中。[①]

大数据时代的专利分析服务，除了影响技术以外，同时也会在产业、经济、文化等方面产生深远的影响。如果能够在专利大数据的背景下，克服上述困难，标准化专利数据处理过程，那么专利分析与大数据的结合，必将碰撞出更多彩的智慧火花，帮助创新主体开启新的创新模式。要推动我国专利大数据的发展和应用，我们应牢牢抓住机遇，直面挑战，共同开发专利大数据。

2.3.2 基于专利大数据的专利运营

专利运营，是指企业为获得与保持市场竞争优势，运营专利制度提供的专利保护手段及专利信息，谋求获取最佳经济效益的总体性谋划。在企业经济活动中，依法利用专利并将其与企业经营战略结合起来，形成企业专利战略，而实施和推进专利战略则可以视为专利运营过程。

现有的专利运营模式划分为资产型、服务型和融资型三种类型。[②]

资产型专利运营模式是指通过投资获得专利进而以所持有的专利资产获取收益的专利运营模式。该类模式的运营实体包括以传统的专利许可和诉讼公司、专利聚合器、知识产权收购基金为表现形式的攻击型公司，以及为了应对"专利蟑螂"的攻击而逐步兴起的防御型专利池。其中，攻击型模式主要通过购买专利进而主动向其他公司发起诉讼的手段要求对方支付许可费。防御型模式是为了应对专利流氓和专利流氓带来的高成本、高风险的专利诉讼而出现的，通常通过交叉许可或建立专利联盟、专利池等在企业之间达成一定的协定，以达到产品生产自由、扩大市场的目的。

服务型专利运营模式包括拍卖与网上交易，以及大学技术转移中介。其

[①] 彭茂祥，李浩. 基于大数据视角的专利分析方法与模式研究［J］. 科技经济导刊，2016，39（7）：108—110.

[②] 彭茂祥，李浩. 专利大数据发展路径研究［J］. 中国发明与专利，2016（6）：14—16.

中，把专利像艺术品、商品一样进行拍卖以及把专利放在网站上交易，是专利流转形式的一种创新，是对专利交易模式的一种全新探索。国外最先进行专利拍卖的 ICAP 专利经纪公司是全球最大的知识产权经纪和拍卖公司，旗下拥有众多经验丰富的专利货币化专业人士，能够对专利和其他专利资产的买卖双方进行配对，并采取私人销售交易多批专利现场拍卖会或专利经纪及在线交易市场等多种交易方式。此外，随着社会经济的不断发展，世界各国的大学都逐渐从教学型大学向研究型大学再到创新服务经济型大学转变，由大学实现对专利事务的管理，重视专利营销，以专利营销促专利保护。

融资型专利运营模式包括专利质押融资、专利证券化、专利信托和专利保险。专利质押融资是指专利运营者以合法拥有的专利权经评估后作为质押物，向银行申请融资。专利证券化是指发起人将缺乏流动性但能够产生可预期现金流的专利通过一定的结构安排对专利资产中风险与收益要素进行分离与重组后出售给一个特设机构，由该机构以专利的未来现金收益为支撑发行证券融资的过程。专利信托作为专利与信托的有机结合，即为了实现专利转化，使自己的专利成果能够产生尽可能多的收益，专利权人（委托人）将自己合法拥有的专利权转让给受托人，由受托人以自己的名义，根据委托人的指示，对该专利权进行管理或者处分，并将收益转给受益人的信托法律行为。专利保险则是以专利作为标的物的保险服务，投保人按照保险协议缴纳费用，在专利申请、交易、使用、诉讼过程中，一旦发生协议中约定的专利风险事故，则由保险人支付有关保险赔偿金。在国际市场上，开展得较为广泛的专利保险险种主要是专利执行保险和专利侵权保险。

在国际上，美国、日本等国家专利运营开展得较早，已经建立了比较完善的专利运营模式。美国高智发明公司（Intellectual Ventures）是目前成立时间最久、全球最大、最著名的专利聚合公司，其是资产型专利运营中攻击型的典型代表。日本在专利信托方面也比较发达。

相对于国外较为成熟的发展，我国的专利运营开展起步较晚。我国有大量的专利技术没有转换实施，其经济价值没有得到充分体现。为了加速科技成果的实施转化，推动经济结构转型和创新发展，我国紧密出台了多项促进专利运营的政策，高度重视对专利的运营。在各项政策实施下，我国的专利交易市场日趋成熟，专利运营体系也逐渐成型。在国家层面，国家知识产权局同财政部以市场化方式开展知识产权运营服务试点，确立了在北京建设全国知识产权运营公共服务平台，在西安、珠海建设两大特色试点平台，通过股权投资重点扶持20家知识产权运营机构，示范带动全国知识产权运营服务机构快速发展，初步形成了"1+2+20+n"的知识产权运营服务体系。在国家宏观政策的引导和相关政府部门的推动下，也涌现了各类知识产权运营基金。据不完全统计，截至2015年底，各地以知识产权运营为切入点的基金已经超过10个。现阶段，我国的专利运营开始进入专业化、体系化的发展阶段。

专利运营，作为专利技术向经济转换的重要手段，其包括专利交易、授权、许可、转让、证券化、质押融资、法律赔偿、企业并购等多项经济活动。专利运营人员要依托专利价值对专利进行运营。而专利价值的评估、高价值专利的挖掘则是实现专利价值的量化的重要途径。

现阶段，随着知识产权事业的发展，专利数据已然发展成一种大数据资源，其数据量庞大、数据格式多样、数据内容丰富，有极大的发掘空间。在专利运营中，对专利数据的深度整合，数据转换、加工、挖掘等，都存在大量重复劳动。

此外，随着对专利运营的日益重视，专利价值评估、高价值专利挖掘的相关方法越来越多，各种评估算法、挖掘方法各成体系，专利运营人员只能依据自己的专利知识水平和历史操作经验、战略规划等，选择不同的评估参数或参考指标，工作效率较低，同时，各种评估算法、挖掘方法彼此之间兼容性较低，算法的可扩展性不强。此外，由于缺少历史项目数据的统一维护和管理，历史项目数据仅存在于原来的运营团队之中，项目的历史数据缺失，后继团队难以在前人研究成功的基础上进行进一步的学习和工作，重复工作量较大，工作效率较低。

如何有效地完成对专利大数据的统一整合，如何有效地完成对专利价值的评估和高价值专利的挖掘，实现评估指标的可配置化、算法方法的可选择性、历史数据的可参考性、过程模块的可复用性等，这些都是现阶段专利运营中亟须解决的问题。

2.4 专利大数据的智能分析

2.4.1 专利大数据智能分析的发展趋势

根据国内外业界对专利大数据的应用情况,专利大数据发展大致可以分为三个阶段[①],分别是:(1)全球专利文献数据与案卷数据大融合;(2)整合利用专利生态系统数据,促使专利生态系统数据广泛应用;(3)专利数据与金融、宏观经济、产业发展等信息进行泛在融合,促使专利行业融入整个国民经济、科技创新生态系统。下面,我们来简要介绍一下这三个阶段。

1. 专利大数据 1.0 时代:全球专利文献数据与案卷数据大融合

这个阶段,专利业界主要是对全球主要国家或地区的专利文献数据以及案卷数据进行收集整理,并对其进行标准化与结构化加工处理,同时,能够采用数据统计及可视化手段展示数据之间的关系,主要用于提高专利文献检索与查询的效率,而这恰恰是所有专利活动的核心。在专利数据应用上,服务商更为关心专利数据的范围以及质量。专利信息服务商已经开始提供专利数据资产化运营服务,这一点从美国专利信息用户组织(Patent Information User Group)网站上列举的专利文件递送服务(Patent Document Delivery)的数量可见一斑。虽然专利数据加工、交易、服务在这个阶段已经创造了一个产业,这个产业的存在也表明了专利数据在为科技创新和企业服务方面的使用价值。但是,这个阶段所采用技术大部分还停留在数据处理的程度,还不能称之为真正意义上的大数据技术。语义网、机器学习等技术主要应用于专利检索、机器翻译等领域,中文专利数据应用效果难以得到广泛认同。

2. 专利大数据 2.0 时代:整合利用专利生态系统数据,促使专利生态系统数据广泛应用

随着专利数据量呈指数规模的增长,服务商已经不再满足于原始专利文献数据与案卷数据的获取和提供,而是期待更加深度地发掘专利生态系统数

---

① 彭茂祥,李浩. 专利大数据发展路径研究[J]. 中国发明与专利,2016(6):14—16.

据的交易价值以及关联价值。

专利生态数据价值将在我国专利法第四次全面修改以及大数据国家战略的推动下得到进一步的提升。一方面，新修订的专利法征求意见稿明确要求"提供专利信息基础数据"，这将原先的原始专利数据交易成本降低，鼓励利用专利数据创业行为，并催生出更多高质量的增值数据；另一方面，随着大数据国家战略的推行，大数据交易运营平台模式也应运而生，这些平台企业具有良好的数据运营能力和经验，建立起一整套符合市场规律的增值数据交易规则以及数据赋权赋值体系，如亚信、数据堂等企业都在这个领域进行尝试。在上述两股力量的驱动下，专利领域在这个阶段也将孕育出专利大数据创新运营平台。政府部门在这个阶段的主要任务是提供符合标准规范的基础数据，建立和规范专利数据运营生态系统。专利与大数据这两个产业将碰撞出更多火花。

这个阶段除了专利数据交易行为更加规范、规模更大，还将伴随增值性专利数据类型以及应用数量的井喷。专利文献数据也将与专利交易、许可实施、执法维权、法律诉讼以及平台日志数据、用户行为信息等多个维度数据进行关联，对服务场景进行还原，改善系统使用体验，识别用户行为模式，为用户提供更有价值的、面向决策支持的数据服务。国家电网公司在这方面为我们提供了借鉴。2015年1月，国家电网公司发布了《国家电网公司大数据应用指导意见》，涉及电网生产、经营管理、优质服务三大方面，44个典型应用场景，建成了大数据平台，并选取了电力负荷预测、防窃电预警等10个典型业务开展试点建设。

根据目前大数据产业界的应用，这个阶段专利大数据应用将主要体现在以下四个方面。(1) 服务精细化管理：利用系统日志、反馈评价、用户报修等数据研究用户访问行为，对业务处理环节进行监控与预测，提升用户体验，为用户提供更高质量的专利信息服务。这在业界已经有了较为成熟的方法与实践。(2) 企业画像与识别：将专利代理、申请、审查、复审、无效、法律诉讼等数据关联成线，按照人员、时间、地点等多个维度，还原企业创造与运用专利的实际场景，研究分析企业画像，可以用于识别企业疑似恶意申请行为、专利代理公司能力评估、专利检索服务能力评价。(3) 场景预测：对于我国特定领域专利案件申请增长量建立合理有效的预测模型，为审查人力资源管理、产业发展提供决策支持。（4）宏观政策决策支持：利用文本挖掘、语义网等技术，对公众用户检索查询数据进行深度分析，获取国家、产业科技创新关注热点，为国家、区域宏观决策提供支持。

当然，这个阶段的专利大数据应用绝不仅限于上述四种类型。新应用的数量意味着整个专利信息商业服务市场的价值，也意味着大数据领域专家对专利数据更多的关注。

3. 专利大数据 3.0 时代：专利数据与国民经济、科技创新生态系统的融合

该阶段中，专利大数据应用与政府治理、经济发展、产业驱动、企业经营的结合更为紧密，非专利领域的政府部门将更加关注专利数据，企业也将专利数据应用融入整个经营活动，专利创造、管理、运用、保护等都将围绕数据开展。例如，在 William J. Murphy、John L. Orcutt、Paul C. Remus 撰写的《专利价值评估：通过分析改善决策》（Patent Valuation：Improving Decision Making Through Analysis）中阐述了利用专利大数据建立专利价值评估模型的方法。除此之外，众多美国专利信息服务企业已经开始以专利大数据为基础开展知识产权商品化（IP Commercialization）、货币化（Monetization）、尽职调查（Due Diligence）等高端服务。虽然上述服务的使用效果还有待观察，但表明了专利大数据的未来发展方向。

从大数据业界来看，已经有企业将专利数据作为重要信息来源。例如，数联铭品公司利用 2000 多个数据源建立企业全息画像，用来开展实时动态的企业尽职调查服务，并可以提出债券市场定价模型，计算中小企业信用风险预计指数，提出企业数据资产管理模型等服务。在这个阶段，更多专利大数据应用或指数模型将被创建，例如，企业知识产权风险管理模型，用来支撑企业走出去与"一带一路"倡议的实施；国家、地区或企业科技创新指数模型，用来衡量研究企业的科研技术以及专利能力。但是，专利大数据是否能够顺利发展到这个阶段，一方面，取决于专利数据服务行业能否健康规范的发展，让其他领域能够看到价值与机遇；另一方面，取决于人工智能、机器学习以及语义网等技术是否成熟。尽管目前我国有多股力量推动专利与大数据产业融合，但是在实际发展中还是面临着许多挑战。其中，专利领域的大数据技术应用往往停留在统计处理层面，只有在专利检索与机器翻译等专业领域方能见到文本挖掘、语义网等技术的探索与应用。另外，专利领域公开

的大部分是原始专利文献数据以及案卷数据，专利管理、交易、执法、诉讼等数据的开放性以及可用性都有待进一步加强，这也导致了专利数据应用丰富性和多样性不足。

2.4.2 基于专利大数据智能分析的必要性

大数据的核心在于预测，专利分析的一个重要内容也在于对技术的预测，两者有着异曲同工之妙。在大数据时代的背景下，将大数据和专利分析进行结合将会给我们带来什么？

专利分析不再单独对专利信息进行分析，而是结合商业、经济、贸易、技术、法律等信息进行综合运用分析，大数据会将这些孤立的数据或信息关联成有机的生态系统；专利分析的数据处理过程将会异常迅速、高效，海量专利数据的检索、存储、清理、标引、统计及可视化不再是障碍；专利分析不再是流程式、独立式、人工标引式的项目分析，而是模块式、订单式、智能式的项目分析，一旦限定技术领域或技术主题，大数据智能专利分析系统便能自动地形成专利分析报告，报告中的图表、分析内容、分析结论等应有尽有；未来的专利分析服务系统会主动推荐你所关心的专利技术，自动跟踪并汇总企业信息，及时向企业发送竞争对手动态或专利预警信息，还能向政府、行业管理部门通报行业的专利现状，为相关政策的制定及出台提供依据。

由此可见，当专利分析遇到大数据，两者之间必将擦出耀眼的光芒，从而帮助专利分析人员开启新的分析模式。在专利分析过程中引入大数据技术是今后的发展趋势，但是，对于专利分析如何引入大数据技术的研究仍是一项空白。

通常情况下，专利分析的基本流程包括数据采集处理阶段、专利分析阶段、报告形成及成果展示阶段。[①] 数据采集处理阶段主要工作环节包括确定技术分解表（确定技术边界）、选择数据库、确定检索策略、检索和去噪、数据采集和加工及数据标引，大部分工作环节需要人工参与，例如，我国国家知识产权局专利检索与服务系统（S系统）没有批量下载专利著录项的出口，需要通过人工拷屏的方式进行著录项的数据采集。

---

① 杨铁军. 专利分析实务手册 [M]. 北京：知识产权出版社，2012：1—10.

如何玩转专利大数据

专利分析阶段的主要工作环节包括选择分析方法、选择分析工具、形成专利分析图表及解读专利分析图表，这些工作环节虽然可利用一些专利分析工具来完成，但是因专利分析工具的数据处理手段单一、可视化程度不高、图表形式不美观，很多情况下，需要专业人员利用 Excel 软件进行图表的制作及美化。

报告形成及成果展示阶段主要工作环节包括确定报告框架、完成专利分析报告、分析成果的展示，该阶段主要工作内容是分析报告撰写，专利分析报告是专利分析工作最重要的成果，是专利分析工作水平的直接体现，因此需要投入较多的人力及精力。

从专利分析的基本流程可以看出专利分析的每个步骤均需要人工参与，分析过程的智能化程度较低，分析的结果也会因参与人员的参差不齐而缺乏一致性。随着企业之间的竞争越来越聚焦于知识产权的争夺和技术的竞争，更多的企业偏爱于利用专利分析的手段来了解行业态势、预估侵权风险、预测技术发展，但是在实际的专利分析过程中仍然囿于传统专利分析手段和模式，而存在以下不足。

（1）分析成本高。现有的专利分析步骤较多，且人工参与成分较大，例如数据浏览、数据标引、制作图表、报告撰写等步骤均需要人工参与，人工参与多则意味着高昂的人力成本。经统计，对于某个行业或领域的专利分析项目费用，少则几万，多则百万之多，这些费用对于那些中小企业来说无疑是一笔沉重的负担，只有少数有实力且深谙知识产权的大企业可能会涉足专利分析项目。

（2）专利时滞性。众所周知，从专利的申请到专利公开、授权具有一定的审查周期，在进行专利分析时，能表征最新技术发展状况的专利可能还未进行公开，换句话说，正在进行分析的专利所涵盖的最新技术却是 1—2 年之前的技术，所以专利分析具有一个天生的缺陷，那就是分析的时滞性。正是因为专利分析时滞性的存在，不能监测及考量最新的技术动向，一些企业或机构对专利分析是望而止步。

（3）专利价值挖掘的结果少。专利价值挖掘结果往往只反映创新活动的某一方面，并不能覆盖创新活动的方方面面。一件专利不可能对技术方案的所有细节进行详细描述，因此单纯的专利分析并不能准确地评价企业的技术现状、研发情况及创新能力。有些企业采用技术秘密的方式来保护创新技术，也有些企业基于自身保护的考虑，申请专利时没有将自己发明的新技术在专利中明确地表述出来，甚至有的企业故意在专利申报描述中出现一些错误，以达到反情报的目的。因此，通过现有的专利分析并不能挖掘出较多的真正有价值的信息。

（4）可视化程度低。可视化是利用图像处理技术和计算机图形学，将数据转换成图形或图像在屏幕上显示出来。专利分析过程中，进行统计分析后，需要利用统计的、量化的数据制作图表。一般情况下，专利分析人员会利用相关制图软件，例如，Excel 来制作图表，但是这需要专利分析人员学习并非常专业、熟练地掌握这些软件；也可利用专利信息分析系统、DII 在线分析系统、TDA 分析系统，形成各种可分析解读的专利分析图表，但是这些系统的可视化展示图形有限，用户无法选择自己喜欢的可视化图形进行专利分析。

（5）可推广性差。专利分析的一般方法经过近几年的推广及发展，在企业、高校及科研单位中应用已经较为普遍，但是仍有大量的企业因缺乏专利数据库、专利分析人员、专利分析平台及工具，而无法自主地进行专利分析，只能委托专利分析机构进行相关的产业专利分析。为了提高企业专利分析人员的水平，我国专利管理部门组织了面向企业的各种各样的专利分析培训，但是积极参与的人员寥寥无几。

2.4.3 现有方法、工具及系统架构

通常情况下，大数据包括结构化数据、半结构化数据及非结构化数据，随着时代的发展，非结构化数据将占据更多的比例，大数据只有通过分析才能获取深入的、有价值的信息。建立在相关关系分析法基础上的预测是大数据的核心，当知道了"是什么"的时候，"为什么"其实没那么重要。因此，在大数据时代，分析数据不再追求难以琢磨的因果关系，而是关注事物的关系，大数据关系分析往往是直接研究现象之间的相依性。

大数据分析最重要的内容是数据挖掘，数据挖掘是采用数学、统计、人工智能和机器学习等领域的科学方法，从大量的、不完全的、有噪声的、模糊的和随机的数据中，提取隐含的、未知的且具有潜在应用价值的模式

的过程。[①] 数据挖掘的相关方法包括聚类方法、神经网络方法、遗传算法、决策树方法、模糊集方法等。

大数据的基础是大数据计算,大数据计算是发现信息、挖掘知识、满足应用的必要途径,也是大数据从收集、存储、计算到应用过程中的核心环节,只有有效的大数据计算,才能挖掘出大数据的内在价值。大数据计算模式主要包括批量计算、流式计算及交互计算,批量计算是大数据计算的一种主要计算模式。当前典型的大数据批量计算的应用系统有 Hadoop,Hadoop 系统由名字节点、数据节点、客户端节点组成,客户端节点通过与名字节点、数据节点进行通信,访问 HDFS,实现文件操作;数据通过 HDFS 的方式进行组织,将各类数据存储在各种外部存储介质上,并通过 MapReduce 模式将计算逻辑分配到各数据节点进行数据计算和知识发现。

另外,值得一提的是,大数据分析中还有一个非常重要的手段,那就是可视化分析。可视化分析能够直观地呈现大数据特点,同时能够非常容易被使用者所接受。可视化分析主要有数据可视化、科学计算可视化、知识可视化及信息可视化。在大数据时代,可视化工具需满足实时性、操作简单、更丰富的展现并支持多种数据集成。

随着大数据的兴起,一系列相关的分析方法及工具如雨后春笋般崛起,那么专利分析应借鉴哪些大数据的分析方法及工具值得我们思考。

基于大数据的智能专利分析系统应该具有以下特点:(1)数据收集全面。数据收集除了收集专利数据之外,还收集与专利数据相关联的学术、商业、经济、贸易、标准等信息,例如,在收集申请人的专利同时,还收集与申请人相关的学术论文;在收集申请人的专利著录项的同时,收集与申请人及其竞争对手相关的非专利信息。如此专利数据与商业、经济、贸易、技术等信息才可能建立高度关联,"信息孤岛"将被连通,从而促使专利分析不再是单方面、片面、一维的专利分析,而是立体的、全方面、多维度的专利分析,专利分析的结论将更具决策力和洞察力。(2)分析过程高效。专利数据的处理及分析以大数据架构为框架、以大数据算法为基础、以数据挖掘为核心,从而能高效、及时、智能地对专利信息进行预处理、加工及统计,这

[①] 马天旗.专利分析:方法、图表解读与情报挖掘[M].北京:知识产权出版社,2015:1—5.

样专利分析人员才能从繁琐、重复、机械性的工作中解放出来,转而专注于分析专利数据的差异及变化。(3)结果展示可视化。基于大数据的智能专利分析系统能将分析结果生动地呈现出来,通过与图表的交互,专利分析人员能够更有效地洞察数据、透视信息;专利分析报告也能依据专利分析人员所选的分析模块自动生成,专利分析人员要做的只是对分析报告的完善与补充,如此专利分析将不再是高成本、低效率,取而代之的是经济、高效。

基于大数据的智能专利分析系统包括专利数据采集子系统、专利数据处理子系统、专利数据分析子系统、专利数据服务子系统以及专利数据控制子系统,这些子系统的功能依次是数据采集、整理、分析、展示和协调控制。基于大数据的智能专利分析系统具有很多应用,包括核心专利筛选、专利价值评估、相似专利检索、产业统计分析、专利情报分析、专利技术预警、竞争对手跟踪、专利侵权分析、可专利性分析、专利信息推送、创新方案制订等。

专利数据采集是基于大数据的智能专利分析系统的基础,主要作用是及时采集全面、准确的数据,专利数据采集子系统采集完数据后形成各种类型的数据库。智能专利分析系统的数据可通过系统下载、互联网用户反馈来收集。其中系统下载是通过专利检索与服务系统(S系统)或其他检索系统进行元数据的下载,包括中国的发明、实用新型和外观设计三种专利的著录项目和全文图像数据,以及发明和实用新型两种专利的全文文本和英文摘要数据,还包括美国、欧洲、日本和韩国等国家知识产权部门的相关基础专利数据。另外,可通过互联网收集企业、科研单位、高校等申请人自身、竞争对手、合作单位、供应商等组织的网站信息;还可通过用户反馈收集网络用户的行为数据,并根据用户反馈调整及完善机构代码表、申请人名称规范化、一体化词表等核心的映射关系。也可以从专业的服务机构中购买相关数据,包括宏观环境、产业、竞争对手等的数据,还可以委托专业的服务机构收集数据。

专利数据加工是对所采集的数据进行转换、清洗及标引。采集的原始数据必须经过数据加工,即对原始数据进行转换及清洗。由于检索数据库有多个,每个数据库导出的数据格式是不同的,为了便于统一的标引和统计,需要对原始数据进行数据表示格式的转换。数据转换后还要进行数据清洗,包括数据规范和去重,数据规范包括格式规范、国省转换、申请人转换、提取申请人类型等,例如,申请人转换是指将隶属于同一个企业的多个企业名称进行统一转换。专利数据加工子系统嵌入有机构代码表、申请人名称规范表、申请人类型映射表、全国省市隶属表等各种对照关系表。

专利数据分析是基于大数据的智能专利分析系统的核心。专利数据分析子系统的数据挖掘对已预处理的数据进行分类、聚类、关联等，从中发现有价值的知识和模式。例如，利用数据挖掘技术对所有有效发明专利及许可、转让、质押的专利进行分析，对有价值的专利与各项专利要素之间的关系进行深入挖掘，从而辨识出构成有价值的专利的关键要素。专利数据分析子系统集成有社会网络分体变化、关系和趋势的技术。数据挖掘发现的模式都是潜在的和未知的，需要评价才能决定其作用；一般情况下，数据挖掘还需要和专利分析方法结合才能真正发挥作用。

专利数据控制是基于大数据的智能专利分析系统的"大脑"，用于使智能专利分析系统保持足够的敏感性、动态性和智能性。专利数据控制应该能及时调整专利分析工作的重心，及时更新、优化数据挖掘算法及各种分析模块的模型，及时对专利分析工作进行评估，发现问题并迅速调整。

基于大数据的智能专利分析应该能实现专利分析的智能化及自动化，减少人工参与因而能大幅度降低成本，当然架构基于大数据的智能专利分析系统是一个漫长的过程，前期需要投入较大人力及财力；专利数据分析子系统中建立了预测模型，而该模型考虑了专利分析的时滞性，通过合理的算法来弥补时间上的缺口，从而能对技术进行精准的预测；专利数据分析子系统采用数据挖掘技术，在不同因素的相关关系之间建立关联，隐藏的、潜在的、有价值的信息很容易浮出水面。

第三章
容器思想

容器思想针对的是专利大数据如何重复利用的问题。大数据的重复利用具体可以分为数据的复用和算法的复用。数据的复用要针对多源、异构和高维的数据解决数据高维存储、封装和处理的需求。算法的复用要针对接口各异、流程多变的算法解决算法兼容和算法复用的需求。

容器思想的内涵包括对数据复用和算法复用提出的各种标准。容器思想可以认为是一种标准或者一种规范,其实现并不是唯一的,任何遵从这些规范的实现方式都可以称为符合容器思想。

容器思想的外延则包括了数据结构和核心库实现方法,设计大数据处理系统的方法,以及服务实现和应用部署的方法。本书第六章给出了一种具体的实现方式:面向专利分析项目二期的系统设计描述了容器大数据处理网站的设计方法;基于设计模式、使用 Python 和 Java 语言的代码实现描述了容器数据结构核心库的机制;基于微服务和 Docker 的应用实现则描述了容器应用的部署方式。

本章的最后则论述了容器用于专利分析与运营的必要性和可行性。

3.1 从大数据到容器思想

容器思想并不是一种思维方法,它只是为了解决特定的问题而提出的一种大数据建模思路,以及在该思路指导下的数据结构和核心库实现方法,设计大数据处理系统的方法,以及服务实现和应用部署的方法。

如何玩转专利大数据

容器思想提出的背景是专利大数据难以重复利用。这个问题最初是如何复用专利分析报告的旧数据，以及如何在建立新的专利分析报告时利用这些旧数据。

按照维基百科的解释，大数据是指用传统数据工具无法在一定时间完成获取和处理的数据。这里面既有数据量大的因素，也有数据难以快速处理的因素。专利大数据的第一位的特点肯定是数据量大。然而，单纯的数据量大并不是大数据难以处理的主要原因。实际上，专利大数据难以处理的最关键的原因在于：数据来源复杂，更新周期快，涉及公开、审查、诉讼、运营等各阶段数据。

用于解决上述问题的容器思想，其主要主张就是数据和算法的分离，或者说数据和算法之间是弱耦合的，从而使得算法可以快速适应数据的更新和增加，而数据也可以快速适应算法的切换。因此，大数据的容器思想也从数据和算法两个方面进行阐述。

1. 专利大数据的数据关系复杂主要体现在：多源、异构、高维

多源，数据的来源往往多种多样，各自拥有不同的组织结构和格式。以专利大数据为例，其来源不仅有各个国家和国际组织，也有很多提供数据服务的公司，使用数据的用户也常常对专利数据进行二次加工，从而生成新的数据和新的数据格式。

异构，不同数据的结构各不相同。可能来自不同的数据库，也可能经过不同的算法清洗和处理过。

高维，专利大数据往往字段非常多，体现为数据空间的维度很高。

专利大数据具有上述特点，因而无法通过改进某一个底层数据库来解决所有的问题，而是需要针对具体问题总结规律，在数据库值上的层级建立专利大数据的处理模型。

专利大数据模型必须能够兼容多源、异构的数据，并且对外来说数据可以表现为同源、同构的数据，从而可以方便地对接各种算法，例如，更新数据和增量计算的算法，可以将这个需求称之为"数据封装"。还要求系统能够适应高维度数据的处理，包括多层嵌套的数据的处理，可将这个需求称之为"高维处理"。

2. 专利分析和运营中涉及的算法繁多主要体现在：数据接口各异、数据处理流程复杂多变

大数据涉及的算法主要包括数据处理算法、数据挖掘算法、机器学习算法等。这些算法提出的背景各异，接口也各不相同。当数据更新或改变的时候，对旧数据原本运行良好的算法也应当自动地在新数据上运行良好。可将这个需求称之为"算法复用"。当数据不变，而算法改变的时候，专利大数据系统应当不必为了适配新算法而改造原本的数据结构，也就是要求系统在使用各种来源的算法时，数据结构的设计具有足够的弹性可以适应各种不同的算法，可将这个需求称之为"算法兼容"（或者"标准化处理"）。

总的来说，容器思想提出的背景就是专利大数据处理的现实需求。其中数据方面的需求可以总结为"数据封装"和"高维处理"，算法方面的需求可以总结为"算法复用"和"算法兼容"。

本书提出的容器思想恰恰是针对这几个特点而构建的。容器思想的名称来自于运输行业中的集装箱（container，中文可译为集装箱或容器）。几十年前，运输业面临着这样的问题：一方面，每一次运输，货主与承运方都会担心因货物类型的不同而导致损失，例比，如几个铁桶错误地压在了一堆香蕉上；另一方面，运输过程中切换交通工具时不断地装卸货物也让整个过程痛苦不堪。一半以上的时间花费在装货、卸货上，而且搬上搬下还容易损坏货物。幸运的是，集装箱的发明解决了这个难题。

任何货物都被放到各自的集装箱中。集装箱在整个运输过程中都是密封的，只有到达最终目的地才被打开。标准集装箱可以被高效地装卸、重叠和长途运输。现代化的起重机可以自动在卡车、轮船和火车之间移动集装箱。集装箱被誉为运输业与世界贸易最重要的发明。

那么，专利大数据的"容器"就类似运输业中的"集装箱"，"集装箱"对应的英文单词都是"container"，大数据技术中的容器思想将大数据根据数据特征进行切分、归类、封装，标准化输出，在海量的大数据中获取有价值的数据，还能够实现算法和数据的复用和通用，正好可以解决专利大数据多源、异构、高维带来的"数据封装""高维处理""算法复用"和"算法兼容"的需求。

3.2 容器思想的内涵与外延

容器思想的内涵一节，阐述了如何构建"数据封装""高维处理""算法复用"和"算法兼容"的容器。在容器思想的指导下，容器的外延包括了数据结构和核心库实现方法，设计大数据处理系统的方法，以及服务实现和应用部署的方法。本节对容器的外延进行了一般性描述，第六章详细阐述了几个示例性的实现。

3.2.1 容器思想的内涵

针对专利大数据处理在数据复用和算法复用的需求，容器思想的内涵可以概括为两个方面。

1. 针对"数据封装"和"高维处理"的数据复用特点

一个容器可以看作一个数据存储单元，将需要重复利用和更新的数据放置在容器中。容器本身对数据进行封装和必要的处理，而尽量不改变原始数据的精度。单个容器存储同类数据，使用二维表来存储容器自身的数据。具体来说，二维表的一行代表一个数据，多行代表多个同类数据，每一列代表数据的不同属性。

利用简单的容器进行嵌套组合来分解存储复杂数据。虽然复杂数据实际上存储在多个子容器中，但对于复杂数据的算法来说，算法可以只针对承载复杂数据的顶层容器发出操作指令，而由顶层容器自身将具体的操作指令转发给下属的各个子容器。这就最大限度的简化了算法的设计难度，算法可以只针对一个容器进行输入输出操作，也保证了算法和数据的弱耦合。

根据待存储数据的不同特点，容器可以分为表格容器（form container）、集合容器（list container）、树容器（tree container）、图容器（graphic container）、文本容器（text container）、用户自定义结构容器。

2. 针对"算法复用"和"算法兼容"的算法复用特点

容器可以附着任意算法。由于容器内部存储的二维表设计方式，容器可以兼容绝大部分算法的输入和输出数据，例如，标量只占用二维表的一个单元格，数组只占用二维表的一列，而对象则占用二维表的一行。

容器本身也设计了很多内置算法，包括输入输出、嵌套、复用、更新等操作。当容器数据更新时，不必对容器附着的算法进行修改，容器可以通过更新操作来自动地更新算法处理的结果。

容器兼容的算法涵盖"数据获取""数据分析""可视化""数据输出"的全流程。全流程各个节点的中间数据都可以存储在容器之中，各个节点之间的联动可以在容器之中设置自动触发。容器之间具有联动等关联操作。当容器的输入数据发生变化时，容器自动进行数据的更新。当容器的变化影响到相关的容器时，使用关联操作对相关的容器进行更新操作。

容器算法复用的特点，保证了数据的可扩展性。通过标准化的数据封装接口，可以方便地增加和减少数据，例如，专利分析二期项目会在每个技术节点上增加新检索的数据。通过标准化的算法复用接口，不必改动原有算法，就可以方便地直接应用到更新的数据上。

3.2.1.1 容器思想内涵中的数据复用

容器思想提出了如下的数据复用主张：容器既可以直接容纳数据，也可以容纳其他容器。利用简单的容器进行组合嵌套来分解存储复杂数据。容器不对外暴露数据本身，而是通过接口来提供对内部数据和嵌套容器数据的访问。

1. 容器自身数据的封装

根据容器思想，对多源、异构和高维的专利大数据的封装，要求对于不同类型的数据分别进行如下处理。

（1）对于常见数据类型的单个数据。常见数据类型是指编程语言中通常支持的单个数据的类型，例如，数值、字符串、日期。数据采用"键—值"对的方式进行存储。其中"键"（key）用来标明该数据的名称，用来索引该数据。而"值"（value）用来表达该数据本身。

在容器存储自身数据的二维表模型中，"键"存储在第一行第一列，"值"存储在第二行第二列。

（2）对于用户自定义数据类型的组合数据。用户自定义数据类型一般是指面向对象编程语言中的"类"（class）。例如，一条专利数据通常就是一个组合数据，包括公开号（字符串）、申请号（字符串）、申请日（日期）等多个字段。

数据采用"键—值""键—值"……序列的方式进行存储。其中每个"键"用来标明该字段的字段名，相应的"值"则是各字段的字段值。

多个"键"组成了标题"行"（row），多个"值"则组成了数据"行"。数据行用来表达该数据本身。在容器存储自身数据的二维表模型中，一行代表一个对象，多个字段代表对象的多个属性，用来表示组合数据。因此，多个"键"存储在二维表的第一行，多个"值"则存储在第二行。

（3）对于常见数据类型的数据列表。数据采用"键—列"对的方式进行存储。其中"键"用来标明该数据的名称，用来索引一列数据。而"列"（column）用来表达该数据本身。在容器存储自身数据的二维表模型中，列是多个同类数据的列表，并且一列对应数据的一个字段，用来表示常见数据类型的数据列表。因此，"键"存储在二维表的第一行第一列，"列"则存储在第二行第一列开始的若干行中。该列的每一个元素应当具有"索引"（index）值。如果没有给定索引值，则该列元素从 0 开始计数索引。

（4）对于用户自定义数据类型的组合数据的列表。数据采用"键—列"的方式进行存储。其中多个"键"用来标明该数据的名称，用来索引多列数据。因此，多个"键"存储在二维表的第一行，多个"列"则存储在从第二行开始的若干行中。

值得注意的是，单个容器中容纳的是同类数据。两个不同类别的数据应当放在两个容器之中。具体来说，同类数据可以是单个数据，也可以是数据的集合或列表。如果两个或多个不同类别的数据想对外表现为同一种数据的列表，那么也应当将这两个数据分别放在两个容器当中，再将这两个容器放在一个父容器中，由父容器对外表现为同一种数据的列表。

2. 容器嵌套子容器的封装

对于容器嵌套子容器来说，复杂数据必须放置在嵌套子容器中，简单数据可以放置在单个容器中，也可以放置在嵌套子容器中。

简单数据和复杂数据的判断标准是：如果数据本身在整个处理过程中始终被看作一个不可分割的整体，并且该数据是多个常见数据类型的组合，则该数据可以作为用户自定义类型的简单数据。反之，如果数据的组成部分具有特殊的形式，无法放置在二维表格中，例如，树结构和网结构，则该数据属于复杂数据，应当分解之后放入多个容器之中。

在专利大数据中比较典型的树结构复杂数据是用来描述技术分支脉络的技术分解表。

单个容器容纳的数据并不算复杂，单个容器可以使用的算法也数量有限，容器处理复杂问题的能力主要在于容器的组合。

技术分解表的单个节点可以放在单个容器中，此时单个节点中存储的是属于同一个技术分支的专利集合。

根据容器嵌套组合的类型不同，对容器进行了如下分类：

（1）表格容器（form container）。类似于二维表格，d 维 n 个数据，所有数据在同一维度上的数据字段是一致的。表格容器中的数据实际上可以用单个容器的二维表来承载。表格容器表现为嵌套形式的时候，则可以是多个列容器的嵌套或者多个行容器的嵌套。从单个容器到表格容器的转换，例如，将包含多个年份专利数据的容器拆分为多个容器，每个容器只包含一个年份的专利数据。

（2）集合容器（list container）。集合容器是 n 个数据的集合，每个数据的数据维度不同。由于数据维度不同的数据是异构数据，不能存储在一个容器中。因而集合容器的数据应该放在多个容器中，其中每个容器存储数据维度相同的数据。也就是说，集合容器是 m 个子容器的集合，其中 m≤n。

（3）树容器（tree container）。树容器的子容器呈现为树结构，树结构的每个节点是一个容器。树容器的每个节点只能有一个父容器。

（4）图容器（graphic container）。图容器的子容器呈现为图结构。树容器的每个节点只能有一个父容器，而图容器的一个节点则可以有多个父容器。

（5）文本容器（text container）。文本容器提供了文本处理的很多算法。

（6）用户自定义结构容器（custom structure container）。用户自定义容器则可以兼容用户自定义的数据结构和算法。

复杂数据类型将分解后存储在多个容器之中，通过将多个容器进行组合，容器可以处理非常复杂的数据。例如，将专利数据的列表放置在一个表格容器中，将专利数据的统计直方图放置在另一个容器中，技术分解表分解为多个树节点，存储在树容器之中。

3. 容器数据复用技术分解表示例

以专利大数据中的技术分解表为例，技术分解表常常表示为多个树节点的专利集合。

（1）每个树节点对应着一个树根到该节点的路径。例如，"输入设备—触摸屏—电容触摸屏"，其中"输入设备"是该技术分解表的树根，"电容触摸屏"是当前的树节点的内容。而"触摸屏"则是从树根到该节点的路径中的一个节点。

（2）每个树节点还对应着一个专利集合。例如，对于"电容触摸屏"节点来说，该专利集合是与"电容触摸屏"相关的专利集合，而不包括"电阻触摸屏"的专利集合，也不包括"鼠标"的专利集合。而对于"触摸屏"节点来说，其对应的专利集合是所有触摸屏相关的专利集合，不仅应当包括电容触摸屏，也包括电阻触摸屏、电磁触摸屏等的专利。

父节点的专利集合涵盖子节点的专利集合，如果对父节点和子节点的专利集合分别进行存储，很容易造成数据重复存储。因此，可以根据需要选择，父节点不存储子节点的专利集合，而只存储所有子节点不存储的其他数据。

专利集合一般存储在一个电子表格文件中。电子表格文件是以二维表的形式存储专利数据，一般一行是一条专利，多行是多个专利。为了更加直观，可以将电子表格文件的名称命名为该树节点的路径名称，例如，树节点"电容触摸屏"对应的电子表格文件的名称可以是"输入设备—触摸屏—电容触摸屏.xls"。举例来说，该技术分解表对应的电子表格文件可有："输入设备—触摸屏—电容触摸屏.xls""输入设备—触摸屏—电阻触摸屏.xls""输入设备—触摸屏.xls""输入设备—鼠标.xls""输入设备—键盘.xls"和"输入设备.xls"，一共六个文件。

对于技术分解表的根节点"输入设备"来说，从根节点发散出多个树节点，这些树节点都要存储在同一个树类型容器中。

举例来说，使用容器存储上述技术分解表时，实际输入的是上述六个电子表格文件。容器首先从六个电子表格文件的文件名中，识别出该技术分解表的结构：①该技术分解表一共具有六个节点，其名称分别是"输入设备"

"键盘""鼠标""触摸屏""电阻触摸屏"和"电容触摸屏"。为此，分别建立六个容器存储这六个节点。②该技术分解表的结构关系，分别存储在这六个容器的嵌套关系上。例如，"输入设备"容器位于树结构的根部，"输入设备"容器中嵌套着三个子容器，"键盘"子容器、"鼠标"子容器和"触摸屏"子容器。而"触摸屏"子容器又嵌套着两个子容器，"电阻触摸屏"子容器和"电容触摸屏"子容器。

3.2.1.2 容器思想内涵中的算法复用

容器思想提出了如下的算法复用主张：算法的输入和输出数据存储在二维表中，包括常用数据类型、用户自定义数据类型以及上述类型的列表，例如，常用数据类型属于标量，只占用二维表的一个单元格；数组只占用二维表的一列多行；而对象则占用二维表的一行多列；对象列表则占用二维表的多行多列。

在容器中设置使用容器自身数据的接口，和汇聚与操作所有嵌套容器数据的接口，这两个接口都可以对接外来算法的输入数据和输出数据。对算法来说，访问某容器嵌套的全部数据时，只对当前容器进行操作即可，对当前容器发出的操作由容器内部算法自动传递给所有嵌套的子容器执行。

1. 容器兼容算法的输入输出数据

根据容器思想，对接口各异、流程多变的算法的输入输出数据的兼容，要求对于不同类型的数据分别进行如下处理。

（1）对于常见数据类型的单个数据的处理。数据采用"键—值"对的方式进行存储。通过"键"来索引和操作该数据。

（2）对于用户自定义数据类型的组合数据。数据采用多个"键—值"的方式进行存储。算法需要获取该数据的多个"键"，利用这些键来索引和操作该数据。例如，一条专利数据是一个组合数据，包括公开号（字符串）、申请号（字符串）、申请日（日期）等多个"键"进行索引。

（3）对于常见数据类型的数据列表。数据采用"键—列"对的方式进行存储。算法首先通过"键"来索引"列"，再通过列表的迭代（iteration）操作来访问"列"的每一个数据。

（4）对于用户自定义数据类型的组合数据的列表。数据采用多个"键—

如何玩转专利大数据

列"的方式进行存储。算法首先通过多个"键"来索引多个"列",再通过列表的迭代操作来访问"列"的每一个数据。

有一类特定的算法是关于时间的,容器中与时间有关的数据往往与某些统计算法(如按年份统计)有关,这些统计算法操作时间相关的"列"时,容器可以内置与时间相关的属性。

(5)对于复杂数据。复杂数据是不能存储在单个容器中的数据,其应当分解之后嵌套放入多个容器之中。树结构和网结构就是一个典型的例子。对算法来说,访问某容器嵌套存储的复杂数据时,只对当前容器进行操作即可,对当前容器发出的操作由容器内部算法自动传递给所有嵌套的子容器执行。

嵌套容器之间的算法很多时候可以并行计算。例如,计算技术分解表各个节点的直方图。虽然是技术分解表的根节点容器调用的直方图计算方法,但该算法是可以并行的,因此可以在技术分解表的每个树节点上调用该直方图计算方法。

2. 容器内置的算法

容器的内置算法支撑了容器数据的自动复用、更新、增量、嵌套等机制。

(1)复用算法:复用指的是旧数据附着的算法可以无修改地应用于新数据。算法复用可以是从一个容器拷贝后复用给另一个容器,也可以是已经存在的容器内的复用。

更新算法:更新算法是一种特殊的复用算法,一般指的是容器内的数据更新之后,算法随之自动适配更新后的数据。容器中存储的数据是具有时间属性的,当容器中的数据随着时间更新的时候,容器将启动更新算法。对于单个容器来说,当数据有更新的时候,可以根据预设条件自动更新。例如,旧数据是截至去年的某公司的全球申请量,针对旧数据计算了地区直方图。那么今年该公司的全球申请量有了更新,容器仍然使用之前的直方图算法,通过"更新算法"可以直接计算出截至今年的地区直方图分布。

增量操作:增量操作是一种特殊的更新算法。更新可以是新数据替代旧数据,增量则是在旧数据的基础上增加新数据。由于某些时候针对全体数据重新计算的代价比较大,只针对增量数据进行"增量计算"则是一个节省计算量的选择。此时必须满足增量计算可以叠加到旧计算结果上的约束条件。例如,旧数据是截至去年的某公司的全球申请量,针对旧数据计算了地区直方图。那么只需要获取该公司的今年的全球申请量增量，容器仍然使用之前的直方图算法，通过"增量操作"可以直接计算出今年的地区直方图分布。将今年的地区直方图叠加到截至去年的地区直方图上，就可以得到截至今年的地区直方图。

（2）容器高维数据处理算法：容器兼容切片、上卷、下钻等来简化高维数据的处理难度。切片：从高维数据模型中根据需要任意选取部分维度。上卷：从高维数据模型中根据需要任意合并部分维度。下钻：从高维数据模型中根据需要将某些维度进行进一步的拆分。

容器间的关联算法：组合数据类型分解为多个部分存储在多个容器之中，且各部分之间的关联通过容器进行关联。例如，嵌套、通知、观察、联动、一致性维护。

嵌套：对于嵌套容器来说，对于父容器的操作可以迭代的逐层作用于子容器，所有的操作都可以直达最底层。

通知：对于依赖于另一个容器的容器来说，另一个容器可以通知该容器某些信息，或者通知该容器进行某些操作。

观察：对于依赖于另一个容器的容器来说，该容器可以观察另一个容器的变化，进而采取相应的动作。

联动：对于相关的一组容器来说（可以是不同类型的容器），一个容器的变化可以影响另一个容器的变化，这种变化可以不需要这组容器本身进行观察或者通知，可以由父容器进行统一的管理。

一致性维护：将复杂数据的各个部分放置在不同的容器中，但各个容器之间并不是孤立的，而是保持着原本的联系。多个旧数据之间构成有机的整体。容器负责对所有数据进行一致性的维护。当一个容器中的数据有了变化之后，其他相关的容器中的数据可以自动进行相应的更新。

3. 容器算法复用的技术分解表

以专利大数据中的技术分解表为例，技术分解表常常表示为多个树节点的专利集合。举例来说，某技术分解表一共具有六个节点，其名称分别是"输入设备""键盘""鼠标""触摸屏""电阻触摸屏"和"电容触摸屏"。该技术分解表的结构关系，分别存储在这六个容器的嵌套关系上。例如，"输入设备"容器位于树结构的根部，"输入设备"容器中嵌套着三个子容器，"键盘"子容器、"鼠标"子容器和"触摸屏"子容器。而"触摸屏"子容器又嵌套着两个子容器,"电阻触摸屏"子容器和"电容触摸屏"子容器。

容器的使用者编写了一个计算申请量年度趋势的算法。该算法从容器的二维表中提取"申请日",然后统计该容器的专利集合在各个年份上的申请量分布曲线。假设容器中只存储着 2010—2015 年的专利数据。假设该算法具有如下的函数结构:hist = f(apd_list)。其中 apd_list 表示专利列表中申请日这一列。变量 hist 表示计算得到的年度申请量,那么容器使用者只能看到 2010—2015 年的申请趋势。那么 hist 就是一个具有六个元素的列表,分别代表 2010—2015 年六年的申请量。

容器的使用者使用容器时,hist 对应着二维表中的一列,该列的每一个元素应当具有"索引"值。因此,从申请日信息中提取到的"2010"到"2015"这六个数作为索引值是比较恰当的,也具有实际的专利语义。因此,在容器中存储的 hist,比算法本身多了六个索引值。

而容器的使用者下一次使用该容器时,可能想看一下 2000—2015 年的年度申请量趋势。由于上次容器计算了 2010—2015 年的趋势,因而容器中必然是存储着 2010—2015 年的专利数据的。因此,容器的使用者需要关注,如果容器中没有存储 2000—2009 年的数据,那么容器的使用者需要向容器中载入数据,此时容器的数据发生了"更新",具体地说是发生了"增量"更新。此时容器的使用者只需要运行下容器的"更新操作",不必重新编写函数,也不必调整函数的参数。由于容器的数据发生了增量,因而更新之后的输出自然就是 2000—2015 年的年度趋势曲线了。

3.2.2 容器思想的外延

容器思想作为一种数据建模思路,在大数据处理的各个范畴都可以有具体的实现方式。

1. 在数据建模的范畴

利用软件工程、面向对象和设计模式,容器思想指导下的数据建模使用具体的编程语言构建出容器的代码实现,容器代码实现应当具有如下特点。

(1) 支持"键—值""键—行"等方式的数据存储,尤其支持二维表格式。

（2）支持嵌套容器，以及与嵌套相关的各种内置算法。

（3）支持容器间联动，以及与联动相关的各种内置算法，例如，以观察者设计模式来实现联动。

我们为了方便读者在实际专利分析中使用容器，使用 Python 语言实现了容器基本功能的一个示例性代码，并按照 GNU GPL 协议共享在 GitHub 网站上，[1] 网址为 https：//github.com/yangdongbjcn/patent – container。

2. 在大数据处理系统设计的范畴

容器思想指导下的大数据处理系统，无论是软件或者网站的形式，都应当根据容器的特点对系统设计进行特定的约束。

（1）后台数据的存储可以参照上文容器数据类型的特点，以"键—值""键—行"方式存储。该方式与 SQL 数据库的二维表格式天然兼容，可以方便与大数据处理系统的数据库系统对接。

（2）从用户输入的数据，或者输出给用户的数据，则可以存储在电子表格文件中。电子表格文件的二维表也天然地与容器的数据类型相匹配。

（3）容器大数据系统的功能设计和 UI 界面设计应当充分利用容器的特点，支持数据和算法之间任意搭配，"数据获取—分析—可视化—输出"的全流程自动化，以及数据更新之后的容器自动更新。

3. 在服务设计和应用部署的范畴

容器思想的出发点就是为了大数据处理系统能够自动适应数据和算法的变化。对于数据变化来说，专利数据的快速更新可以不影响原有的算法调用；对于算法变化来说，大数据处理的全流程能够任意替换中间某一环节的算法。

当今服务设计和应用部署的趋势是自动化、对功能改动的兼容、不修改代码就能兼容各种部署环境。这与容器思想的对数据和算法变化的兼容是相得益彰的。因此，容器思想要求在服务设计和应用部署时，做到以下两点：

（1）能够适应软件更新频繁，为功能扩展留出较大余地，为技术架构的更新不再成为障碍。

（2）能够适应各种操作系统、各种部署环境，实现计算资源的弹性使

---

[1] 杨栋. 容器数据结构的 Python 示例［OL］［2019 – 09 – 19］. https：//github.com/yangdongbjcn/patent – container.

用，按需使用。

3.2.3　容器思想与其他数据处理思想的比较

容器思想是从现有的多种数据处理思想中总结出来的，容器思想与面向对象思想、智能体思想、数据仓库思想等有着千丝万缕的联系。

1. 容器思想与面向对象思想

容器思想符合面向对象的思想。容器的数据封装、算法复用等很多主张都是来源于面向对象思想。可以说，容器思想根据面向对象编程的原则进行了一些特殊的规定。这些规定的出发点是解决专利大数据重复利用的问题。

容器思想对于数据如何封装有着特殊的规定，例如，限定了单个容器内只能存储同类对象。容器思想对于算法的复用也规定了很多独特的操作，例如，容器的更新算法、增量算法。

根据容器思想构建出的容器仍然可以是面向对象的，仅仅是实现了一些用于实现容器各种机制的内部函数。根据面向对象编程的方式，容器的使用者可以直接引入容器类，调用容器内置的载入数据、更新、联动等内置函数。

2. 容器思想与智能体思想

容器思想符合智能体（agent）的思想。智能体指的是能够自主活动的软件实体或者硬件实体。国内也常翻译为"代理"，强调的是其能够接受输入并返回输出的性质。此外，智能体与控制 agent 的主体之间相对独立。智能体思想主要强调实体的自主性（或称自治性，autonomous），即能够自主接收输入，给出输出的性质。总的来说，多智能系统常应用于机器人等领域，以强调其独立自主决策的能力。

容器思想中的容器具有自动更新和联动操作的特点，很类似智能体的自我更新和智能体之间的互动操作。可以认为容器思想限定了一种特殊的智能体，一种用于大数据自动处理、更新和联动的智能体。

3. 容器思想与数据仓库

容器思想借鉴了很多数据库、数据仓库的设计理念。容器中存储的数据就可以被看作数据库的二维表。同时，容器思想也借鉴了很多数据仓库的理念。

容器思想与数据仓库思想的异同包括以下几点：（1）数据仓库着重于对数据的加工与集成。容器思想不仅认可需要对数据进行一定程度的加工，但同时强调保留原始数据、不损失精度的重要性，更重要的是容器思想强调自适应数据的更新、变化，使得数据和算法可以自由更换和复用。（2）数据仓库不可更新，主要用于汇聚查询，容器思想则强调数据是不断变化的，甚至可以在算法不变的情况下直接替换数据。容器在汇聚数据之后可以对接用户编写的算法，进一步用于分析和可视化。（3）数据仓库的结构比较复杂，具有中间层，强调扩展性，为未来三五年需求预先设计架构。容器思想并不设计复杂的架构，而是通过灵活的基本结构来构建任意复杂系统。

3.3 容器应用于专利分析和专利运营的必要性和可行性

容器思想的提出是为了解决专利大数据如何重复利用的问题，这就是容器的"初心"。针对专利大数据多源、异构、高维以及大数据算法接口各异、流程多变的特点，容器思想提出了数据复用和算法复用的一系列的标准或者约定。因此，容器思想用于专利分析，乃至于进一步用于专利运营，是有必要性和可行性的。

3.3.1 容器应用于专利分析的必要性和可行性

随着全球专利申请量的不断提高，海量的专利数据里蕴含着丰富的知识产权信息，对于海量专利数据的分析日益受到人们的重视。如果对这些丰富的专利数据进行有效的采集、管理和处理并整理成为对企业经营决策具有参考价值的资讯，对我国创新驱动发展将具有重大作用。

然而，由于知识产权数据资源分散以及深层次整合关联困难等原因，目前，我国知识产权大数据开发还处于比较初级的阶段。专利分析的手段还比较简单，用于专利服务项目的信息化工具还比较欠缺。

1. 大数据分析的工具难以直接应用到专利大数据上

首先，目前的大数据分析的平台和算法主要是针对一般应用领域的数据，例如，电子商务等常规产生大数据的领域。而对于专利服务来说，其数据具有不同于一般应用领域的特点，难以直接将大数据分析的平台和算法直接应用于专利服务。

如何玩转专利大数据

其次，目前的大数据分析的算法重点在于大数据的清洗、规范化，在于挖掘大数据之间的频繁关系，从大数据中得出之前未知的结论。例如，从电子商务的购物记录中挖掘出关联推荐的商品。而专利服务的数据虽然同样繁杂，但专利服务一般目标比较明确，数据比较规范，具有独特的数据挖掘的侧重点。

2. 现有的专利服务平台侧重于检索，难以对专利服务项目的全生命周期的数据进行保存和再利用

目前，现有的专利服务平台一般仅限于提供专利检索服务和简单的专利分析服务，即只存储专利分析数据。专利检索服务一般使用特定的数据库，需要用户具有较高的数据库字段知识和检索命令知识。而容器思想致力于对数据复杂性和操作复杂性的封装，尽力留给用户简洁的使用体验。

专利容器容纳的全生命周期的数据，不仅包括曾经逐字逐句仔细修改的专利服务报告，还包括耗费无数心血总结出的技术脉络（例如，技术分解表、技术分支树），精心构建的各个技术分支的检索式，费心收集整合导出的专利集合。这些数据是目前专利服务平台难以容纳的。这些专利集合汇聚到统一的专利容器之中，并且打通了各个项目之间的壁垒，可以汇聚成一个庞大的技术脉络和专利集合，为专利运营提供了强大的支持。

例如，专利容器对于根据统计数据生成和更新的图表的自动化，现有的专利服务平台在图表生成之后仍然需要用户自行保存，用于生成图表的数据集和各种图表的参数一般系统不会给予保留。当图表需要再次生成时，只能再次从数据库中进行检索，重新生成图表。而专利容器致力于对于全生命周期的数据都进行保存，包括为了生成图表而产生的中间数据。当需要对生成的图表进行修改的时候，只要调出图表相关的数据和参数，对参数直接修改，相关的图表容器就可以自动对图表进行更新。

3. 由于专利数据更新频繁，如何让原有专利分析项目"与时俱进、自动更新"是个难题

由于专利数据是每天都在增加的数据，原有专利分析项目收集的数据、作出的图表只针对原专利分析项目的截止时间是有效的。如果专利分析的委托方希望能够利用原有的专利分析思路，加上更新之后的数据，将数据和图表进行更新，就只能重新召集专利分析人员，重新走一遍专利分析的过程。这个过程不仅耗费人力，而且仅是数据变了，原有的统计算法、画图算法都

没有变，因此，本可以通过自动化的手段来避免人力耗费。

容器思想根据专利大数据的特点，基于专利服务项目全生命周期，对专利数据的建模是可更新的，对于统计算法、画图算法的对接是可复用的、可随着数据更新而自动升级的。因此，专利容器实现了项目增量数据的"与时俱进、自动更新"。

专利容器通过对专利大数据的全方位支持，使得专利服务的难度大大降低，用户不需要再去记忆各种数据库的使用方法，不需要在各种来源格式的数据之间进行费劲的转换，不需要担心引用的算法是否兼容，从而可以将精力集中在真正有价值的劳动中去。

3.3.2 容器应用于专利运营的必要性和可行性

容器思想提出的缘由是现有数据（专利服务项目报告）的再利用，然而随着专利服务项目报告的专利容器的提出，容器中不仅存储了专利数据、专利服务项目数据，同时还汇聚了各种技术脉络（技术分解表、技术分支树），每个技术脉络的节点还关联了专利集合，以及相应的分析文字和章节。这就汇聚了一个巨大的专利知识库，为专利运营提供了强大的支持。

1. 传统的专利运营平台缺乏对于技术内容的深入理解。而专利容器中汇聚的专利服务人员的智慧是无价的

专利运营涉及对于专利价值的认识，专利价值不仅体现在从数据库中可以检索到多少篇相似的文献，不仅体现在有多少的引用文献和被引用文献，不仅体现在专利买卖涉及的金额，这些数据是冰冷的也难免有水分。专利的真正价值只有技术人员知晓，而通过一个个具体的专利服务项目，对专利的真正价值进行了具体的分析，其中凝结了专利服务人员的真正智慧。专利容器恰恰打通了现有的多源异构的专利服务项目之间的壁垒，可以将专利服务项目中凝结的技术分支、专利集合、专业分析和图表示例都有机地结合起来，为专利运营人员提供强大的支持。

2. 传统专利运营平台难以引入用户自定义的运营数据和算法

专利运营与专利服务既有共性也有个性，专利运营有一些特定的挖掘模型和算法，也会涉及运营特有的法律和市场的一些统计手段和方式，这是一般的专利服务平台无法提供的。对于服务平台之外的各种统计算法，例如，

用户自行编制的市场分析的程序，难以结合到平台中去。而专利容器不仅是数据的载体，也是算法的附着器。通过对于数据的封装和对算法接口的自适应兼容，专利容器可以将各种现有的专利运营的手段和算法、用户自行编制的各种算法都结合进来。更好的是，专利容器致力于对现有专利运营项目的再利用，就包括对于算法的再利用。专利容器可以将任意其他项目的算法复用过来，将其应用到本项目的数据之中。

3. 传统专利运营平台对外提供的可编程访问接口不够丰富

专利容器通过提供 Web 和 API 访问的接口，增加了进行专利市场化运营的便利性。在专利大数据这个背景下，容器不仅是一个数据承载和算法计算的事物，还可以直接对外提供访问接口。无论是以 Web 访问的形式还是 API 访问的形式，容器可以直接在市场上向第三方提供服务。

容器还内置了对于各种数据资源的访问权限控制，引入了资源价值的概念。容器不仅可以实现为一个付费阅读的平台，还可以是一个按照价值购买服务的平台。它可以对数据进行集中、标准流程、定制化输出，在专利运营的市场化开展方面，提供了强大的支撑。

容器思想的提出是为了解决专利大数据如何重复利用的问题。而容器不仅完成了对专利大数据的重复利用，还对专利服务的全生命周期的支持、对专利运营的开展提供了强大的支持。

容器思想的提出，是在面向对象、智能体等思想的基础上提出的一系列的约定，包括数据复用和算法复用的若干约定。容器思想的方法论是通过"简单"的组合来解决"复杂"的问题。虽然单个容器只能存储同样类型的事物，但这也使得算法操作的对象相对简单，便于兼容各种不同的算法，那么复杂的事物如树类型的数据怎么存储？通过将树的每一个节点放到一个容器中去，树类型数据通过多个容器的组合就可以进行存储了。"简单"的容器不仅能够存储"复杂"的数据结构，还能够对存储在多个容器中的复杂数据进行"联动"处理，这就要依靠容器的以下约定：单个容器支持嵌套、更新等操作，多个容器之间支持组合、通知、联动等操作。

对于容器施加的这些约定可以说是刚性的和细致的。但恰恰是容器的这些约定，支撑了容器之间可以任意复用数据、任意复用算法。现有专利服务项目可以用各种容器来承载，可以将现有专利服务项目上直接增加数据，原有算法就可以在更新之后的数据上自动复用。也才可以将所有的专利服务项目中的数据汇聚成一体，对接各种专利运营的方法和算法，甚至直接提供市场化 Web 访问和 API 接口，为专利服务和专利运营提供了强大的支持。

  容器思想，是一种简洁的设计，但在简洁的背后是强大的潜力，在第六章我们基于设计模式给出了容器的数据结构伪代码示例、给出了基于容器的专利大数据系统设计示例、给出了专利容器服务部署的示例。在 GitHub 网站上还发布了使用 Python 语言实现的容器基本功能的示例性代码[①]，网址为 https：//github. com/yangdongbjcn/patent - container。容器思想的"初心"是专利大数据的再利用，它的设计不仅很好地支撑了这个"初心"的实现，也蕴含了巨大的扩展能力。从这个设计本身而言，容器可以应用到任意大数据领域中去，我们也希望容器思想能够进一步发扬光大，为现实世界实际问题的解决做出更多的贡献。

---

① 杨栋. 容器数据结构的 Python 示例［OL］［2019 - 09 - 19］. https：//github. com/yangdongbjcn/patent - container.

第四章 专利分析容器

通过引入容器思想，不仅能够实现对各个专利服务类型的全面支持，也能够实现对各类复杂统计算法的全面兼容。本章将从专利服务的不同类型出发，详细地介绍容器与专利服务的结合。

4.1 容器与专利分析的结合

上一章介绍了容器对多源、异构、高维的大数据处理的优越性，而这一特性对于专利服务而言是十分适用的。通过引入容器思想，不仅能够实现对各个专利服务类型的全面支持，也能够实现对各类复杂统计算法的全面兼容。本章将从专利服务的不同类型出发，详细地介绍容器与专利服务的结合。

4.1.1 专利分析服务的价值

专利服务作为知识产权服务的一个主要类别，是指专利信息服务提供者通过运用针对性的策略和方法对专利信息加以利用，从而合法地帮助专利信息用户解决相关问题的一种社会行为。具体而言，在专利信息服务的过程中要求专利服务提供者对于来自专利文献中大量或者个别的专利信息进行加工组合的基础上利用统计方法或者其他数据处理手段，使得用户能够根据这些信息获得纵览全局的视角或者对于未来趋势的预测信息，使得这些基础的专利信息变成企业经营活动以及社会创新产业发展中具有价值的情报。从专利服务的属性出发，其应当符合专利法的立法目的，保护专利权人的合法权益、鼓励发明创造、推动发明创造的应用、提高创新能力、促进科学技术进步和社会发展。

从发展阶段来看，专利服务可以划分为以下三个阶段。

（1）概念形成阶段。专利服务最初的产生过程是比较缓慢的，最早关于专利服务概念的提出可追溯到 1949 年 Seidel 第一次指出专利引文分析的概念，专利引文是后继专利基于相似的科学观点而对先前专利的引证，同时 Seidel 还提出高频被引专利技术相对重要性的设想。而 Byungun Yoon 则认为，基于专利信息进行分析的过程需要更加侧重于对专利信息内部的深层次挖掘，以此来保证分析研究结果的客观性和准确性，因此，提出了一种结合了文本挖掘技术、联合分析、形态分析三种技术的对于专利数据进行分析的方法，利用表层数据内部的潜在关系来发现新的可能的技术发展机遇。

（2）学术研究阶段。虽然早在 1949 年就已经有了专利服务概念的雏形，但是将其真正应用到各大企业的战略竞争分析中，则是在 20 世纪 90 年代开始的，由于信息技术和网络技术以及各种专利数据库的发展和完善，各种对于专利信息进行分析研究的体系也开始不断的建立，并且也涌现了大批知识产权咨询机构，例如，美国摩根研究与协会（Mogen Research & Analysis Association）、汤姆森路透（Thomson Reuters）和美国知识产权咨询公司（CHI Research）。

（3）工具实现阶段。早期的专利服务都是由专利服务提供者对于各项专利信息数据进行手工的过滤和筛选，伴随着科技信息的发展，以计算机为载体的自动化分析处理工具被广泛地应用在专利服务中，极大地提升了专利服务的效率和准确性，为专利服务提供者节省了大量的人力、物力，促进了专利服务面向自动化、智能化、网络化和可视化方向的快速发展。

通过上面对于专利服务概念的介绍，我们能够得知专利服务的过程就是对庞大的专利信息进行分析和处理的过程，因此，由专利信息整合得到的结果所具有的价值相应地体现出专利服务的价值。

首先，专利信息体现了市场经济的信息，每一个专利文献都承载着一个国家、一个行业、一个企业的经济和社会活动密切相关的信息，通过对这类信息的分析，能够进一步得出某一企业密切关注的技术独占所带来的经济利益，也能够预测出某一行业的技术市场发展趋势。企业通过专利服务也能够敏锐地感知到竞争对手的专利布局范围、时间和战略意图，换句话说，专利服务由于其隐含的市场经济信息，能够为某一企业未来在某一领域的发展以及战略布局提供必要的情报，为该企业定位自身优势技术和投资方向提供依据。

其次，专利信息自身承载了市场战略信息，通过统计、检索、分析、整合等手段，可以得出基于市场战略性特征的技术和市场综合信息，能够形成对于专利保护市场研究的"专利地图"和"专利图表"。近年来，在国家知识产权局的引导下，国内各个省市对于重点产业领域的专利信息进行分析，导航了重点产业的发展，导引了特定技术领域的行业发展政策环境和资源配置政策，带动了以新能源汽车、新材料应用等为代表的战略性新兴产业的迅猛发展。通过对专利信息的战略性开发和利用，导引了我国特定产业短期内的飞跃发展；在专利信息的战略性决策作用下，我国出现了一批迅速崛起的技术领域，对于行业内公司和研究机构的发展也起到了有力的引导作用。

充分发挥专利服务的市场战略性作用，一方面，能够为我国在制定宏观经济政策、制定科学发展战略提供强有力的保障和支撑；另一方面，对于企业而言，通过对于专利信息的战略性分析，能够为自身的技术研发、路线规划、市场发展以及专利战略布局等提供客观公正的依据。

4.1.2 专利分析服务的现状

4.1.2.1 专利分析服务的特点

1. 宏观特点

从概念上来看，专利服务是以专利信息分析加工为基础，由特定领域市场分析、技术情报分析、法律条文分析及经济产业政策分析等为一体的现代高端专业型服务。因此，在宏观角度上，从数据出发，其具有数据复杂这一特点；从过程出发，其具有流程规范化这一特点；从结果出发，其具有市场价值度高、公共服务和市场化服务分化明显这一特点。

2. 微观特点

由于专利服务的处理对象是各式各样的专利信息，专利服务的服务对象也是各不相同的，每一个专利服务项目也具有明确的时间属性和地域性，因而，可以从技术、地域、时间、应用这四个微观角度来分析专利服务所具有的特点。

（1）与技术密切相关。由于专利文件包含说明书、权利要求书等技术相关内容，对于专利信息进行分析的过程也需要用到技术分解表、检索式等与技术分支密切相关的技术元素，因而通过对于某一技术领域内的专利信息进行分析和挖掘，我们可以得出某一行业、某一技术领域当前的研究热门以及发展趋势。

（2）地域性强。根据专利文件中每一个申请人所对应的技术研究领域，可以得出例如"专利地图"和"专利图表"这样的专利分析结果，通过"专利地图"可以直观地获取某一技术领域的分布地域，通过"专利图表"能够深入地了解不同地域的技术发展不均衡的原因，以此作为政府和企业进行战略布局的依据。

（3）固有时间属性。由于专利信息是与技术的发展脉络密切相关的，专利文件也包含着例如申请时间、公布时间、授权时间等时间信息，因而针对某一技术领域的专利数据分析、某一申请企业的专利数据分析，专利服务人员能够获得一个与时间维度相关的技术发展路线图，根据该技术发展路线图，便能够分析出某一技术领域的发展阶段，并判断在某一时间节点下，该技术领域是处于技术初级阶段、技术发展阶段，还是技术成熟阶段。同样地，根据专利信息所固有的时间属性，专利服务人员也能够通过对某一企业的专利数据进行统计和分析，获得该企业的发展路线图。

（4）应用范围广。根据《WIPO工业产权信息与文献手册》的统计，除国务院专利行政部门以外的专利信息用户归纳起来有以下六类：企业用户、研究与开发人员、政府部门中的专利管理机构、发明人、从事专利服务的人员（如专利代理人、检索人员、收藏专利文献的技术性图书馆的管理人员）、高等院校及大学生。由此可知，专利服务的服务对象遍布全国各行业、各领域，其每一类用户的应用领域和需求都是不同的，因此，面向上述六大类的用户而进行的专利服务，服务需求量是巨大的，其应用范围也是广泛的。

4.1.2.2 专利分析服务的分类

专利服务的分类准则是多种多样的，由于专利服务用户类型的多样化、应用范围的广泛化，对于专利数据的处理和分析方式也具有相应的针对性和侧重点，从应用的角度出发，专利分析服务可以分为：一般专利分析、专利稳定性分析、主题检索、专利导航、专利预警这五个类型。

1. 一般专利分析

一般性的专利分析通常包括专利年度分布与趋势、专利类型、申请人、技术生命周期、专利发明人、专利申请国家分布、专利族以及专利强度分析等。从定量和定性两个角度对于专利数据进行识别和分析，进而得到所需的专利情报。

2. 专利稳定性分析

专利稳定性是直接影响专利法律状态的重要因素，专利稳定性受多种因素影响，其中最为核心的影响因素是专利授权的实质性要素，即判断专利本身是否符合授权的条件和标准。如果一项专利缺乏基本的授权条件，将会面临专利无效的风险，因此需要对专利稳定性进行分析，主要包括新颖性、创造性、专利的撰写质量、专利的保护范围、诉讼和复审历史这五项指标。在专利稳定性的分析项目中，主要针对的对象是专利的权利要求，由于一项专利文件通常具有多项权利要求，因而为了统一分析的标准，通常以独立权利要求的稳定性作为专利稳定性的评判标准。

3. 主题检索

专利的主题检索是专利服务项目中最为常见的一种分析方式，通过主题检索可以有效地收集到最新的专利资讯，以获得某一技术领域目前为止最新的发展状况，能够大大降低企业的侵权纠纷，也可以通过借鉴已有的技术研究成果的方式来降低企业的研发成本。此外，对于通过主题检索得到的专利技术信息也可以被企业用来判断经营方向是否正确、技术水平是否先进、市场布局是否合理，是否有助于企业制定更为正确、合理的技术发展策略。

4. 专利导航

专利是连接技术和市场的通道，专利数据承载着专利权人的技术信息、法律信息以及市场信息，而专利导航通过对这些信息的深度挖掘，能够全视角地呈现整个产业的发展状况，并且能够对产业的发展方向、企业的技术研发、专利布局和运用提供系统化的指引。在一定程度上，专利导航属于一种高级的专利运营模型，它能够在充分发挥专利制度优势的基础上，实现对企业乃至整个产业的高层次、系统化的创新引导。

5. 专利预警

专利预警是指通过对专利数据的检索和分析,对相关的利益主体所面临的专利风险以及可能产生的危害以及危害程度进行研究和预测,并对相关利益主体发出预警、制定对策,以此来维护相关利益主体的利益,大大减少因为专利风险而带来的可能的损失。

对于上面五种类型的专利服务项目,在接下来的章节会结合本书所提出的容器思想进一步的阐述。

4.1.2.3 国内外专利分析服务现状

1. 国外专利分析服务的发展现状

目前来看,在全球范围内专利服务开展较好的国家和地区主要集中在美国、日本、欧洲等,其主要原因在于这些国家和地区的专利制度相较于世界其他国家和地域而言更为完善,政府也都制定了一系列明确支持和发展专利服务的相关政策;并且在专利信息平台的建设、专利咨询服务、原始数据产品、数据加工以及信息的推广等方面也都形成了较为丰富的专利服务产品,建立了与国家发展相适应的专利服务体系。

(1) 专利信息平台。目前,美国、日本和欧洲等主要国家和地区的专利行政部门均已开通面向互联网的专利信息平台,公开的内容不仅包括专利文件自身携带的著录项目、权利要求书、说明书、法律状态等信息,还包括审查过程中的各项信息。目前开通的这些专利信息平台主要提供的是以面向社会为主的公益性专利服务,提供的都是原始的专利数据信息。

(2) 专利咨询服务。在国外主要的发达国家和地区专利信息的咨询服务已经发展成为相当成熟的行业,其拥有着稳定的受众和市场规模,成为国家专利制度落实和运转过程中不可或缺的一部分。所提供的专利咨询服务主要分为专利检索咨询和专利分析咨询两类,检索类咨询主要包括对全文或者法律状态的检索,而分析类咨询则主要包括专利和同族分析。此外,这些国家和地区的政府部门也会通过散布在各地的图书馆等信息中心来向社会提供免费的专利咨询服务,但这些服务通常是较为基础的专利服务,更多的是由专业化专利服务机构来提供更为高层次、专业化的商业分析服务。

（3）原始数据产品。为了使专利信息能够得到更加充分、更加深入地利用，美国、日本、欧洲等发达国家和地区采取了以较低的价格向社会提供原始数据的做法，具体过程为：由专利行政部门将原始的专利数据进行整理后打包，生成统一的格式之后制作成专利数据产品，面向全社会出售。这种做法，使得专利服务机构可以以低廉的价格获取权威性高的原始专利数据，为进行高层次的专利服务奠定了良好的基础。

（4）数据加工。由于原始的专利信息的语言、格式都不相同，因而即便是向公众公开的内容也是不方便被公众使用的，因此需要对原始的数据进行标引和分类等加工操作，加工后的数据便于检索，提高了对专利数据检索和分析的准确性和可靠性。

（5）信息推广。形式多样的信息推广活动是用来加强社会公众的专利意识、提高专利信息利用率的重要手段。发达国家的政府通常会通过媒体的宣传、出版物的发行以及各种相关培训的组织来提高全社会的专利意识，这些活动也是专利服务机构所提供的重要服务内容之一。此外，政府还通过召开各种会议和举办论坛等形式来推广专利服务的相关政策，专利服务机构把相关的培训和出版物作为推广的媒介，不仅能够提高全社会范围内对于专利信息的利用率，也能够引导专利服务相关行业的健康快速发展。

2. 国内专利分析服务的发展现状

对于我国的专利服务发现现状，本章将从专利信息平台、专利咨询服务、数据资源、信息推广这四个方面来做进一步的介绍。

（1）专利信息平台。我国已有的专利信息平台主要集中在国家级和省市两级知识产权行政管理机构以及大学科研院所等单位，通过互联网这种途径向公众开放对于专利信息的检索。主流的专利信息平台主要包括中国专利数据库、中外专利数据库服务平台。这两个专利信息平台均是由国家知识产权局及其下属单位向社会提供公众服务的数据库，由于这两个专利信息平台均没有对原始的专利数据进行加工，因而只能满足社会公众的一般专利需求，对于检索分析准确性要求较高的深度专利服务而言，还需要对专利信息平台进行进一步的完善，才能够满足公众对于专利服务的需求。

（2）专利咨询服务。我国的专利咨询服务的主体主要是专利服务中心、专利信息中心以及各个商业性质的专利服务机构。专利服务中心和专利信息中心一般属于事业单位性质，通常负责专利信息的公共服务，目前尚未有统一的发展规划，因此导致各个地区的专利服务中心和专利信息中心所能提供的专利服务的内容、形式、水平参差不齐，对于一些需要复杂技术条件来深入挖掘专利信息的内在联系的需求，由于数据和技术条件的限制，专利服务中心和专利信息中心通常是无法满足的。商业性质的专利服务机构，主要分为以提供专利数据资源业务为主的公司以及由负责数据加工、专利软件和专利代理发展为主的专利咨询公司。

（3）数据资源。在我国，除了国家知识产权局拥有专利信息资源的绝对占有量之外，还有近300个单位收藏部分或者全部的专利信息资源，但是目前尚未有一个全面完整的规划路线，因此各个地方单位相对孤立，对于资源的交流和共享还相对欠缺。此外，由于各个国家和地区专利数据的格式各异，以及在交换购买数据时各种条件的制约和限制，国家知识产权局目前尚不能向公众开放全部的原始数据。换句话说，目前我国社会公众难以无障碍地获取基础性的专利数据资源，对于专利服务机构而言，由于数据源通道的不顺利，直接制约了整个行业的发展壮大。

（4）信息推广。在我国，目前社会大众能够接触到的专利信息推广活动通常是由政府部门或者是特定行业组织负责举办或者推进的。前者主要是国家知识产权局下属的专利文献部，后者则是各商业服务机构，活动的形式则涵盖了研讨、论坛、培训等，从一定程度上推动了我国专利服务行业的前进，但是目前还没有一种提升专利服务质量的有效手段。此外，在出版物方面，针对专利服务或者专利相关信息目前尚未出现权威性或者专业性的期刊，以此为主的书籍通常也是与专利工作者相关的工具手册，随着目前对于专利信息研究的开展，对于相关期刊或者书籍类的需求更是与日俱增。

4.1.2.4　专利分析服务面临的问题与挑战

通过第4.1.2.3节对于国内外专利分析服务的发展现状的介绍可知，无论对于美国、日本、韩国、欧洲等专利分析服务开展较早的专利大国和地区还是我国而言，其专利分析服务主要的侧重点在于数据库的建设以及检索功能的扩展，对于公众提供的专利分析服务大多数也仅是基础性的专利数据的统计信息。此外，虽然目前专利服务从业人员使用的专利分析方法有很多，

如何玩转专利大数据

但是其过程一般都需要经过数据的采集和处理、数据的分析、成果的展示这三大阶段,这一过程虽然可以依靠现有的专利分析工具协助完成对于数据的分析工作,但是由于采集到的数据数量庞大、数据类型各异,所以在前期的数据清洗和处理阶段,需要大量的人力投入,例如,对技术脉络的分解、数据的加工和标引等。在制定检索策略时,无论是检索要素的筛选还是对于检索结果的去噪,也都需要专利服务从业人员的经验判断。随着专利申请量的与日俱增和"专利人数据"时代的到来,传统的专利分析方法已经无法满足企业、政府对于专利分析服务的质量要求,因此,在"专利大数据"时代下,专利分析服务所面临的问题有如下几点。

1. 数据采集不全面、数据更新不及时

数据的采集是进行专利分析服务的前提,全面化、及时性的专利数据是高质量专利分析服务的保证。数据的全面性指的是拓宽专利数据获取的渠道,不仅要采集专利文献、非专利文献,还要从市场以及其他渠道获取相关的专利信息,并且用全面采集的方式替代对数据的采样。数据的及时性指的是增加数据收录的频率,尽可能地避免由于"早期申请延迟审查"造成的在数据库中检索到的专利数据不是当前最前沿的技术这一情况。此外,即便专利数据得到了及时更新,与之相关联的专利分析项目数据也需要对应的自动更新机制,以此来实现专利数据的全面更新。

2. 对于专利质量的分析不足

在目前的专利数据库中,专利数据都是以静态的文本形式存储的,对于专利文本的分析和评估工作主要是依靠专利服务从业人员进行检索、对比之后进行的综合评价,并没有充分利用大数据的语义算法来实现对静态文本的智能处理,缺乏对各个专利文件、申请人、申请区域、申请时间等各个相关维度的关联挖掘。此外,对于已有专利分析项目相关的数据也没有统一的存储和复用功能,例如,对于已有的技术分解表、文本和图表,由于缺乏对于上述数据的存储和借鉴功能,进一步降低了专利质量的效率和深度。

3. 专利分析结果可视化展现形式单一

当前大部分专利分析结果通常以专利分析报告、图表来对数据进行罗列,对于具有专利分析背景的专业人员而言,从各种罗列的数据中抽取出重点信息并不困难,但是对于广大不具备专业背景的需求用户而言,如何从各种分析图表中提取出对自己有用的数据和信息，则是一个需要克服的难题。因此，如何使得专利分析结果的可视化展现形式更加重点突出、通俗易懂，也是当前专利分析服务面临的问题和挑战之一。

4. 平台之间的对接或者跨区域平台运营能力较弱

由于专利分析服务的类型不同和专利分析服务的运营商不同，需要采集的数据、对数据预处理的手段、分析方法、成果形态等都是存在差异的，这造成了不同专利分析服务平台之间信息不通、互通滞后的情况。因此，如何提供一个对于数据采集、处理、分析、成果形成一体化的统一接口，也是当前提高专利分析服务质量和效率需要重点研究的问题之一。

4.1.3 容器与专利服务的结合分析

4.1.3.1 专利服务的主要影响因素

专利服务涉及范围十分广泛，并且对于技术专业性的要求相对较高，其服务的质量往往会受到国家政策、专利分类以及专利服务过程各个环节所包含的数据处理效率等方面的影响。

1. 国家政策

不同国家和地区对于专利保护允许的客体和类型存在很大差别。例如，美国的专利制度，允许对植物专利进行保护，而我国的专利法则明确指出专利的类型包括发明专利、实用新型专利和外观设计专利。随着时间的推进，每个国家对于专利相关的政策也是实时变化的，例如，在1978年以前，意大利是不为药品提供专利保护的，直到最高法庭认定这种方式具有危害性之后，意大利才改变了相关政策，将药品纳入专利权的保护范围；同样地，我国在最初颁布专利法时也仅对药品的生产方法予以保护，直至1992年第一次修改专利法后才对药品本身提供专利权的保护。由于各国国家政策的不同，专利服务工作者在选择需要分析处理的专利数据时也需要进行筛选和判断，在不同的政策引导下，对于专利数据分析的结果也是不同的。

2. 专利分类

《国际专利分类表》会随着社会的进步和科技的发展进行不断地修订，因此出自不同时期但是技术领域相同的专利申请有时候会归属到不同的国际专利分类号下,这就要求专利服务工作者在对数据进行检索和分类分析时,需要进一步甄别,由于所属的国际专利分类号不同,会导致专利信息分析结果的不同。

3. 数据处理

专利服务的主要处理对象就是海量的专利数据,这些专利数据无论是从数据的内容还是数据的格式来说,都存在巨大的差异。由于专利服务应用类型的多样化、用户需求的个性化,在进行针对性的专利服务过程中,专利服务工作者需要对不同类型的专利数据进行检索,针对不同的检索结果运用不同的专利分析方法,在生成专利图表的过程中也需要对专利数据进行人工的统计和格式的统一,对于最终生成的分析报告也需要进行合理的保存以便再利用。从专利服务的总体流程上来看,无论是从服务的准备、数据的采集处理、数据分析、报告的生成和推广,每一个阶段都是以数据为中心开展的,数据存储是否合理、数据格式是否兼容、数据量是否完备、处理方式是否自动化、分析方法是否智能化,对于提高专利服务的质量、效率都有至关重要的影响。

4.1.3.2 基于容器思想构建专利服务的容器模型

上一章节中分析了影响专利服务的三个主要因素,其中国家政策、专利分类这两个因素对于提升专利服务的质量和效率的影响是可以通过人为干预进行调控的,而对于数据的处理这一方面,则可以借助基于当前大数据背景下提出的容器思想来进行完善,通过对海量数据的存储、对数据处理算法的封装,不仅提高了专利数据的再利用性,也极大地扩展了专利服务的服务内容,提升了专利服务的质量和效率。

在第4.1.2.4节提到,专利分析通常的流程均包括了数据的采集和处理、数据的分析、成果展示这三个大阶段。由于上述每一阶段在很大程度上都依赖于专利分析服务从业者的专业经验和能力,就直接导致了专利服务的高成本和高门槛。究其原因,是由于专利分析服务的类型众多,每一类服务的需求点和侧重点不同,不同的专利分析服务运营商在底层构建的专利数据库和上层使用的专利分析算法都是不同的,目前尚未有一种能够对专利数据以及分析算法进行统一处理、封装为一体的模型。

针对上述问题,本书提出了基于容器思想构建专利服务的容器模型,一方面对于高维的专利数据建立各类数据子容器模型，另一方面建立起与容器对接的各类算法，并且各个数据子容器以及对应的算法之间相互关联、相互影响。

1. 数据子容器模型

众所周知，在专利服务过程中，涉及的专利数据包括了专利文档、电子表格、图标、HTML 文件、演示文稿等，在传统的专利服务项目中，上述数据集中保存在某一数据库中，存储在专利服务工作者的计算机中，使得源数据的获取存在一定的难度，并且极大地影响了源数据的完整性。为了使各项数据能够得到更好的再利用，并且对后续的专利服务项目提供有力的帮助，需要将这些数据进行系统分类和数据建模，按照不同数据维度，例如，企业、技术主题、年份等条件，分别保存在不同的子容器中，每个子容器中都存有各类型的专利数据，供后续工作参考。

具体而言，在数据子容器模型中引入"数据立方体"这一概念，数据立方体是一个多维的矩阵，能够使用户从不同的角度探索和分析数据集，通常对于一个立方体而言，同时可以支持三个维度的因素。可见，数据立方体对于数据关联性是具有较强的表现力的。当试图从检索获得的大量专利数据中提取有用信息时，专利服务工作者通常需要借助工具来帮助他们寻找到关联性强的信息，以解决不同的问题。此时，通过引入数据立方体这一概念，就恰恰能够解决这一问题。

此外，可以将数据立方体看作二维表格的多维扩展，如同几何学中立方体是正方体的三维扩展一样，但数据立方体也不仅局限于三个维度，在实际中可以利用多个维度来构建数据立方体，并且也能够在一个或多个维度上对立方体进行标引。由于每一份专利文件的关联信息都是多维的，如何体现这些多维数据的引用关系，则是数据立方体可以解决的问题。

2. 与容器对接的算法

上述章节中介绍的专利分析流程的各个阶段，不仅涉及数据，更涉及对数据进行处理的算法，因此需要对数据处理相关的算法也建立起与容器的对接联系，并且由于不同类型的专利服务分析流程的通用性，与每个阶段建立的子容器对接的算法也具有通用性。

首先，需要获取数据，该过程包括两个部分，一部分是新建数据来源，另一部分是对于已有数据的复用。当获取到数据后，需要对获得的数据进行处理步骤和规则的制定，也就是本书所指的算法。通过建立起与各阶段数据子容器对接的算法，使得以往分析过程中对于数据的清洗和处理变得更为智能化和通用化，极大地解放了专利服务工作者的人力劳动，缩短专利服务项目的周期。

4.1.3.3 基于容器模型预测专利服务的行业趋势

"容器思想"的引入，使得专利服务无论是在质量、效率、成本等方面，都得到有效的改善，也有助于专利服务行业的发展。具体表现在以下几个方面。

1. 连通信息孤岛

容器思想能够将各个孤立的专利数据关联组合为一个有机的生态系统，并且能够使更有价值的隐性信息浮出水面。专利服务工作将从"拣着测、挑着存、采着样处理"的工作方式逐步向"全样本、多维度、动态实时化"方向发展。借助对丰富的、多维信息的分析和处理，专利的商业价值评估也会变得更为轻松和准确，使得专利分析的结论更具有决策力和可靠性。

2. 实现更加精准的分析和预测

基于容器思想的专利服务，对于大数据的处理更为擅长，能够从海量的数据中挖掘出潜在的专利信息、判断专利趋势，能够帮助专利服务工作者克服长久以来困扰的时间滞后性问题。

3. 提供更加多样化的服务

对于专利服务的提供方而言，能够提供更具多样化的服务形式，更具针对性的服务产品，对于专利服务的利用方而言，对专利服务的纵深化、多元化方向发展也有着促进作用，包括政府、企业和个人都能够从中受益。未来的专利服务可能实现：自动跟踪并汇总企业的信息、及时发送专利预警信息或者竞争对手的动向；定期向政府、行政管理部门汇报产业发展现状以及未来的变化情况。随着基于容器思想构建的专利服务模型的进一步发展，更加多样化的服务方式在等待着涌现和挖掘。

4. 加速分析过程的效率

利用"容器思想"，能够实现数据的实时化和分析结果的可视化，以往专利服务工作者在数据统计基础上的分析工作将会与统计工作同步进行，真正地实现即想即得，因此专利分析的过程将会变得更加轻松，分析的效率也会大幅提升。

4.2 容器与专利分析项目

4.2.1 专利分析项目

专利分析就是通过对专利说明书、专利公报中大量的、零碎的专利信息进行分解、分析、加工再到组合，利用统计学方法和其他分析技术使这些信息转化为具有总揽全局及预测功能的竞争情报，从而为企业的技术、产品及服务开发各个阶段的决策提供参考。专利分析不仅是企业争夺专利的前提，更能为企业发展其技术策略，评估竞争对手提供有用的情报。因此，专利分析是企业战略与竞争分析中一种独特而实用的分析方法，是企业竞争情报常用分析方法之一。对于企业而言，专利兼具了"矛"与"盾"的对立性。为了充分、灵活、深入运用专利中所蕴藏的信息，构建专利分析机制是很有必要的，而专利信息的充分利用则是专利分析的基础。

专利分析的本质是对专利文献中所包含的各种情报要素进行统计、排序、对比、分析与研究，进行技术评价和技术预测的研究活动。专利文献作为对现有技术全面、系统、连续的通报，详细记载着发明创造及其不断改进和完善的内容，汇集了发明创造的精华和技术资料。而利用专利文献中所包含的技术信息则可以实现对竞争对手的信息的挖掘。专利分析具有较强的实践性和综合性特点，是以某一技术领域的专利文献为对象，以对专利文献中的专利信息进行收集、筛选、鉴定、整理为目的，并通过深度挖掘与缜密剖析，形成具有总揽全局及预测功能的、有较高价值的竞争情报。

不同行业、领域的数据具有其各自的特点，专利数据同样具有其独特性。专利数据可以分为技术信息数据、法律信息数据和经济信息数据。例如，专利文献的分类号、技术领域、引证关系等属于技术信息数据，专利文献的申请人、国别、法律状态等信息属于法律信息数据，共同申请人、转让关系等信息属于经济信息数据。在专利分析的过程中，根据目的的不同，选择专利数据不同属性的数据进行针对性的分析。

同时，专利数据本身所具有的特点也是专利分析中需要考虑的重点，主要包括以下几点。

（1）专利数据的数据量大、增长快，且蕴藏技术、法律和经济多维度的价值。

（2）虽然目前我国专利申请量和授权量的数量庞大，但专利质量整体不高，价值密度较低，在专利分析中挖掘有价值的专利难度较大。

（3）专利分析中数据源自不同的专利数据库，并且专利数据本身除了著录项目等信息外，体现专利申请价值的发明内容为非结构化的文本数据，同样为专利分析增加了难度。

由上述几点导致的专利数据的海量性、动态性、高维性等特性成为专利分析中的难点。

除了上述专利数据的特性产生的专利分析中的难点外，支撑专利分析的工具和平台本身也存在一定的欠缺：大数据分析的工具难以直接应用到专利服务上；现有的专利分析平台侧重于检索，缺少对专利服务项目的全生命周期的数据进行整合和再利用；现有的专利服务平台，缺乏对于各种统计算法的全面兼容。

本章节中将基于对专利分析项目的全生命周期的梳理和分析，探讨如何将容器应用于专利分析项目全生命周期中，实现容器与专利分析项目的结合、对专利分析项目的全生命周期的支持，以及专利大数据的重复利用。

4.2.2 容器与专利分析项目的结合

专利分析项目主要可以分为需求分析、技术分解与检索、数据处理以及成果交付四个阶段，在这四个阶段实现的过程中数据不断发生变化，从零散到统一，再通过不同组合形成趋势、分布等结果。以下第4.2.2.2节至第4.2.2.5节将以专利分析项目的四个主要阶段为基础，结合专利分析项目开展和推进的方法，对专利分析项目中所涉及的数据进行分析和分解，在对专利分析项目的各阶段流程分解和对专利分析项目中的数据特点的分析的基础上，本章节提出了基于容器思想建立专利分析项目容器模型，并详细介绍如何将容器技术应用于专利分析项目的各个阶段。

需要说明的是，本章节中涉及的专利分析项目数据为广义的数据，例如，技术分解表、检索表达式、检索结果数据、图表以及对报告的分解所获得的数据等,并且对专利分析项目的各个阶段中涉及的关联数据的梳理,可以得到各个阶段和关联数据之间的对应关系,本章节中仅为示例性说明,各个阶段的关联数据可以根据不同的专利分析项目的需要进行选取。

4.2.2.1 容器与专利分析项目结合的基本实现思想

本章节提出的基于容器思想建立专利分析项目容器模型,主要是通过以下的模型建立过程实现与专利分析项目的结合:对于专利分析项目容器模型的建立,从数据立方体的概念出发,采用多维度分层模型的方式,以分层子容器通过多层融合汇聚形成各个专利分析项目容器的方式实现。

专利分析项目容器模型的具体建立阶段如图4-1所示。

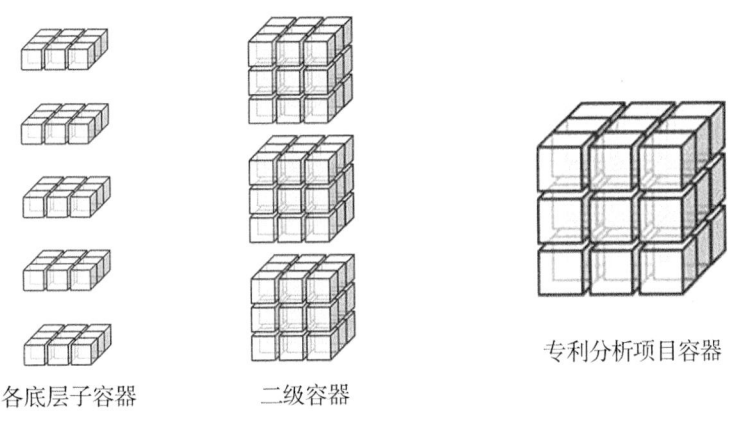

图4-1 专利分析项目容器建模过程

首先,对于位于底层的子容器,分别由专利分析项目中各阶段的各项关联数据形成对应的底层子容器;其次,将底层子容器根据各底层子容器中存储的数据之间的关联关系融合汇聚形成专利分析项目中各阶段的二级容器;最后,由各二级容器融合汇聚形成专利分析项目容器。

专利分析项目容器模型的建立,即对专利分析数据和信息进行整合—拆分的过程,模型的建立实现了对专利分析的数据、结果和报告的再加工。

以下第4.2.2.2节至第4.2.2.5节将以专利分析项目的四个主要阶段为基础,按照本小节中提出的容器与专利分析项目结合的基本实现思想,实现专利分析项目的各个阶段的容器模型的建立,进而建立专利分析项目的容器模型。

4.2.2.2 专利分析项目需求分析阶段的容器模型

专利分析项目的需求分析阶段决定着专利分析项目的目标和预期的结果，奠定了专利分析项目的基础。

1. 需求分析阶段的确定分析对象和行业技术调研两个子阶段

（1）确定分析对象

确定分析对象或主体是专利分析项目的第一步。根据用户需求，确定专利分析的分析对象与目的，对象可以是产业链、特定的产业或行业、特定的技术领域等，专利分析项目通常针对宏观的分析对象，通过对宏观数据的分析获得相关结论。

在确定对象前，首先需要明确分析的内容与方向，明确的分析目标和对象是进行专利分析项目的前提。专利分析的目标和对象要结合需求主体的实际需求来制定，同时还要兼顾分析的可行性，以保证专利分析结果的有效性。明确专利分析目标和对象要考虑以下问题：①要确定专利分析的领域或行业；②确定通过专利分析解决什么问题、要达到什么样的效果。只有对研究目标有明确的认识，才能保证在庞大的专利信息搜集与分析最终为实现目标服务，保证专利分析的有效性与实用性。

（2）行业技术调研

行业技术调研是通过各种途径搜集分析对象涉及的行业和技术的发展现状，从整体上了解所分析的行业和技术，使得在后续的分析过程中能够形成符合行业和技术特点的技术分解表，为数据采集做准备。

调研的内容主要包括以下几个方面。

①行业发展历程，包括行业的起源、行业相关的理论基础、行业的发展现状以及行业对国民经济的影响与贡献等。

②行业相关的产业链，包括产业链的构成与上下游关系，以及处于产业链中不同位置的企业的发展状况等。

③国内外市场现状，包括分析对象涉及的国内外的市场规模，以及相关主要企业的发展现状、贸易格局等。

④技术发展现状，包括国内外相关技术的当前发展水平、国内外重点研发主体的研发热点与难点等。

⑤政府和行业相关政策，政府和行业相关政策对行业技术发展具有不同程度的影响，能够在后续的专利分析中辅助分析研究。

行业技术调查的目的是在调查结果的基础上，梳理出分析对象所涉及的技术领域的技术构成以及关键技术分支，为后续的专利分析项目技术分解和检索阶段做准备。

2. 需求分析阶段中分析对象和行业技术调研两个子阶段涉及的数据

（1）确定分析对象

在确定分析对象阶段，包括对象、对象的含义、涉及的技术领域、项目目的等数据。这部分数据是对一个专利分析项目整体性的概括和描述信息，可以用于标注和区分不同的专利分析项目。

（2）行业技术调研

行业技术调研的结果通常以文本形式存储，主要作为专利技术分解阶段的基础，以及在数据分析阶段作为辅助分析的数据信息和判断分析结果的正确性，并且可以用于分析报告的撰写，即以参考资料的形式使用和存储。

3. 需求分析阶段的容器模型

对应于第4.2.2.1节中介绍的专利分析项目容器的架构，基于需求分析阶段中分析对象和行业技术调研两个子阶段中的关联数据作为容器中的各个维度数据，分别构建为分析对象子容器和行业技术调研子容器，并由分析对象子容器和行业技术调研子容器汇聚产生二级容器——需求分析容器，如图4-2所示。

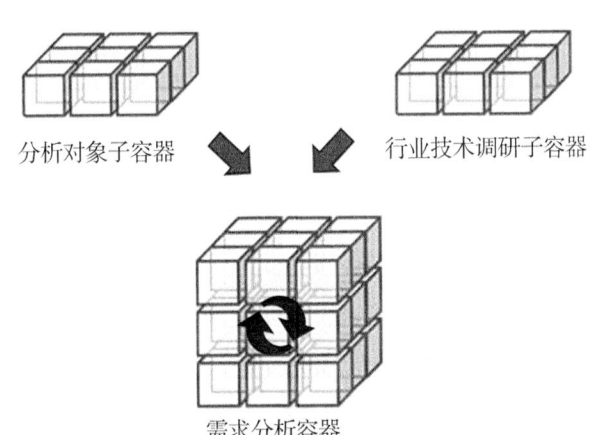

图4-2　需求分析阶段容器模型

4.2.2.3 专利分析项目技术分解与检索阶段的容器模型

专利分析项目技术分解与检索阶段涉及技术分解和分解后的各技术分支的检索。这一阶段的最终目标是获得所需的检索结果用于后续的分析处理，因此，检索质量的优劣将直接影响整个专利分析项目最终结果的质量。

1. 技术分解与检索阶段的专利技术分解和专利数据检索两个子阶段

（1）专利技术分解

专利技术分解阶段主要是为了确定技术边界并形成分析对象所涉及的技术领域的技术分解表。技术分解表体现了一个技术领域包含的多个技术分支，以及各个分支之间的关联关系，例如，电子技术包含微电子技术、光电子技术、电子编程技术等。电子技术即微电子技术、光电子技术和电子编程技术的上级技术分支，微电子技术、光电子技术和电子编程技术为同级的技术分支。在行业技术调研的基础上，结合专利分析的目的对分析对象所涉及的技术领域进行细化和分类，形成初步的技术分解表。当技术分解初步完成后，再基于初步形成的技术分解表在专利数据库中进行检索，并根据检索结果结合行业技术调研结果，对技术分解表进行调整，以确保技术分解符合专利分析的目的以及所涉及技术领域的实际状况，并形成最终确定的、具有明确技术边界的、技术含义清晰的技术分解表。

在本阶段最终确定的技术分解表中，以包含四级技术的技术分解表为例，第一级和第二级的技术分支应涵盖领域内的所有主要技术，注重技术的全面性，第三级和第四级的技术分支应当突出领域内关键技术或者分析目的涉及的关键技术。

（2）专利数据检索

本阶段是专利分析中最为核心和关键的环节之一，是专利分析的基础，主要包括基于技术分解表制定检索策略、选择专利数据库、专利检索结果评估以及检索结果处理。

①制定检索策略。专利检索策略有许多种，常见的包括分总式检索、总分式检索、引证追踪检索、分筐检索、钓鱼检索等，通常可以以多种检索策略组合的方式进行检索，从而保证专利检索的全面性。检索策略是结合检索结果不断调整的过程，在不断的调整中，选取相对合适的检索策略进行检索。

②选择专利数据库。专利数据库分为官方专利数据库和商用专利数据库两大类。政府建立的官方专利数据库，是最原始、最权威的专利数据库。各国知识产权官方机构通常会通过互联网提供可检索的本国（或者本地区、国际组织）专利文献，通常是免费提供给用户使用，如 USPTO 数据库、EPO 数据库、JPO 数据库、WIPO 数据库。商用专利数据库是由商业性机构提供的商用专利信息服务产品和专利数据库，相对于官方专利数据库，通常能够提供更为强大的检索功能，以及额外的增值服务，检索结果也较一般的官方数据库更准确。例如，目前最优秀的专利数据库之一，美国汤姆森科技公司（Thomson Scientific）的德温特世界专利索引数据库（DWPI），该数据库内的所有专利都由汤姆森科技公司的专家重新改写了描述性的标题，并提供了规范化的代码和由其他语言改写的英语文摘。

专利数据库的选择要根据分析的目的，结合分析对象和数据库的特点来选取，也可以使用多个数据库以使从不同数据库中获取的专利数据形成互补，保证检索结果的全面性。通常情况下，完成一个专利分析项目要选择的专利数据库可能不止一个，因此，还需要考虑不同专利来源数据库的数据兼容性问题。

③专利数据的全面检索。全面检索的目标是通过制定科学的检索表达式，得到目标领域完备的专利数据，保证之后分析的准确性。专利数据全面检索的基本思路及方式主要包括：利用核心和最准确关键词获得初步检索结果，对初步检索结果进行浏览分析，确定相关的专利分类号，并对关键词和分类号进行扩展；将扩展的关键词和分类号组合成检索表达式在数据库中进行检索，并在检索结果中按比例进行抽样，根据抽样结果判断检索结果是否符合查准率和查全率的要求，如果不符合预期，需要不断调整检索表达式，以获得符合查准率和查全率要求的检索结果。

针对性的补充检索是专利数据检索中重要的一个环节，例如，对于云计算技术，通过检索发现阿里巴巴、华为、百度等公司是云计算技术领域中重要的公司，可以针对这几个公司结合关键词或分类号等检索要素进行补充检索。

2. 技术分解与检索阶段中专利技术分解和专利数据检索两个子阶段涉及的数据

（1）专利技术分解

专利技术分解阶段主要是用于确定专利分析项目涉及的技术领域的技术

分解表，技术分解表的数据具体包括不同层级的技术分支、分支之间的上下关系，以及各个分支的技术含义。在技术分解表的数据存储和数据使用中需要关注的重点在于分支之间的关联关系。

（2）专利数据检索

专利数据检索阶段包括的数据为专利分析项目中最为核心和关键的数据，也是专利分析项目的基础。其中包括选择和使用的数据库、检索截止日期、检索关键词、分类号、检索表达式以及检索结果数据。对丁专利数据检索阶段的数据需要注意以下几点：首先，在不同专利数据库中检索所使用的检索关键词、分类号、检索表达式以及检索结果等数据应当与专利数据库关联存储；其次，不同技术分支对应的检索关键词、分类号、检索表达式以及检索结果等数据应当与该技术分支关联存储；此外，在全面检索阶段，检索思路的调整以及补充检索的检索依据等信息应当与对应的检索关键词、分类号、检索表达式以及检索结果等数据关联存储。

3. 技术分解与检索阶段的容器模型

对应于第4.2.2.1节中介绍的专利分析项目容器的架构，基于技术分解与检索阶段中专利技术分解和专利数据检索两个子阶段中的关联数据作为容器中的各个维度数据，分别构建为专利技术分解子容器和专利数据检索子容器，并由专利技术分解子容器和专利数据检索子容器汇聚产生二级容器——技术分解与检索容器，如图4-3所示。

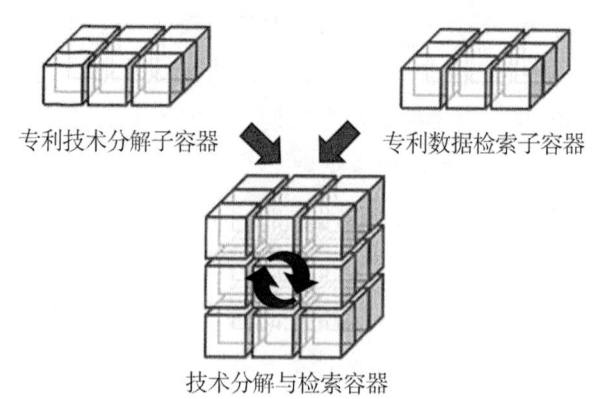

图4-3 技术分解与检索容器

4.2.2.4 专利分析项目数据处理阶段的容器模型

专利分析项目的数据处理阶段是通过对技术分解与检索阶段获得的专利数据进行分析处理，进而对专利数据进行挖掘的阶段。

1. 数据处理阶段的专利数据加工和专利数据分析两个子阶段

（1）专利数据加工

在信息处理中有一个十分著名的 GIGO（Garbage In, Garbage Out）理论，它强调的是，系统只能对正确的输入信息进行处理，从而产生有意义的输出。无论系统的能力多强，如果输入系统中的数据是错误的，则输出的结果也必定是错误的。

由于检索过程中通常使用多个检索数据库，每个数据库导出的数据格式不同，并且专利检索的原始数据通常存在各种噪声，为了在数据分析阶段能够进行统一的标引和统计，需要通过对原始数据进行转换、清洗及标引，让检索结果能够更加准确和有效地用于专利分析。数据清洗的目的是解决数据处理中常有的输入错误、不一致等现象，即解决 GIGO 的问题。

数据清洗可以是对原始数据中原有字段内容直接进行修改，也可以是保持原有字段内容不变，采用新增记录或新增字段的方式。由于专利分析通常需要对同一数据进行多次统计分析，因此，在数据清洗的实际操作中，除了更正明显的错误之外，通常不建议直接修改原有字段。

（2）专利数据分析

专利分析中对数据的分析方法主要包括定量分析与定性分析两种。两者一个是通过量的变化，一个是通过内在质的变化来反映技术的发展状况与发展趋势，既有区别，又存在必然的联系。

定量分析又称统计分析，主要是对专利文献的统计分析，通过专利文献的申请日期、申请人、分类类别、申请国家等相关信息识别专利文献，然后按相关的指标，例如，专利数量、同族专利数量、专利引证数量等来进行统计分析，并从技术和经济的角度对有关统计数据的变化进行解释，以取得动态发展趋势方面的情报。

定性分析也称技术分析，是以专利说明书、权利要求、图纸等技术内容或专利的"质"来识别专利，并按技术特征来归并有关专利使其有序化。定性分析一般用来获得技术动向、企业动向、特定权利状况等方面的情况。专利定性分析在某种程度上属于经验分析方法，定性分析所具有的专业性和技术性比较强。

定性分析是定量分析的基本前提，定量分析是定性分析的具体化。两者的侧重点不同。

2. 数据处理阶段中专利数据加工和专利数据分析两个子阶段涉及的数据

（1）专利数据加工

数据加工阶段，加工后的数据为必须存储的数据信息。可选择存储的数据包括关联加工前和加工后的数据的对应关系，以及对数据加工的标准和依据的具体描述。可选择存储的数据在后续阶段通常不会使用，但可以用于对数据源的追溯。

（2）专利数据分析

专利数据分析涉及的数据是专利分析项目中最重要和最复杂的数据。根据分析过程中选择的分析方法的不同，采用的数据和数据之间的关联方式均不同。专利数据分析的过程主要是通过对专利的申请时间、公开时间、申请人、申请人地址、发明人、国别、IPC 分类号、同族专利使用各种定义的技术分类指标进行统计分析，以把握专利文献的分布概况和发展趋势。

首先，专利文献的基础数据主要包括申请人、申请人地址、国别、优先权信息、申请日、公开日、代理人、代理人地址、分类号、专利类型、权利要求书、说明书、说明书摘要、法律状态、同族信息、引证信息等内容。

在基础数据的基础上，根据分析指标的不同，通过对不同维度基础数据的关联分析获得相应的分析指标。专利分析的指标较多，利用不同的指标可以从不同角度客观评价专利数据。常用的分析指标包括表 4-1 和表 4-2 所示的基于不同维度的基础数据获得的分析指标，表中所示为分析指标示例。

表 4-1 基于一维基础数据的分析指标

基础数据	统计对象	指标含义
申请人	专利申请量	申请人技术布局和特点
申请人地址	专利申请量	技术创新的区域分布和区域创新能力
发明人	专利申请量	发明人技术实力对比
IPC 分类	专利申请量	领域技术实力分布

续表

基础数据	统计对象	指标含义
国别	专利申请量	国家技术实力对比
申请日期	专利申请量	技术发展趋势
专利类型	专利申请量	技术创新水平

表4-2 基于二维基础数据的分析指标

基础数据一	基础数据二	统计对象	指标含义
申请人	申请日期	专利申请量	创新主体技术实力动态比较
申请人	IPC分类	专利申请量	创新主体技术发展重点
申请人	专利类型	专利申请量	创新主体创新能力比较
申请人地址	申请日期	专利申请量	区域技术实力动态比较
申请人地址	IPC分类	专利申请量	区域技术发展重点
申请人地址	专利类型	专利申请量	区域创新能力比较
发明人	申请日期	专利申请量	发明人技术实力动态比较
发明人	IPC分类	专利申请量	发明人技术发展重点
发明人	专利类型	专利申请量	发明人创新能力比较
IPC分类	申请日期	专利申请量	领域技术实力动态比较
IPC分类	申请人	专利申请量	创新主体分析及竞争对手分析
IPC分类	申请人地址	专利申请量	领域在不同区域的技术实力比较
IPC分类	发明人	专利申请量	领域中发明人实力比较
IPC分类	国别	专利申请量	领域在不同国家的技术实力比较
IPC分类	专利类型	专利申请量	领域技术创新能力比较
国别	申请日期	专利申请量	各国技术实力动态比较
国别	IPC分类	专利申请量	各国技术发展重点
国别	专利类型	专利申请量	各国创新能力比较
专利类型	申请日期	专利申请量	不同专利类型的动态比较
专利类型	IPC分类	专利申请量	不同专利类型的领域比较

此外，许多国家和知识产权咨询机构都建立了自身的一套完备的分析指标体系，例如，美国摩根研究与分析协会（Mogen Research & Analysis Association）、美国知识产权咨询公司CHI研究中心，通过建立专利指标体系

在专利分析中利用多个分析指标,综合评价专利数据。常用的 CHI 分析指标中包括由定量分析、定性分析以及两者结合的拟定量分析方法获得的分析指标。在专利分析过程中,可以根据分析需求进行选择。

结合上述各分析指标涉及的专利基础数据,获得专利数据分析子阶段的关联数据如表 4-3 所示。

表 4-3 专利数据分析子阶段的关联数据

专利分析项目阶段	关联数据
专利数据分析	申请人
	申请日
	公开日
	公开号
	申请人地址
	发明人
	国别
	分类号
	专利类型
	法律状态
	同族信息
	引证文献
	发明名称
	说明书摘要
	权利要求
	说明书

3. 数据处理阶段的容器模型

对应于第 4.2.2.1 节中介绍的专利分析项目容器的架构,基于数据处理阶段中专利数据加工和专利数据分析两个子阶段中的关联数据作为容器中的各个维度数据,分别构建为专利数据加工子容器和专利数据分析子容器,并由专利数据加工子容器和专利数据分析子容器汇聚产生二级容器——数据处理容器,如图 4-4 所示。

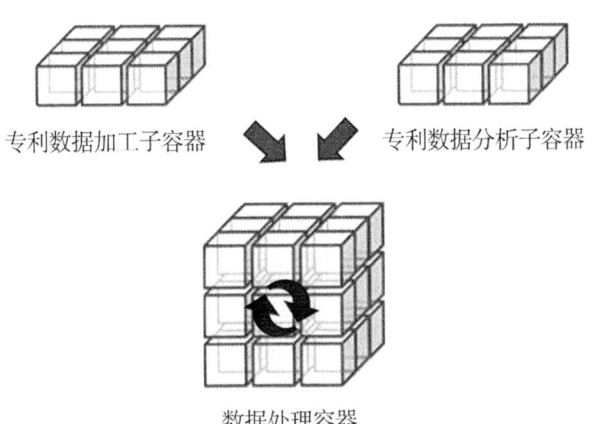

图 4 – 4　数据处理阶段容器模型

4.2.2.5　专利分析项目成果交付阶段的容器模型

专利分析项目的成果交付阶段通常是在需求阶段确定的成果交付方式，结合数据处理阶段所获得的分析结果，形成最终成果交付内容。对于专利分析项目，成果交付的方式通常包括涵盖的整个分析处理过程的专利分析项目报告，以及涉及的专利数据。

1. 成果交付阶段的分析结果可视化和专利分析报告两个子阶段

（1）分析结果可视化

专利数据分析结果的可视化是指对经过解释后的专利信息知识，以图形或者表格的形式加以展现，从而形象、直观地反映专利信息知识的过程。旨在借助图形化的手段，清晰有效地传达与沟通信息，以提高人们接受信息的效率。更通俗地说，就是将专利信息统计、分析、挖掘的结果，用更直观的方式呈现出来，能够实现信息有效、快速地传递。更重要的是可视化的结果展示方式有助于揭示隐藏在数据背后的规律或数据间的关系，从而可以深化对于专利信息知识的理解，深入挖掘专利文献中蕴含的信息。

（2）专利分析报告

专利分析项目的成果通常是以专利分析报告的形式进行展示，因此，最后一个阶段是在前面几个阶段工作的基础上形成专利分析报告。专利分析报告的内容与质量实际上是前面几个阶段工作的整合与集中展现。

专利分析报告的形成需要根据专利分析的对象和目标确定整体框架，报告的整体框架是专利分析报告撰写的基础，要结构完整、有逻辑性，并且能够充分体现专利分析的研究内容、研究重点、主要结论与建议等；根据确定的整体框架结合前面几个阶段的工作内容完成报告初稿；最后对分析内容、研究结论与研究方法等进行修改与完善，形成专利分析报告。

2. 成果交付阶段中分析结果可视化和专利分析报告两个子阶段涉及的数据

（1）分析结果可视化

分析结果的可视化阶段通常根据数据分析结果的特性选择各类图表直观地展示数据分析结果。随着分析方法和可视化展示技术的不断发展，可视化图表已由常规的柱状图、饼图、环形图、折线图、堆积图和放射图等，逐步衍生出雷达图、气泡图、地图、热力图、力导布局图等能够展现专利文献蕴含的更深层次信息的展示方式。

在本阶段中，需要关注的是图表和生成图表的数据之间的关联存储，特别地，对于例如力导布局图等需要由算法和软件实现的图表，还应当关联存储图表生成的算法和相关实现软件。

（2）专利分析报告

专利分析报告中的数据是通过对专利分析报告进行文本分析获得，主要包括通用的描述性语段，例如，针对申请人、技术发展路线、技术主题构成比例等常规分析的结果分析语段。同时，当仅能够获得专利分析报告，而无法获得前面几个阶段相关的数据时，通过对专利分析报告的文本分析，能够获得包括技术分解表和各可视化分析图表等数据。

3. 成果交付阶段的容器模型

对应于第4.2.2.1节中介绍的专利分析项目容器的架构，基于分析结果可视化中分析对象和专利分析报告两个子阶段中的关联数据作为容器中的各个维度数据，分别构建为分析结果可视化子容器和专利分析报告子容器，并由分析结果可视化子容器和专利分析报告子容器汇聚产生二级容器——成果交付容器，如图4-5所示。

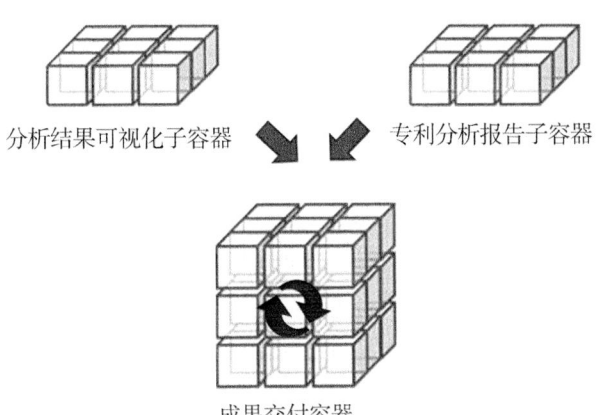

图 4-5　成果交付容器模型

4.2.3　专利分析项目容器的应用

通过对专利分析项目基于各个阶段进行精确划分并将各个阶段的关联数据进行分解，生成各个子容器，在一个容器空间中，所有的专利数据可以按照不同的维度进行展示，维度可以是技术领域、技术分支、企业等。用户在需要查询使用专利分析项目中的数据时，只需要输入检索条件，平台即可根据用户需求解析并生成大数据处理集群和相关专利数据集群拓扑结构，自动地从容器空间中分别抽取与各个查询条件对应的专利分析数据，并将查询结果数据根据用户要求的格式向用户呈现可视化的效果。专利分析项目容器的应用体现了对专利分析数据和信息整合—拆分—再整合中拆分—再整合的过程，实现多方面、多角度的呈现方式，使得最终形成的专利容器能够以快捷、详实的内容针对性地满足不同主体的不同需求。

本章节中，仅以示例性场景的说明阐述专利分析项目容器的应用。

【场景一　专利数据检索阶段的复用】

已有对北京市关于技术领域 A 的专利分析项目，并根据该专利分析项目，形成专利分析项目容器 B，其中，专利分析项目容器 B 中包括专利数据检索阶段对应的二级容器 C，二级容器 C 中包括底层子容器：检索策略 D、数据库 E、检索关键词 F、IPC 分类号 G、检索表达式 H、检索结果 I、检索截止日期 J、检索思路 K。

如何玩转专利大数据

当新的专利分析项目需要对广东省关于技术领域 A 进行分析时，可以在平台中通过检索技术领域 A 获得专利分析项目容器 B，从专利分析项目容器 B 中抽取专利数据检索阶段对应的二级容器 C 进而获取底层子容器 D－K。通过对底层子容器 D－K 的分析确定底层子容器 D－H、K 可以在新的专利分析项目中复用，因此，通过抽取底层子容器 D－H、K，对其中地域性的限制内容进行修改，由北京市修改为广东省，则可形成新的专利分析项目中的底层子容器：检索策略 D'、数据库 E'、检索关键词 F'、IPC 分类号 G'、检索表达式 H'、检索思路 K'。根据检索策略 D'、数据库 E'、检索关键词 F'、IPC 分类号 G'、检索表达式 H'、检索思路 K' 获得底层子容器检索结果 I'、检索截止日期 J'，专利数据检索阶段对应的二级容器 C'，如图 4－6 所示。

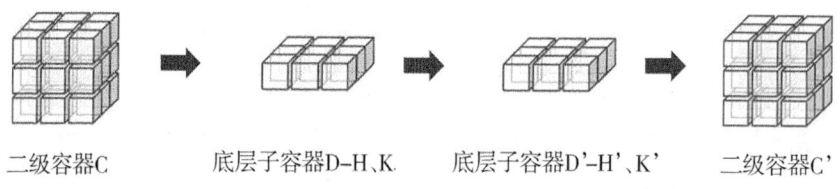

图 4－6　场景一　专利数据检索阶段的复用

【场景二　分析结果可视化阶段的复用】

已有的专利分析项目容器 A 中的分析结果可视化阶段对应的二级容器 B 包括多个分析指标对应的图形及关联的数据表的底层子容器 C，例如，技术生命周期图、国家和区域技术实力对比图，专利类型分析图，以及与各图表相关的数据表等。

如图 4－7 所示，当前进行的另一专利分析项目，在完成专利数据分析阶段后生成专利数据分析阶段的二级容器 D，并进入分析结果可视化阶段。当分析结果可视化阶段同样需要生成技术生命周期图、国家和区域技术实力对比图，专利类型分析图时，通过从专利数据分析阶段的二级容器 D 中抽取需要生成的图形所需的数据的底层子容器 E，并使用底层子容器 E 中的数据对专利分析项目容器 A 中抽取的底层子容器 C 中的各图形相关的数据表进行匹配和数据覆盖，并生成相应的图形及关联的数据表的底层子容器 F，并可与其他图表共同形成当前进行中的专利分析项目分析结果可视化阶段的二级容器 G。

上述两个专利分析项目容器的场景用于示例性的说明和体现对基于专利分析项目容器实现的专利分析数据和信息整合—拆分—再整合中拆分—再整合的过程，实现多方面、多角度的呈现方式，使得最终形成的专利分析项目容器能够以快捷、详实的内容针对性地满足不同主体的不同需求。

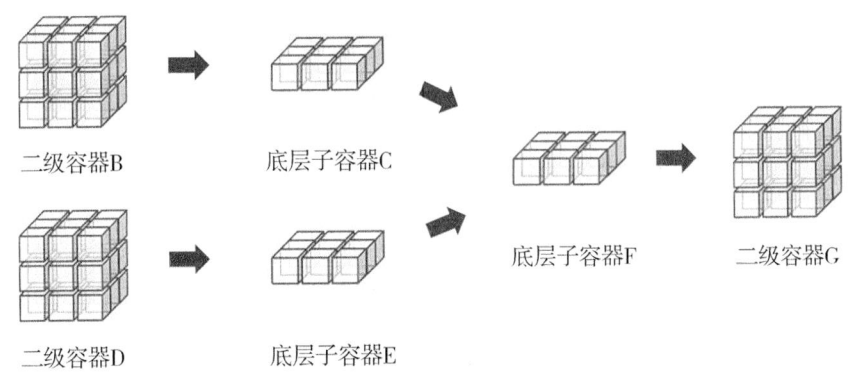

图4-7　场景二　分析结果可视化阶段的复用

由于专利文献分类的差异性、专利数据的分布存储以及专利文献所涉及的语言种类繁多等诸多因素的影响，传统的专利分析项目的平台难以满足对专利信息的分析需求。同时，专利分析项目要选择的专利数据库可能不止一个，在进行数据处理和分析的过程中还需要考虑不同专利来源数据库的数据兼容性问题。因此，大数据背景下的专利处理平台应该具有分布式、可异构、适用于多类型专利文献等特性。

本章节中研究的专利分析项目容器的构建过程并不是简单专利分析数据和信息的存储，而是通过对专利分析数据和信息整合—拆分—再整合，实现对专利分析的数据、结果和报告的再加工，最终实现多方面、多角度的呈现方式，使得最终形成的专利容器能够以快捷、详实的内容针对性地满足不同主体的不同需求。专利分析项目容器的构建基础是各种类型的专利分析数据、结果和报告，每一份专利分析数据、结果和报告都是由拥有具有多年专利工作经验、实时跟进客户需求、洞悉专利分析预警规律的项目管理人员组成的咨询服务团队，以及拥有数千名精通专利法律知识、熟谙专利和科技文献检索、覆盖专利申请全部技术领域的专业技术人员组成的检索分析团队共同完成的。因此，专利容器真正体现出了"智慧的融合"，从而为企业和科研院所提供丰富的知识产权综合运用及技术创新等相关信息，提升企业的核心竞争力，同时还能够为行业组织和政府部门提供全面的知识产权宏观态势及风险预警提示信息，为政府部门科学决策提供了有力支撑。

4.3 容器与专利稳定性项目

4.3.1 专利稳定性项目

《专利法》第39条规定，发明专利申请经实质审查没有发现驳回理由的，由国务院专利行政部门作出授予发明专利权的决定，发给发明专利证书，同时予以登记和公告。发明专利权自公告之日起生效。《专利法》第40条规定，实用新型和外观设计专利申请经初步审查没有发现驳回理由的，由国务院专利行政部门作出授予实用新型专利权或者外观设备专利权的决定，发给相应的专利证书，同时予以登记和公告。实用新型专利权和外观设计专利权自公告之日起生效。

由上述法条规定可知，在专利权的审批流程中，实用新型和外观设计专利申请只经过初步审查，不进行实质审查。发明专利申请虽然经过实质审查，但是由于专利权的保护范围需要用文字进行明确限定，而语言的模糊性使得专利权保护范围的不确定性风险增大，并且实质审查过程中，对客体的判断、对现有技术的检索、对"非显而易见性"的判断等，都依赖于专利审查员的技术知识储备、思维方式和审查业务水平，因此，存在专利权不稳定的情况。

专利权人获取专利权后，有权对一个技术范围进行垄断或者独占。这一范围是在专利权人与社会公众之间、在专利技术和公有技术之间划定的专利权的效力范围。如果不能准确确定该效力范围确定性的缺失，那么社会公众利益及市场竞争的有序进行都会受到极大的影响。

同时，专利权的稳定性直接影响发明创造者进行发明创造的积极性。专利权稳定性较强时，市场风险性降低，对专利技术的获利能力有较高的预期，创新利润的实现程度也较高，可以促进产生更多的研发投入，从而促进技术创新，相应地，专利权稳定性较弱时，则将抑制技术创新。

面对现有环境下专利权的不稳定状态，专利权人和社会公众为了维护各自的权益，无论是专利权的产权交易，还是工业生产中企业研发获得的技术的实施，亦或是知识产权保护、行业技术竞争中，都需要对专利风险进行评估，对相关专利权的稳定性进行分析确定。

《中华人民共和国专利法实施细则》（以下简称《专利法实施细则》）第65条第2款规定，"无效宣告请求的理由是指被授予专利的发明创造不符合专利法第二条、第二十条第一款、第二十二条、第二十三条、第二十六条第三款、第四款、第二十七条第二款、第三十三条或者本细则第二十条第二款、第四十三条第一款的规定，或者属于专利法第五条、第二十五条的规定，或者依照专利法第九条规定不能取得专利权"。

因此，专利稳定性项目的开展可以依据上述法条涉及的无效宣告请求的理由而进行判断。

此外，除了专利本身是否符合授予专利权的条件以外，专利权的稳定性还受其他多方面的影响。因此，在没有得到否定结论时，可以进一步考虑其他外部因素，例如，专利的复审经历和无效诉讼经历，同族专利中授权专利的数量及审查过程，以及专利引证文献的数量，也都能进一步反映专利的稳定性。

最后，专利稳定性项目在对专利本身完成分析、检索、判断完成之后，可以进一步参考其他相关因素，综合分析得到权利要求的稳定性结论，生成专利稳定性分析报告。

从上述分析方法中可以看出，项目涉及的法条较多，数据类型丰富。此外，在执行稳定性分析的过程中，还包括多种数据处理过程。上述数据和数据处理过程涉及的数据量大、格式多样、内容丰富、数据处理方法不断更新，每一个专利稳定性项目都需要沿用相同的项目处理流程，不断地重复数据获取、数据处理、数据分析等手段，项目执行过程，以及项目与项目之间，都存在大量的重复劳动，极大地影响项目进度。

针对专利稳定性项目目前的现状，可以结合容器思想将专利稳定性项目各阶段的数据及其数据处理方式进行分解，基于容器实现数据及其处理方式的复用，从而实现容器与专利稳定性项目的结合，以提高工作效率，实现对专利稳定性项目进行全过程支撑。

4.3.2 容器与专利稳定性项目的结合

前文已经将专利稳定性项目的方法进行了基本的介绍，以下针对项目考虑的各个因素分析其涉及的专利数据和数据处理方式，将容器思想与专利稳定性项目紧密结合，提取专利稳定性项目的数据和影响因素来建立容器模型。

4.3.2.1 专利稳定性项目的数据及其可行性分析

依据前述专利稳定性项目的方法流程，专利稳定性项目分析的过程中涉及的数据类别可以划分为以下几类：专利本身的实质性因素数据、外界因素数据以及项目报告生成数据。

其中，根据《专利法实施细则》第 65 条第 2 款规定的无效宣告请求理由的条款，从专利本身是否符合授予专利权的条件出发，将实质性因素数据进一步划分为：（1）法条数据，具体包括《专利法实施细则》第 65 条第 2 款规定的无效宣告请求的理由涉及的各项条款；（2）专利基本资料数据，具体包括专利稳定性分析针对的目标专利文件（授权文本）、目标专利文件的审查流程文件，以及目标专利的申请文件、目标专利的母案申请文件；（3）检索、"三性"评判和重复授权判断数据，具体包括检索数据、对比文件与授权权利要求的特征对比、区别的认定、实际要解决的技术问题的认定、现有技术的启示等。

外部因素数据可以具体划分为：（1）专利的复审经历和无效诉讼经历；（2）同族专利中授权专利的数量及审查过程；（3）专利引证文献的数量等。

根据报告的组成部分将项目报告生成数据进一步划分为：专利简介、检索、证据文献、专利稳定性分析、初步结论与提示。

法条数据，包括通过法条规定的内容具体确定的各条款的判断规则数据，如表 4-4 所示。

表 4-4 专利稳定性项目中涉及无效宣告请求的理由的条款数据

法条	判断条件
《专利法》第 2 条	基于语义分析，判断目标专利文献是否具备技术三要素：技术问题、技术手段、技术效果
《专利法》第 5 条	设置黑名单，在黑名单中设置关键词，判断专利文件中是否涉及违反法律、社会公德或妨害公共利益的关键词

续表

法条	判断条件
《专利法》第25条	判断目标专利文献是否属于下列各项：（1）科学发现；（2）智力活动的规则和方法；（3）疾病的诊断和治疗方法；（4）动物和植物品种；（5）用原子核变换方法获得的物质；（6）对平面印刷品的图案、色彩或者二者的结合作出的主要起标识作用的设计
《专利法》第20条第1款	针对外国专利，核实是否是在中国完成的发明或实用新型，是否经过保密审查
《专利法》第22条/第23条	基于检索获得的证据文献，判断是否是现有技术，如果是现有技术，进行特征对比，判断是否存在区别；如果不存在区别，则不具备新颖性；如果存在区别，但是区别在现有技术中给出了该区别解决相关技术问题的启示，则不具备创造性；如果证据文献申请日在本专利申请日以前，公开在本专利申请日以后，进行特征对比，判断是否存在区别，如果不存在区别，则不具备新颖性；如果有区别，判断是否是惯用手段的直接置换，如果是，则不具备新颖性
《专利法》第9条	针对授权权利要求，基于检索获得的证据文献中的权利要求，进行特征对比，判断是否属于同样的发明创造
《专利法》第26条第3款	针对发明或实用新型说明书，判断是否公开充分
《专利法》第26条第4款	对于权利要求是否清楚，设置黑名单，在黑名单中设置关键词，初步判断权利要求是否清楚 对于是否以说明书为依据，基于文本比对，判断是否有文字记载；基于语义分析，针对说明书中各实施例，基于上下文特征提取技术手段的具体实施方式，判断是否以说明书为依据。
《专利法》第27条第2款	通过图像识别，设置阈值，判断图片和照片的清晰度
《专利法》第33条	针对授权权利要求，基于申请日提交的权利要求进行文本比对，确定修改内容；针对修改内容，在申请文件中进行文本比对，判断修改是否在原申请文件中记载，是否与其他特征在同一个实施例中，是否隐含公开的内容
《专利法实施细则》第43条第1款	针对授权权利要求，在母案申请文件中进行文本比对，判断权利要求保护的技术方案是否在母案申请文件中记载，技术方案的特征是否记载在同一个实施例中，是否隐含公开的内容

专利基本资料数据可以基于指定专利的专利号在专利数据库查询获得,包括获取专利的申请文件、授权文件、母案申请文件以及审查过程文件。基于数据的组成结构及数据之间的关联关系,可以进一步将专利基本资料数据细分,其中,专利稳定性分析针对的目标专利文件的申请文件、授权文件、母案申请文件,都可以包括著录项目信息,权利要求书、说明书、说明书附图、说明书摘要、摘要附图。目标专利文件的审查流程文件可以包括保密审查通知书。

对于检索、"三性"评判和重复授权判断数据,可以基于其操作流程划分为:检索、新颖性、创造性以及重复授权。其中,检索数据从授权权利要求的技术方案出发,基于其技术领域、技术手段、技术效果提取检索要素,扩展关键词,制定检索策略构建检索式。对于新颖性、创造性和重复授权判断数据,则需要基于授权权利要求以及检索获得的对比文件来进行,通过特征对比,确定区别技术特征,实际要解决的技术问题的认定以及结合启示的判断等来完成。

此外,外部因素数据包括复审经历和无效诉讼经历以及同族申请的审查过程、结案情况和文献引用情况等。

最后,根据稳定性分析报告的结构组成进行划分,各部分数据可以通过数据导入的方式从前述分析中直接获得。

4.3.2.2 专利稳定性项目影响因素的选取与分析

基于影响专利稳定性的实质性因素和外部因素,可以确定专利稳定性分析的处理流程,总体流程如图4-8所示。

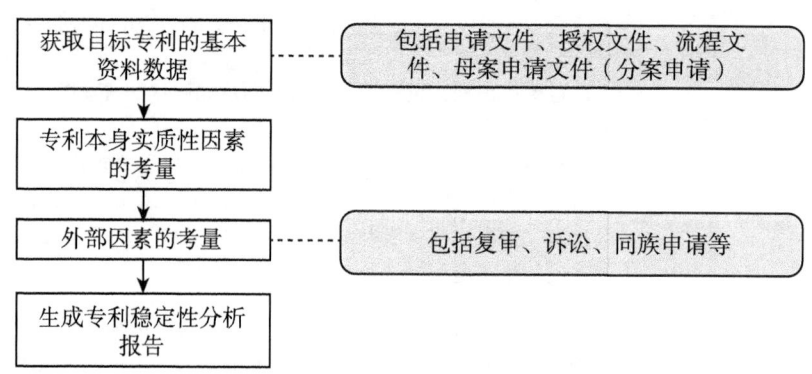

图4-8 专利稳定性项目总体流程

其中，针对专利本身实质性因素的考量，基于《专利法实施细则》第65条第2款规定的涉及无效宣告请求的理由，其具体流程如图4-9所示。

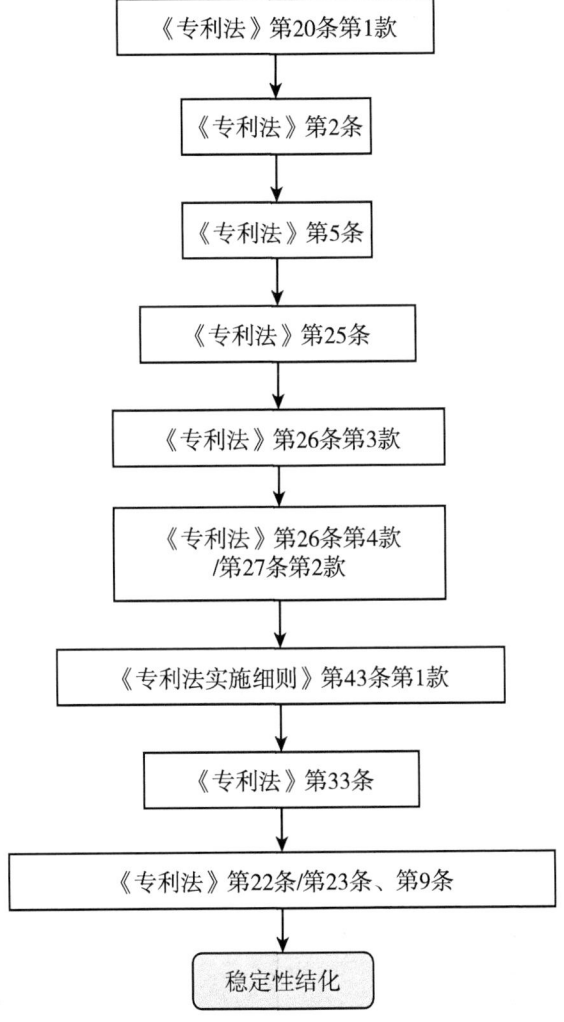

图4-9 专利稳定性项目实质性因素考量流程

其中，对于上述流程中的《专利法》第22条/第23条、第9条的具体判断，其细节流程如图4-10所示。

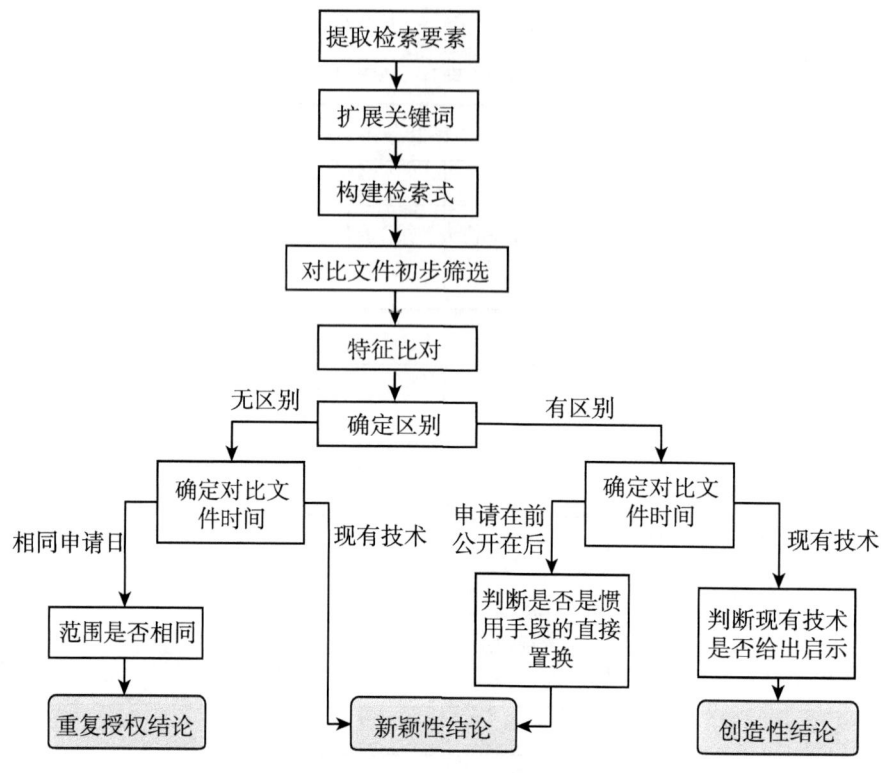

图 4-10　专利稳定性项目

《专利法》第 22 条/第 23 条、第 9 条判断流程基于前述项目的分析流程，可以选取专利稳定性项目的影响因子，如表 4-5 所示。

表 4-5　专利稳定性项目影响因素

影响因子	一级分类	二级分类
目标专利基本资料	申请文件	著录项目
		权利要求
		说明书
		说明书附图
		说明书摘要
		摘要附图
	授权文件	著录项目

第四章 专利分析容器

续表

影响因子	一级分类	二级分类
目标专利基本资料	授权文件	权利要求
		说明书
		说明书附图
		说明书摘要
		摘要附图
	流程文件	保密审查文件
	母案申请文件	著录项目
		权利要求
		说明书
		说明书附图
		说明书摘要
		摘要附图
专利本身的实质性因素	《专利法》第20条第1款	—
	《专利法》第2条	—
	《专利法》第5条	关键词过滤黑名单
	《专利法》第25条	—
	《专利法》第26条第3款	—
	《专利法》第26条第4款	关键词过滤黑名单
	《专利法》第27条第2款	—
	《专利法实施细则》第43条第1款	文本匹配
	《专利法》第33条	文本匹配
	《专利法》第22条/第23条、第9条	提取检索要素
		扩展关键词
		构建检索式
		特征比对
		确定区别

99

续表

影响因子	一级分类	二级分类
外部因素	复审过程	引用的对比文件
		复审结论
	诉讼过程	证据文件
		诉讼判决
	同族申请审查过程	授权专利的数量
		同族申请的审查过程中使用的对比文件
分析报告	专利简介	著录项目
		权利要求的技术方案
	检索	检索关键词
		检索过程数据
	证据文献	检索报告
		证据文献的技术方案
	专利稳定性分析	无效宣告理由涉及的条款的否定性结论
		反映专利稳定性的外部因素
	初步结论与提示	稳定性结论
		基于结论给出的提示

4.3.2.3 专利稳定性项目的容器模型

基于容器思想对专利稳定性项目进行多维度分析，结合上一小节选取的项目影响因素，将其划分为四个维度。专利数据获取、专利实质性因素分析、外部因素分析以及稳定性分析报告生成。

1. 专利数据获取

专利数据获取可以进一步划分为以下几个维度：项目目标专利的著录项目信息获取、专利文件获取、流程文件获取。

2. 专利实质性因素分析

根据《专利法实施细则》第 65 条第 2 款规定的无效宣告请求的理由涉及的条款，根据各个条款的判断规则建立各个条款的分析确定模块，具体划分为如下维度：《专利法》第 20 条第 1 款、《专利法》第 2 条、《专利法》第 5 条、《专利法》第 25 条、《专利法》第 26 条第 3 款、《专利法》第 26 条第 4 款、《专利法》第 27 条第 2 款、《专利法实施细则》第 43 条第 1 款、《专利法》第 33 条以及"三性"判断和重复授权判断（涉及《专利法》第 22 条、第 23 条、第 9 条）。上述各个法条维度可以进一步包括具体的条款判断规则维度，可以根据需求对规则进行适应性调整、更新和自学习。各个法条维度可以分别基于条款判断规则进行分析判断得到相应的输出结论。上述"三性"判断和重复授权判断维度则可以进一步细化，包括检索维度和对比文件筛选维度。

3. 外部因素分析

根据其涉及的数据内容，具体划分为三个维度：复审过程、诉讼过程、同族申请审查过程。其中，复审过程通过查询获得复审决定，提取法律依据、对比文件以及维持或撤销的决定结果；诉讼过程通过查询获得诉讼证据、判决结果；同族申请审查过程查询同族申请的审查过程，获取申请的结案情况和对比文件的使用情况。

4. 稳定性分析报告生成

稳定性分析报告生成可以具体划分为：模板选择、数据导入以及结论。项目报告的容器化实现可以基于项目需求半自动或自动生成报告。通过选定模板，按照模板内容，基于数据导入方法，将项目模板中相应的数据内容自动导入报告中。该模块可以实现空白报告的自动生成，也可以通过更新导入的数据而实现对已有报告的更新。

专利稳定性项目容器结构如图 4 – 11 所示。

如何玩转专利大数据

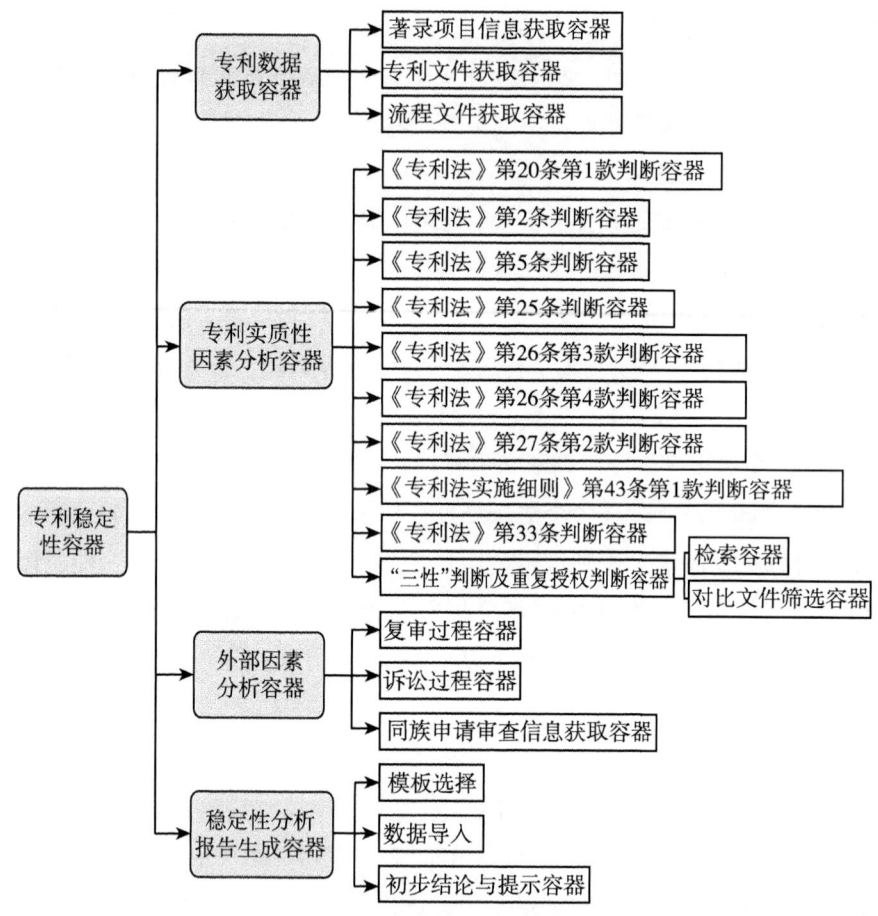

图 4-11　专利稳定性项目容器结构

4.3.3　专利稳定性项目容器的应用

在建立专利稳定性项目容器以后，专利稳定性项目可以按照项目分析流程，选择使用容器进行。以某指定专利的稳定性分析为例，以下分析专利稳定性项目容器的具体应用。

首先，基于指定专利的专利号，通过专利数据获取容器得到基本资料数据。包括基于专利号，通过著录项目信息获取容器获得指定专利的著录项目信息。然后，基于著录项目信息中的申请号/公开号/授权公告号获得申请文件、授权文件以及母案申请文件；基于专利号，通过流程文件获取容器获得保密审查资料数据。

102

其次，基于专利实质性因素分析容器，分析指定专利是否符合相关法规的要求。包括基于前期获得的保密审查资料数据，通过《专利法》第 20 条第 1 款判断容器，基于其判断规则，确定是否符合保密审查的相关规定。基于授权文件，通过《专利法》第 2 条判断容器、《专利法》第 5 条判断容器、《专利法》第 25 条判断容器、《专利法》第 26 条第 3 款判断容器、《专利法》第 26 条第 4 款判断容器、《专利法》第 27 条第 2 款判断容器，基于判断规则，确定权利要求强求保护的方案是否符合客体要求、权利要求是否清楚、是否得到说明书支持等。基于授权文件和申请文件，判断是否存在超范围问题。基于授权文件和母案申请文件判断是否存在分案申请超范围的问题。基于授权文件，基于"三性"判断和重复授权判断容器，判断是否具备"三性"，是否重复授权。在此期间，通过检索容器提取检索要素、扩展关键词、构建检索式进行检索；通过对比文件筛选容器筛选对比文件，包括特征对比、区别认定、时间判断、惯用手段的直接置换的判断、非显而易见性判断、保护范围相同判断等，得到证据文件。

再次，基于外部因素分析容器，确定是否需要进行外部因素分析。包括根据复审过程容器、诉讼过程容器、同族申请审查信息获取容器获取相关的资料数据，包括复审法律依据、复审决定结论、诉讼证据、诉讼判决结果、同族申请结案情况等。

最后，基于稳定性分析报告生成容器，通过选择模板导入数据生成稳定性分析报告。其中，通过数据导入容器完成：提取并导入专利的著录项目信息、权利要求内容；提取并导入检索过程数据，包括检索关键词、检索式、检索数据库；提取并导入确定的证据文件信息，包括著录项目信息、技术方案内容；提取并导入基于对比文件筛选容器生成具体的文字处理记录，作为权利要求的评述分析过程；提取并导入外部因素的相关结果补充生成稳定性分析内容。

4.4 容器与专利主题检索项目

4.4.1 专利主题检索项目

专利信息是世界上数量最大的信息源之一，专利文献中蕴含丰富的技术信息，专利数据可以充分体现一个行业技术创新的发展脉络，也能体现一个机构、国家的技术研究方向。

专利主题检索项目可以帮助用户在海量的专利信息库中获取情报数据。专利主题检索项目基于用户需求进行专利检索，提供趋势分析、地域分析、专利权人专利、技术分类分析等服务，向用户展示该主题下的专利发展态势，了解产业和技术领域企业的专利布局，对重点监测的技术领域分析整体专利申请情况、技术发展趋势、重点发展技术、技术领域的主要竞争对手、重点技术领域的强势地区等信息。

项目涉及的专利数据数据量庞大、数据格式多样、数据内容丰富；并且，随着科技技术的发展，数据清洗、格式化、挖掘、加工、统计分析等处理的手段越来越多，专利主题检索项目的需求也越来越多，不同的专利主题检索项目都要沿用相同的项目处理流程，重复学习研究不同的数据处理手段以供选择使用，对类似数据的处理不能实现批量自动的执行，报告的生成也需要项目研究人员付出大量的重复性劳动；此外，历史项目数据缺少统一的维护和管理，关联项目难以沿用历史项目的研究基础，需要付出大量的重复劳动来实现新项目的执行。

针对专利主题检索项目目前的现状，可以结合容器将专利主题检索项目各阶段的数据及其数据处理方式进行分解，基于容器实现数据和数据处理算法的复用，从而实现容器与专利主题检索项目的结合，对专利主题检索项目进行全过程支撑。

4.4.2　容器与专利主题检索项目的结合

专利主题检索项目的执行过程可以分为五个阶段：（1）准备阶段，确定用户需求；（2）数据检索阶段，确定检索要素，构建检索方式，选择专利数据库进行检索；（3）数据处理阶段，在获得检索结果以后，针对不同主题检索项目的需求对检索结果进行数据处理；（4）数据分析阶段，对检索结果进行统计分析，获取专利主题下的专利数据，从中提取出技术扩散状况、技术开发方向、企业技术研发主题等信息。通过对专利数据的分析整理，得到专利技术分布图、主要公司技术分布分析图等；（5）报告形成阶段，根据前述各阶段的结果，整理形成报告。

针对各阶段的内容，基于容器思想，结合专利主题检索项目的特点以及数据内容，提取专利主题检索项目的数据和影响因素，建立专利主题检索容器模型。

4.4.2.1 专利主题检索项目的数据及其可行性分析

如前所述，专利主题检索项目是基于指定主题检索专利数据库、获得批量专利文件、对批量专利文件进行数据挖掘和情报数据提取的过程。

专利主题检索项目作为一类针对主题的检索类项目，可以借鉴与项目相关的已有项目的内容，也可以基于当前项目的需求进行新项目定制，最后生成项目报告。

因此，针对历史上完成的专利主题检索项目，获取历史项目的需求数据和分析结果数据，导入并存储历史项目数据，通过对历史项目数据的分类、分块、规范化等操作，实现项目数据在系统中的容器划分，以利于容器数据的复用。

对于新建项目，根据涉及的数据处理流程类别可以划分为以下几类：主题分解、检索要素、专利申请数据、数据处理方式、图表生成以及项目报告生成。其中，主题分解数据可以从项目需求中提取，或者根据本领域技术人员的经验总结，或者根据基本资料的检索了解主题内容发展状况，提取主题发展方向和发展类别，建立主题分解表。检索要素根据类型可以进一步划分为：适应专题领域专利特点的技术层次结构、表述技术要点的关键词、相关的分类号、主要专利申请人等。关键词不宜多，而在于精和全，能够很好地代表技术分支的主要特点。关键词可以选取本领域中与主题关联度较高的词汇，专利分析人员可以结合工作经验首先列举出本专题下不同技术分支常用的技术术语，也可以通过主题分解，梳理技术结构，基于获得的技术分支辅助确定，并在检索实践过程中通过对专利文献的阅读对其不断补充完善。分类号是专利检索中普遍使用的检索要素，可以通过集中度、准确度高的基本检索式获得的检索结果来统计分类号，从而筛选出关联度高的分类号。申请人数据可以基于项目主题，通过分析市场占有率获得，也可以通过对检索获得的结果进行统计分析确定项目主体的主要申请人。专利申请数据，是基于检索要素在专利数据库中进行检索获得的检索结果数据。该数据是后续数据处理、分析的基础。专利申请数据的元数据包括：著录项目信息、权利要求书、说明书、说明书附图、说明书摘要、摘要附图。数据处理是对专利申请数据的处理，包括数据的清洗、去重、规范化处理、数据标引，以及按照项目需求执行的统计分析操作。项目中的数据处理数据，可以包括具体的数据清洗、去重、规范化、统计分析算法。图表生成是基于对专利申请数据的处理，在获得多个字段的数据之后，按照项目需求，选择具体的生成算法，按照某种规则和方法步骤对字段数据进行筛选和处理，实现对图表的生成。图表生成部分主要包括：一是新生成图表；二是对已生成图表的编辑和修改，该修改包括图表类型的修改和算法的修改，不包括数据来源的修改，其中对算法的修改包括算法的复用和新算法的使用。

项目报告可以根据报告的组成部分将其进一步具体划分为：技术分解、检索、统计分析，可以基于项目模板提取模板数据，通过执行数据导入自动生成数据。

4.4.2.2 专利主题检索项目影响因素的选取与分析

在专利主题检索项目中，基于项目的特性，可以确定专利主题检索项目的处理流程，从而确定项目的影响因素。

专利主题检索项目流程如图 4 – 12 所示。

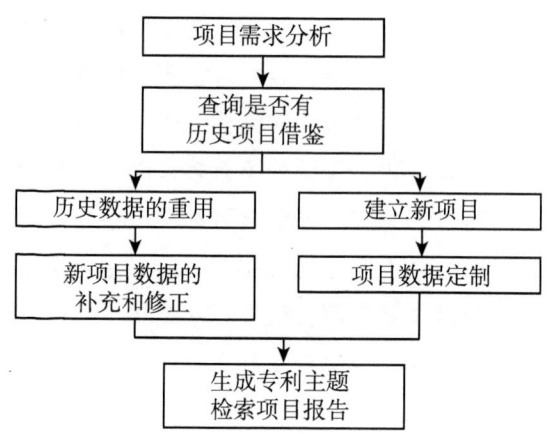

图 4 – 12　专利主题检索项目流程

其中，在存在历史项目可供借鉴时，可以首先分析可重用的历史数据，其次再根据当前项目的具体需求，确定需要补充和修正的项目数据内容。

在建立新项目时，则需要根据项目需求完成项目的主题分解，根据项目的主题内容确定完整的检索要素，对专利数据库进行检索。在获得检索结果以后，需要对数据进行清洗、去重，并按照项目要求对数据进行统计分析处理，选择并生成目标图表数据。最后，还包括项目报告的生成。

因此，基于前述数据分析结果，可以选取专利主题检索项目的以下影响因素，如表4-6所示。

表4-6 专利主题检索项目影响因素

影响因子	一级分类
历史数据	可重用的历史数据
	补充和修正的项目数据
新项目数据	主题分解
	检索要素
	数据处理
	图表生成
项目报告	主题分解表
	检索记录
	统计分析结果

4.4.2.3 专利主题检索项目的容器模型

基于容器思想对专利主题检索项目进行多维度分析，结合上一小节选取的项目影响因素，将项目划分为如下几个维度。

1. 借鉴历史数据

借鉴历史数据包括对已有项目的查询和借鉴、项目数据的补充和修正。通过对在先专利主题检索项目的查询和检索，基于在先项目的需求和分析报告，以及当前项目的需求，确定在先项目中能够复用的部分进行借鉴，方便用户根据自己的需求定制输出。已有项目的查询和借鉴包括项目报告的查询借鉴、技术分解的查询借鉴、图表的查询借鉴、检索式的查询借鉴、检索结果的查询借鉴几个部分。而对项目数据的补充和修正，则是基于当前项目的需求，在在先专利主题检索项目可重用数据的基础上，按需进行补充和修正。补充和修正的内容，可以是针对主题分解、检索要素、专利申请数据、数据处理方式以及图表生成方式进行。

2. 建立新项目数据

建立新项目数据的过程可以具体分为以下几个维度：主题分解、检索要素、专利申请数据、数据处理方式、图表生成，以及专利主题数据库。其中，主题分解涉及的是对项目主题的分解，包括涉及的技术分支。检索要素包括主题关联的分类号、技术关键词以及专利申请人。检索要素信息是动态更新的，随检索的进行而进一步完善。专利申请数据是基于检索要素获得的检索集中的专利文献数据。数据处理和图表生成是基于检索得到的数据，利用本领域中公知的分析处理算法或者新设计的算法执行的处理；因此，在数据处理和图表生成维度，可以进一步包括现有技术中公知的分析处理算法以及自定义算法。专利主题数据库是基于项目数据的检索、分析和统计获得的数据之间的关联关系的数据库。

3. 生成项目报告

项目报告可以具体分为以下几个维度：模板选择、数据导入以及结论。项目报告的容器化实现可以基于项目需求半自动或自动生成报告。通过选定模板，按照模板内容，基于数据导入方法，将项目模板中相应的数据内容自动导入报告中，无须用户手动为报告导入该项目的相关数据，以节约用户撰写项目报告的时间。该模块可以实现空白报告的自动生成，也可以通过更新导入的数据而实现对已有报告的更新。

专利主题检索项目容器结构如图4-13所示。

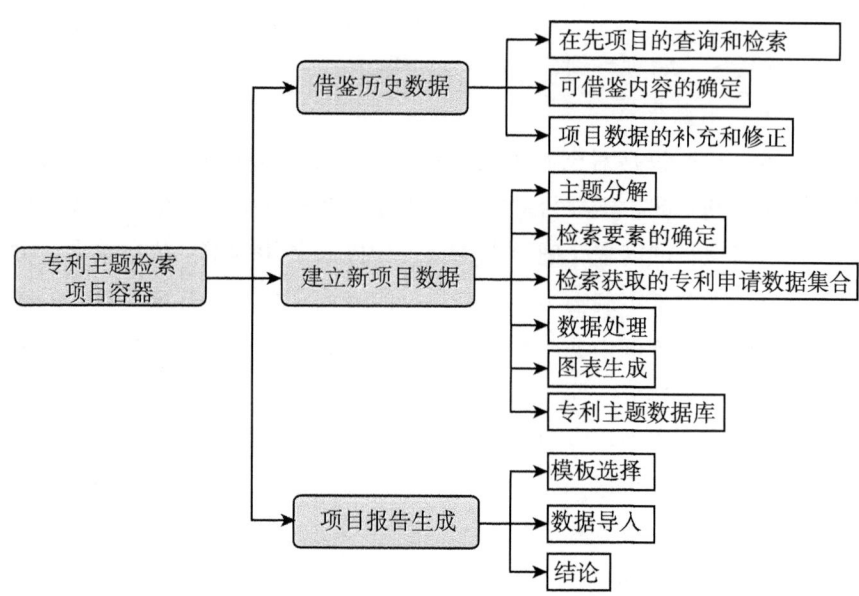

图4-13　专利主题检索项目容器结构

4.4.3 专利主题检索项目容器的应用

在建立专利主题检索项目容器以后，专利主题检索项目可以按照项目分析流程，选择使用容器进行。以"浏览器"主题为例，以下分析专利主题检索项目容器的具体应用。

首先，在在先项目中检索主题"浏览器"，判断是否有在先项目可供借鉴，如果没有，则建立"浏览器"主题检索新项目。

针对新建立的项目，按照项目处理流程，确定主题分解。调用主题分解容器，以手动输入的方式根据本领域技术人员的经验总结获得技术分解表，如表 4-7 所示。

表 4-7 专利主题检索项目技术分解表

一级	二级	三级	四级
浏览器	工具	书签/收藏夹	收藏
			分类
			其他
		输入框	位置
			搜索提示
			其他
	页面浏览	起始页及导航	内容
			排版
			个性化
			其他
		页面效果	外观
			布局
			其他
		页面交互	
	交互	分享	基于平台
			基于账号
			其他

调用检索要素获取方法，得到完善的分类号，包括 G06F 和 H04L。根据本领域技术人员经验、技术分类表得到检索关键词，并在检索过程中不断丰富、完善。最后，根据前序检索结果，统计出"浏览器"领域的主要申请人，以申请人为入口，进一步补充完善专利申请数据。

针对检索要素，构造检索式，进行检索，获得专利申请数据集合。将集合中的数据进行提取，分别存储：著录项目信息、权利要求书、说明书、说明书附图、说明书摘要、摘要附图。

基于项目需求，对专利申请数据进行处理。通过数据去重，删除明显不属于"浏览器"领域的错误数据，对数据进行规范化处理，按照数据分支对申请数据进行标引。基于项目需求，选择统计分析算法对专利申请数量进行统计。选择图表生成算法，基于统计分析结果绘制图表。

根据项目分析结果，建立专利主题数据库，存储浏览器主题与分类号、技术关键词、专利申请人之间的对应关系，浏览器主题与专利文献之间的对应关系，专利文献与分类号、检索关键词以及专利申请人之间的对应关系等。

最后，选择项目报告模板，基于数据导入方法，按照模板内容依次导入数据，形成文档数据。

4.5 容器与专利导航项目

4.5.1 专利导航项目

1. 专利导航的定义

专利导航是指产业决策的新方法，是运用专利制度的信息功能和专利分析技术系统导引产业发展的有效工具。

2. 专利导航的意义

开展专利导航可以发挥专利信息分析对产业运行决策的引导作用，发挥专利制度对产业创新资源的配置作用，提高产业创新效率和水平，防范和规避产业知识产权风险，强化产业竞争力的专利支撑，提升产业创新驱动发展能力。

3. 专利导航的分类

专利导航分为宏观和微观专利导航。宏观专利导航，又可称产业规划类专利导航，微观专利导航，又可称企业运营类专利导航。（1）产业规划类专利导航是围绕产业宏观层面的规划决策，紧扣产业分析和专利分析两条主线，将专利信息与产业现状、发展趋势、政策环境、市场竞争等信息深度融合，明晰产业发展方向，找准区域产业定位，指出优化产业创新资源配置的具体路径。（2）企业运营类专利导航是围绕企业专利运营活动，指引企业创新路径和专利布局，是宏观规划决策进一步落实的具体举措，以提升企业竞争力为目标，以专利导航分析为手段，以企业产品开发和专利运营为核心，贯通专利导航、创新引领、产品开发和专利运营，推动专利融入支撑企业创新发展。

4. 专利导航的特点

（1）宏观专利导航，即产业规划类专利导航，其目标是区域产业决策导航。方式是政府主导、市场主体参与。实施成果是产业规划类专利导航项目。侧重公共服务平台和服务体系建设。（2）微观专利导航，即企业运营类专利导航，其目标是创新主体运营策略和模式导航。方式是政府引导、市场化运作。实施成果是企业运营类专利导航项目。侧重市场主体重点领域的专利运营。

5. 专利导航现存的问题

专利导航是运用专利制度的信息功能和专利分析技术系统导引产业发展的有效工具，开展专利导航可以发挥专利信息分析对产业运行决策的引导作用，在专利导航项目的实际实施过程中，如何处理海量专利数据、如何复用这些数据成了实施专利导航项目时的技术瓶颈。

4.5.2 容器与专利导航项目的结合

4.5.2.1 专利导航项目需求阶段的容器模型

1. 专利导航项目的阶段划分

产业规划类专利导航项目主要包括三个基本阶段：一是产业发展现状分析；二是产业专利导航分析；三是制定专利导航产业创新发展政策性文件。

三个基本阶段环环相扣，缺一不可。通过产业发展现状分析，确定分析边界，明确分析需求，掌握产业规律，了解政策资源，梳理发展问题，是专利导航分析的基础；产业专利导航分析是项目的主体内容，是专利信息科学有效导航产业决策的关键；制定专利导航产业创新发展政策性文件是发挥专利导航对产业决策支撑作用的具体体现，是产业规划类专利导航项目的最终目标，如图4-14所示。

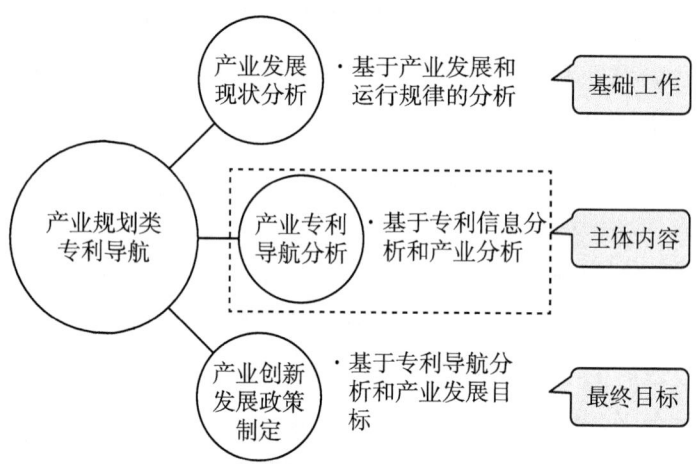

图4-14 产业规划类专利导航项目的三个基本阶段

企业运营类专利导航项目主要包括四个分析模块：一是企业发展现状分析；二是企业重点产品专利导航分析；三是企业重点产品开发策略分析；四是专利导航项目成果应用。

每个模块之间环环相扣，模块一对企业的发展现状、环境和定位进行分析，综合诊断企业特征与需求，选定本项目分析的企业重点产品；模块二围绕企业重点发展的产品，开展核心技术、竞争对手和侵权风险等分析；模块三从企业重点产品开发基本策略出发，将专利布局、储备和运营嵌入产品开发全过程，形成专利运营方案；模块四将专利导航项目成果深度融入企业各项决策，完善企业战略、产品、技术等相关发展规划，如图4-15所示。

第四章 专利分析容器

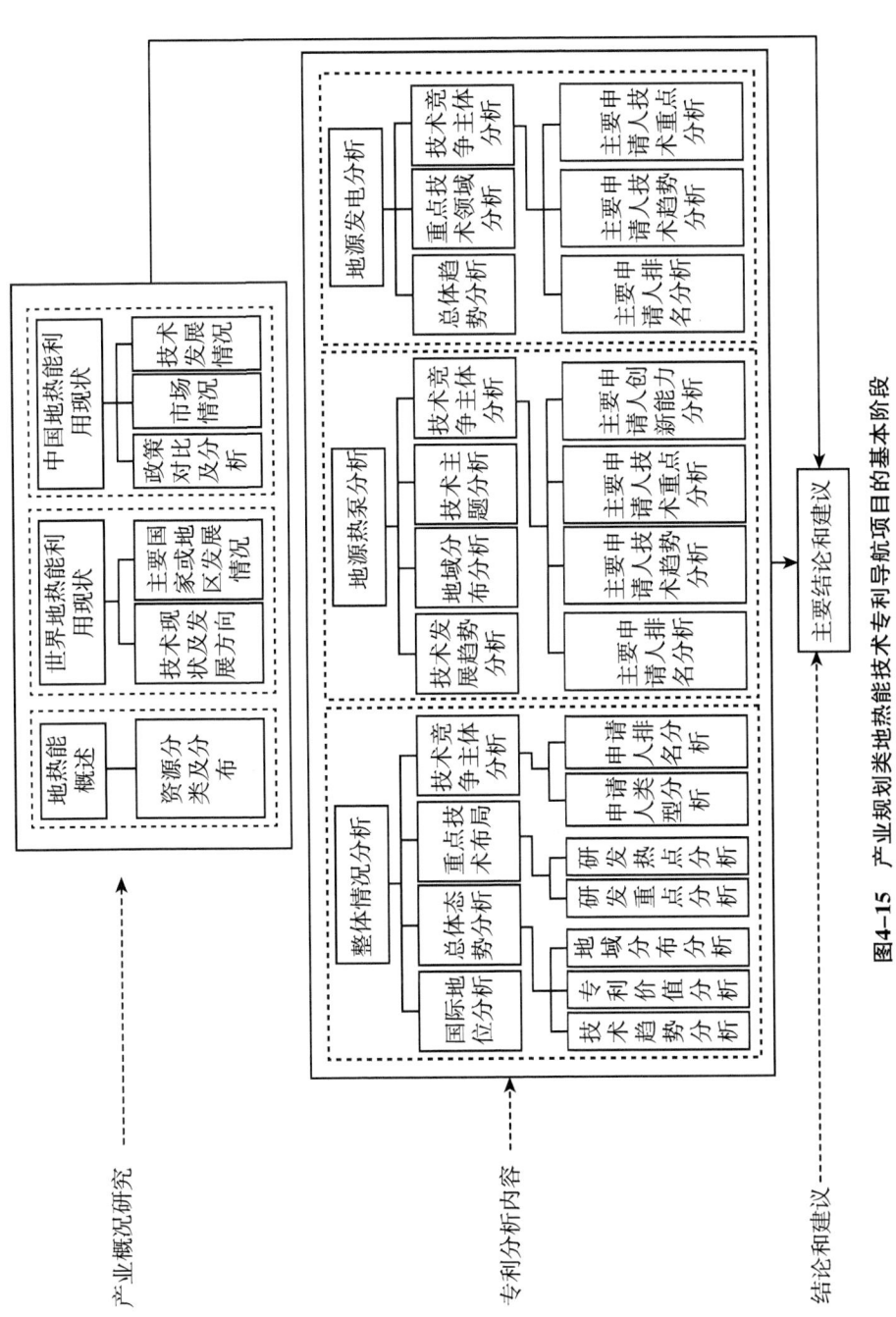

图4-15 产业规划类地热能技术专利导航项目的基本阶段

113

2. 专利导航项目的流程

产业规划类专利导航项目和企业运营类专利导航项目的方法一致。专利导航项目主要包括五个阶段：（1）准备阶段。进行产业调研和技术谱系构建（技术分解）。（2）检索阶段。选择数据库和制定检索策略。（3）数据处理阶段。完成数据采集、数据清洗、数据标引。（4）分析阶段。选择专利分析方法（确定分析维度）和专利信息可视化（图表）。（5）解读阶段。解读图表，揭示图表信息的深层含义，形成专利分析报告，如图4-16所示。

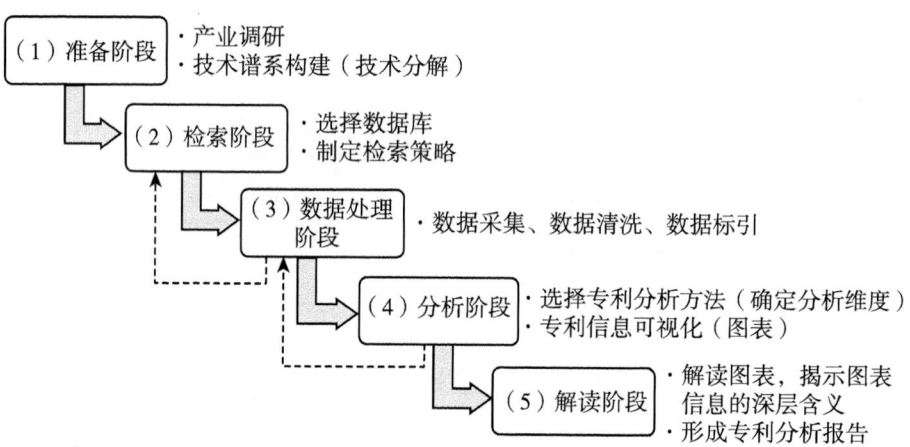

图4-16 专利导航项目的基本流程

4.5.2.2 专利导航项目技术分解的容器模型

容器的第一个特点是标准化处理，容器具有标准化的接口，输入各种来源、各种格式的数据，输出标准化的数据。容器的第二个特点是封装性，从外界来看，容器就是一个黑盒。多源数据在容器外看来是标准化的数据。容器的第三个特点是可扩展性，第一是数据的扩展，容器容纳了一种数据之后，可以继续容纳格式不同的数据。第二是算法的扩展，得益于标准化的接口，容器可以方便地扩展出新功能。

基于容器思想的产业规划类专利导航模型一般包括五个维度，分别是产业与专利基本概况维度、产业发展方向导航维度、区域产业定位维度、区域产业发展路径导航维度、区域产业专利布局规划维度。而基于容器思想的企业运营类专利导航模型的维度根据具体类型而定，每个维度还可以包含子维度。例如，对于产业规划类专利导航模型中的区域产业发展定位维度而言，其包括产业结构定位、企业定位、技术定位、人才定位、专利运营实力定位等五个子维度。每个子维度又由小数据立方体组成，如人才定位子维度，其包括主要发明人全球/在华申请状况、各分支主要发明人排名、发明人合作关系分析三个数据立方体。

通过专利容器，对导航项目进行多维度分析，将其主要划分为如图4-17的几个功能，并且通过对每个功能的进一步细分，实现了对专利导航项目的模块化分解，之后将分解后的模块与其相关的数据信息项进行关联。例如，检索式的查询与借鉴对应检索式的信息，项目报告查询与借鉴对应项目名称、项目参与人员、报告内容等信息，多级权限配置对应管理人员、项目人员、访问者等。

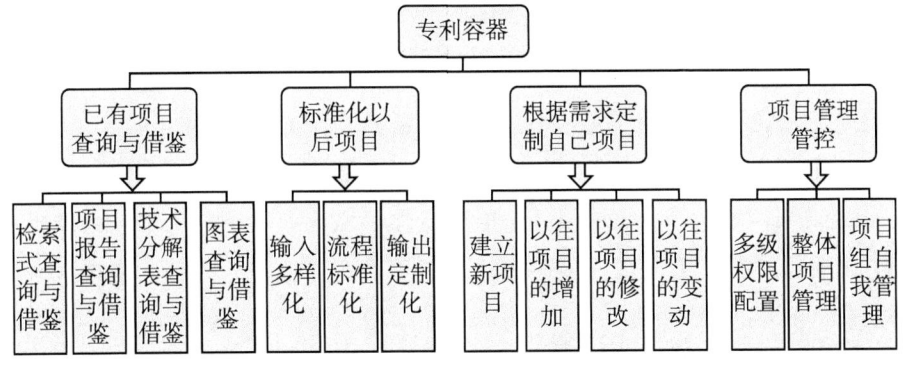

图4-17 专利容器各模块功能

例如，假定有一个在先项目的完成时间是2015年（我们称之为"项目一期"），那么可以根据该在先项目新建一个项目（我们称之为"项目二期"）。基于在先项目的技术分解表和检索关键词，可以获得例如2015年之后专利申请量在各个技术分支中的新增专利数据，可以称之为二期增量数据；在获取二期增量数据后，还可以使用增量数据基于项目一期中的图表进行图表的更新获得项目二期的图表分析结果，即二期增量图表。

进一步地，可以结合二期增量数据和图表等，通过容器中的子容器选择相应的模板，从而获得初步的项目二期报告，轻松实现后续的专利导航。进一步实现了报告模板的复用。一系列的"复用"，使得项目人员能够在项目的生命周期中的不同的阶段，都能多角度、多方位地获取所需的数据和内容，以实现便捷地、高效地完成项目生命周期中的每个不同的阶段，实现增量备份节省大量的时间，如图4-18所示。

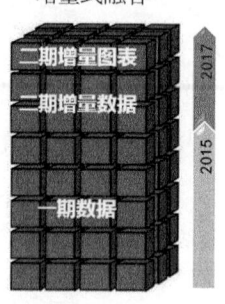
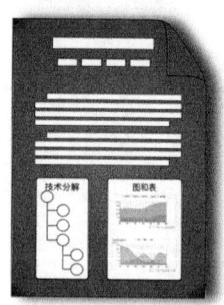

图4-18 容器的数据复用

1. 产业规划类专利导航项目影响因素的选取与分析

产业规划类的专利导航项目，通常通过产业专利分析，绘制出产业发展记录路线图，制定产业发展规划，准确定位区域产业在国内外市场中的技术地位和分工，从而有的放矢地确定招商引资的企业和技术目标，实现区域产业健康可持续发展。

产业规划类专利导航项目的容器包括产业与专利基本概况、产业发展方向导航、区域产业发展定位、区域产业发展路径导航、区域产业专利布局规划5个维度以及13个子维度和31个数据立方体的选取，如表4-8所示。

表4-8 产业规划类专利导航项目的容器维度指标选取

整体维度	子维度	数据立方体的数据
产业与专利基本概况	产业基本概况	市场规模与发展
		产业技术分解
		产业链
	产业专利控制力分析	技术控制力
		市场控制力

续表

整体维度	子维度	数据立方体的数据
产业发展方向导航	产业结构调整方向	全球产业结构调整方向
		发达国家产业结构调整方向
		龙头企业产业结构调整方向
区域产业发展定位	产业结构定位	发达国家/区域产业链专利占比对比
	企业定位	区域企业专利全国/全球占比
		区域企业与国际国内龙头企业专利占比对比
		区域企业在产业链的专利分布及占比
	技术定位	全球/中国主体/区域省市/区域在各技术分支的分布对比
	人才定位	主要发明人全球/在华申请状况
		各分支主要发明人排名
		发明人合作关系分析
	专利运营实力定位	区域专利运营活跃度
		区域专利运营主体情况
		区域专利运营潜力
区域产业发展路径导航	产业布局结构优化	产业结构优化方向
		产业结构优化比例
	企业整合培育引进	区域内部企业整合培育
		区域所在省优势企业引进
		国内优势企业引进
		国外优势企业引进
	技术创新引进提升	企业技术创新方向
		外部核心技术引进
	创新人才引进培养	企业人才培育要点
		外部优秀人才引进
区域产业专利布局规划	专利储备运营	专利储备方案设计
		专利运营方案设计

2. 企业运营类专利导航项目影响因素的选取与分析

企业运营类专利导航项目，围绕企业发展战略和市场需求，结合企业的产业链地位和创新能力，为企业技术研发、专利申请布局、专利风险评估等各类决策提供方向策略，在专利导航分析基础上，制定该企业专利运营实施方案。

企业运营类专利导航项目的容器包括产品升级、技术升级、专利运营升级3个维度以及9个子维度和22个数据立方体的选取，如表4-9所示。

表4-9 企业运营类专利导航项目的容器维度指标选取

整体划分	分析模块	分析数据指标	示例
产品升级	产品方向	产品性能分析	—
		市场容量预测	
		目标市场分析	
		市场需求	
	产品定位	企业定位	—
		产品优势	
	产品发展路径导航	—	—
技术升级	技术方向	技术分解	布局热点/技术发展趋势/行业巨头/新进入者/运营活跃度
		技术趋势	
	技术定位	企业科研团队	科研团队背景、论文、专利科研水平
		企业科研水平	
		企业技术分布	
	技术发展路径导航	是否需要加强现有重点技术/下游重点市场相关技术/新兴技术/现有弱势技术	功效矩阵、核心技术手段专利布局、核心技术分支的发展趋势
		发展上述技术可以采取的手段	人才引进、科研团队协同、失效专利利用、收储、下游厂商合作研发等
		技术发展风险管理——技术壁垒规避	—

续表

整体划分	分析模块	分析数据指标	示例
专利运营升级	专利运营方向	企业专利运营模式	—
		龙头企业专利运行方面的优势	
	企业专利运营水平定位	专利申请	企业申请量和市场分额的比较
		专利布局	申请类型、技术、地域布局
		专利运用	转让、许可、诉讼、收储、协同情况
	专利运营发展路径导航	专利申请	增加申请数量、扩展申请广度、完善撰写方式、提高申请质量、增加申请类型
		专利布局	技术布局、地域布局等
		专利运营	收储、协同创新、转让、许可、诉讼策略、利用质押启动资本运用

4.5.2.3 专利导航项目数据处理阶段的容器模型

针对专利导航项目的专利数据复用，容器体现出了天然的优势。将需要重复利用或者再利用的数据放置在容器中，容器中的数据就可以自动更新和复用，也可以根据需要将旧数据相关的算法和其他关联自动拷贝到新容器，并且在多个容器之间进行一致性的维护。单个容器可以直接容纳数据，也可以容纳子容器（即容器是可以嵌套的），而复杂数据类型可以在分解后存储于多个容器之中，例如技术分解表可以存储在树形容器之中。

容器的多维化为大数据分析奠定了良好的数据模型，专利容器汇聚了专利多维数据，包括技术数据、法律数据、人员数据、运营数据、市场数据等方面，下面介绍容器与专利导航项目的数据分解。

1. 产业规划类专利导航项目数据

对于产业规划类专利导航项目数据，具体从产业发展现状的数据分解、

如何玩转专利大数据

产业专利导航分析的数据分解、产业发展方向导航的数据分解、区域产业发展路径导航的数据分解几个方面详细说明。

（1）产业发展现状的数据分解

产业发展现状数据在于了解产业发展现状，掌握产业发展趋势和规律，梳理区域产业发展存在的问题，了解政府部门的决策需求和创新主体的政策需求，确定专利导航分析的边界和需求，为后续开展专利导航分析、制定政策性文件奠定基础。

①全球产业数据现状。对全球产业发展的经济和技术信息进行收集、梳理和归纳，了解产业发展的基本情况和总体趋势。

②我国产业数据现状。对我国产业发展现状进行分析，了解该产业基本情况、总体趋势、政策环境等。

③区域产业数据现状。对区域产业发展的经济和技术信息进行收集、梳理和归纳，了解区域产业发展的基本情况、存在问题和政策环境等，并通过与全球发展趋势和我国发展环境进行对比，初步判断区域产业发展的定位和需求。

（2）产业专利导航分析的数据分解

在产业分析的基础上，开展专利导航分析，揭示专利控制力与产业竞争格局关系，分析产业创新方向和重点，明晰区域产业发展定位，研判产业创新发展路径，形成制作专利导航分析图谱和编写产业规划的决策依据。

区域产业发展定位数据是指区域产业发展定位模块以近景模式聚焦区域产业在全球和我国产业链的基本定位。该模块立足区域产业现状，以专利信息对比分析为基础，将区域产业的技术、人才、企业等要素资源在全球和我国产业链中进行定位，明确区域产业发展定位，并从宏观和微观两个层面揭示区域产业发展中存在的结构布局、企业培育、技术发展、人才储备等方面的问题。

①产业结构定位。分析区域产业专利布局结构，对比其与全国/全球/发达国家/龙头企业专利布局结构的差异。

②企业创新实力定位。

③创新人才储备定位。分析创新人才的发明创造重要性和活跃度，识别产业创新人才，进行区域创新人才的定位分析。

④技术创新能力定位。

⑤专利运营实力定位。

(3) 产业发展方向导航的数据分解

产业发展方向导航模块以全景模式揭示产业发展的整体趋势与基本方向。首先，从技术发展、产品供需、企业地位和产业转移等不同角度论证产业链与专利布局的关联度；其次，以产业链与专利布局的关联度为基础，进一步从技术控制、产品控制及市场控制等角度论证全球产业竞争中专利控制力强弱程度，揭示专利控制力与产业竞争格局的关系；最后，以专利控制力为依据，预测产业结构调整方向、技术发展重点方向和市场需求热点方向，为产业发展指明方向。

①产业创新发展与专利布局关系分析。

②专利布局揭示产业发展方向。

(4) 区域产业发展路径导航的数据分解

区域产业发展路径导航模块以远景模式指出区域产业创新发展具体路径，包括但不限于产业布局结构优化路径、企业整合及引进培育路径、技术引进及协同创新路径、人才培育及引进合作路径、专利协同运用和市场运营路径等。

①产业布局结构优化路径。

②企业整合培育引进路径。

③创新人才引进培养路径。

④技术创新引进提升路径。

⑤专利协同运用和市场运营路径。

2. 企业运营类专利导航项目数据处理阶段的容器模型

对于企业运营类专利导航项目数据，具体从企业发展现状的数据分解、企业重点产品专利导航分析的数据分解、企业重点产品开发策略分析的数据分解几个方面详细说明。

(1) 企业发展现状的数据分解

①产业环境分析。

a. 政策环境。分析企业所在区域、行业的政策导向，尤其对于政策依赖性强的行业，要重点关注政策变动可能给企业带来的市场机遇与风险。

b. 市场环境与需求分析。分析企业所处产业链位置，明晰企业的上下游配套和横向竞争关系；分析相关市场企业集中度、新进入者数量等，分析市场需求层次、竞争强度和竞争格局。

②企业现状分析。分析企业的整体运行情况和创新水平，包括企业的发展历程、盈利能力、产品结构、创新能力等基本情况。

③发展定位分析。从企业规模、市场份额、创新能力等多个角度综合判断企业的整体定位，从产品、技术等不同方面出发，在上述环境与现状分析基础上，确定企业的具体定位。

（2）企业重点产品专利导航分析的数据分解

企业在明确重点产品的基础上，围绕产品相关的关键技术，通过分析产品相关核心专利分布格局，及其对于企业产品开发形成的潜在风险或直接威胁，综合给出企业开发重点产品应该采取的策略和路径。

①聚焦核心技术

围绕企业需要重点发展的产品，分析产品相关专利，确定企业改造升级或新开发该产品所需突破或引进的材料、装备、工艺等方面的关键技术。

a. 总体趋势分析。

b. 技术构成分析。

c. 专利技术活跃度分析。

d. 技术功效矩阵分析。

e. 重点专利分析。

②竞争对手分析

围绕重点发展的产品，从产品相关专利主要持有人入手，识别竞争对手，分析掌握竞争对手的技术布局情况，以及运用专利开展运营的策略和习惯等。

a. 竞争对手识别。

i. 统计专利申请人排名。

ii. 分析专利申请人的集中程度。

iii. 分析申请人专利活跃度。

iv. 分析核心专利或基础专利的申请人。

b. 竞争对手专利申请趋势分析。

c. 主要竞争对手研发方向分析。

d. 新进入者技术方向分析。

e. 协同创新方向分析。

f. 专利运营活动分析。

③评估侵权风险

围绕企业重点发展的产品，分析当前面临的专利壁垒情况，评估专利侵权风险程度以及通过产品设计规避侵权专利的可行性。

a. 专利壁垒分析。在关键技术整体专利竞争态势分析基础上，聚焦相关基础性核心专利及其关联专利，评估存在专利壁垒的强弱程度。

b. 专利侵权风险分析。针对企业研发的产品或正在实验的技术方案进行相关专利检索，发现可能的侵权专利，进行技术特征比对，评估侵权的可能性。

c. 专利可规避性分析。当重点产品专利侵权风险较高时，深入分析侵权专利的权利要求结构和覆盖范围，评估通过规避设计突破专利壁垒的可行性。

（3）企业重点产品开发策略分析的数据分解

在对重点产品专利导航分析的基础上，结合企业发展的现状，给出企业重点产品的开发策略。该模块将专利的布局、储备和运营等环节融入产品开发的全过程，提高重点产品的创新效率和运营效益。

①重点产品开发基本策略

基于以上对核心技术、主要竞争对手和专利风险的分析，为企业指明重点产品的开发策略，具体内容如下。

a. 自主研发策略。

b. 合作研发策略。

c. 技术引进策略。

②专利布局策略分析

在分析企业现有专利储备格局的基础上，结合企业发展现状和重点产品开发策略，围绕企业产品和技术发展目标，优化企业专利布局策略。

a. 专利布局基础分析。

b. 专利布局方向指引。在企业专利布局定位分析基础上，结合技术发展热点方向，从补原有短板、强现有布局、谋未来储备三个方面，分析企业专利布局的重点。

c. 专利布局策划与收储。策划好、实施好企业专利布局，是将企业创新能力转换为市场竞争优势的关键；专利收储是专利布局的有益补充，通过专利收购或获得许可，突破自主创新的瓶颈，快速完善企业发展所需的专利储备。根据重点产品的不同开发策略，企业专利布局的着力点不同。

i. 对于采取自主创新策略的重点产品，企业应围绕重点产品加强前瞻专利布局，提高对未来产品的需求引导和市场控制力。

ii. 对于采取协同创新策略的重点产品，企业应围绕重点产品加强对原有专利布局的整合与优化，汇聚和梳理不同合作对象的已有专利资产，通过协同创新体系内专利共享的方式，整合形成一批足以支撑重点产品市场拓展的专利布局，并在协同创新过程中进一步补强专利布局。

iii. 对于采取引进消化吸收再创新策略的重点产品，企业应围绕企业技术链的薄弱环节，明晰企业专利收储的重点领域，通过专利分析，识别专利收购或获取许可的对象，综合评估拟收储专利的质量和价值，进行自主研发与收储的成本分析，最终确定采取购买、许可或企业并购参股等方式获取专利权或其使用权的收储策略。

③专利运营方案制定

a. 现有专利分类评级。

i. 专利资产分类。基于上述企业专利布局基础分析成果，从技术领域或产品应用等角度，对企业存量专利进行分类，并按照技术结构关系和专利保护范围等，对基础专利、核心专利、外围专利等进行分类。

ii. 专利资产评级。按照专利价值分析指标，从法律、技术和经济三个维度，对专利或专利组合进行价值评级，评级结果作为后续资产处置、对专利的管理保护或对发明人奖励等的依据。

b. 专利资产管理方案。按照企业无形资产会计核算和处置的规定，以存量专利资产分类评级结果为基础，结合企业产品、技术和财务等规划，对专利资产予以有效运用、合理处置，分类形成专利失效、转让、许可等有针对性的管理与处置措施。

c. 专利资本化运营方案。从企业融资、投资需求出发，以专利资产为基础开展质押融资、投资入股等，实现专利资本化。一是质押融资，根据企业发展的资金需求，分析企业专利质押的融资成本和当地专利质押融资相关扶持政策，确定企业是否采用专利进行质押融资，并基于专利分类评级的梳理结果，合理选择用于质押的专利包。二是投资入股，根据企业发展定位分析结果，从企业整体生产经营策略出发，选择具有市场前景的优质专利技术，可以采取专利权作价入股的方式，投资设立新的企业实体，引入所需相关产业资源，加速技术成熟化和产品开发。

4.5.3 容器在专利导航项目的应用

4.5.3.1 产业规划类专利导航项目容器的应用

以某城市新材料产业集聚区"超硬材料"项目为例，介绍基于容器的产业规划类专利导航项目的分析内容。分析报告在产业分析的基础上完成，并且按照《产业规划类专利导航项目实施导则》的要求，包括产业发展方向导航、区域产业发展定位和区域产业发展路径导航等三个模块。

通过建立新材料产业集聚区"超硬材料"的专利导航容器，各零散指标数据可以分类输入多个容器中，包括多个数据立方体，图4-19列举了三个数据立方体，实际上可以包括多个。数据立方体的维度按照数据的产业与专利基本概况、产业发展方向导航、区域产业发展定位、区域产业发展路径导航、区域产业专利布局规划进行划分，也可以按照各个企业进行提取、分类，每个企业数据形成单独的容器，这些容器可以进行自身的数据挖掘，还可以进行容器之间的关联数据运算和挖掘。

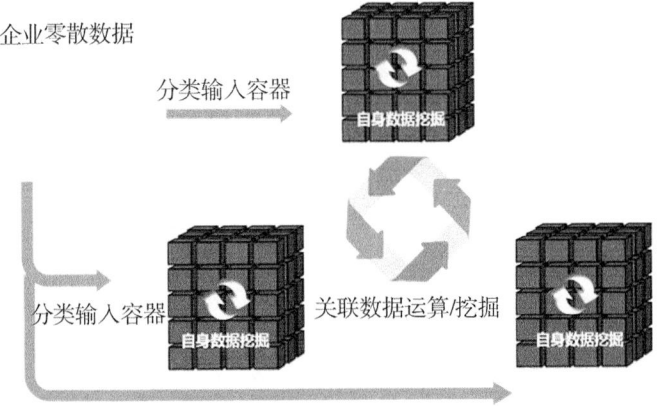

图4-19 专利容器进行自身数据和关联数据的运算和挖掘

将项目分解表及对应专利集合（Excel格式），相关专利（PDF格式），相关报告（Word格式）放入建好的多维容器模型，分类存储，建立各个子容器之间的关联。专利容器对于放入其中的数据提供了增删改查的查询检索功能。通过容器，可以轻松对专利导航项目进行管控，对数据进行高效处理，并对数据统计分析的结果进行图表的生成，如图4-20所示。

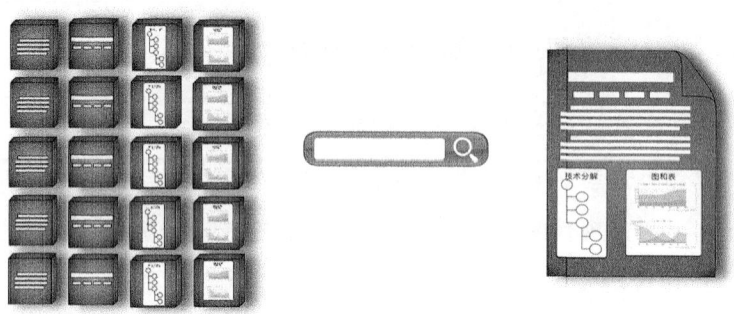

图4-20 通过专利容器进行增删改查的查询检索功能

产业发展方向导航模块以全景模式揭示产业发展的整体趋势与基本方向。以专利对该产业发展的控制力为依据，预测产业结构调整方向、技术发展重点方向和市场需求热点方向，为产业发展指明方向。

通过区域产业发展定位模块以近景模式聚焦区域产业在全球和我国产业链的基本定位。该模块立足区域产业现状，以专利信息对比分析为基础，将区域产业的技术、人才、企业等要素资源在全球和我国产业链中进行定位，明确区域产业发展定位，并从宏观和微观两个层面揭示区域产业发展中存在的结构布局、企业培育、技术发展、人才储备等方面的问题。

在上述导航分析的基础上，完成产业专利导航图谱集和超硬材料产业发展信息归纳。超硬材料产业链整体分别对应着产业链上游的材料、中游的制品和下游的应用，对应金刚石产业链和立方氮化硼产业链。此外，可以得到超硬材料产业整体呈现从上游材料的"红海"向中游制品和下游应用的"蓝海"演进的价值链走向。

4.5.3.2 企业运营类专利导航项目容器的应用

以某企业项目为例，介绍企业运营类专利导航项目的分析内容。分析报告按照《企业运营类专利导航项目实施导则（暂行）》的要求，包括企业发展现状分析、企业重点产品专利导航分析、企业重点产品开发策略分析三个模块。

通过建立企业运营类专利导航项目的专利导航容器，各零散指标数据可以分类输入多个容器中，包括多个数据立方体，数据立方体的维度按照数据的容器包括产品升级、技术升级、专利运营升级三个维度，也可以按照各个企业进行提取、分类，每个企业数据形成单独的容器，这些容器可以进行自身的数据挖掘，还可以进行容器之间的关联数据运算和挖掘。

将项目分解表及对应专利集合（Excel 格式）、相关专利（PDF 格式）、相关报告（Word 格式）放入建好的多维容器模型，分类存储，建立各个子容器之间的关联。专利容器对于放入其中的数据提供了增删改查的查询检索功能。通过容器，可以轻松对专利导航项目进行管控，对数据进行高效处理，并将数据统计分析结果生成图表。

通过容器，可以轻松地对专利导航项目进行管控，对数据进行高效处理，揭示产业发展的整体趋势与基本方向。以专利对该产业发展的控制力为依据，预测产业结构调整方向、技术发展重点方向和市场需求热点方向，为企业发展指明方向。

通过企业发展现状分析模块（产品模块）分析企业的整体发展定位，结合企业的外部发展环境和自身能力水平，立足现状，置身环境，面向未来，找准定位，明确企业重点发展的产品或产品组合，进一步聚焦分析对象和范围。

企业重点产品专利导航分析模块（技术模块）分析，企业在明确重点发展产品的基础上，围绕产品相关的关键技术，通过分析产品相关核心专利分布格局，及其对于企业产品开发形成的潜在风险或直接威胁，综合给出企业开发重点产品应该采取的策略和路径。

通过企业重点产品开发策略分析模块（运营模块），在对重点产品专利导航分析的基础上，结合企业发展的现状，给出企业重点产品的开发策略。可以说，将专利的布局、储备和运营等环节融入产品开发的全过程，提高重点产品的创新效率和运营效益。

企业运营类专利导航项目通过三个模块的分析，分别从产品、技术和专利运营层面给出了企业发展路径，企业运营类项目的目标就是将专利融入企业发展中发挥支撑和引领作用，因此，需要在专利导航分析成果的基础上，结合企业总体定位和整体战略，进一步凝练与甄别，围绕专利运营提升企业竞争力，嵌入企业战略规划、产品开发和技术研发等各个环节，形成企业专利运营总体方案或分项计划，保障分析成果落地和相关资源投入，从而实现专利导航企业创新发展。

4.6　容器与专利预警项目

4.6.1　专利预警项目

4.6.1.1　专利预警项目概述

1. 专利预警的概念与专利预警项目的特征

专利预警指的是在特定的技术领域内，利用分析专利数据来判断利益主体的实力以及所处的环境状态，对于利益主体可能面临的专利风险进行预测和预警，对于利益主体可能出现的专利机遇进行及时的感知。需要对搜索得到的专利数据进行一定程度的识别、筛选、分析和监测，可以从定量和定性两个层面分析从而得出结论。由于专利预警项目的研究对象是专利风险，因而专利预警项目的特征也是由专利风险的特征所决定的，包含以下几点。

（1）时效性强

专利预警的时效性表现在，专利预警项目的结果只在某一个时间节点或者在某一个时间节点之前有效，假如没有对预警分析结果进行实时地追踪和监测，那么之前的分析结果不能作为后续时间点的预警依据。特别是对于技术发展迅速的信息产业，由于其技术的更新迭代速度快，几年前对于某一技术分支进行的专利预警，其预警信息仅对当时的时间节点具有参考价值，而对于现在而言，其分析结论已经丧失了专利预警的前瞻性，是不具备参考价值的。因此，专利预警项目是具有高时效性的专利服务项目，也只有全面、动态、实时的专利预警项目才能够提供更加准确、及时的专利预警信息，实时性也是专利预警项目必须满足的条件。

（2）地域性强

前面在介绍专利服务特点时，已经提到"地域性"这一特征，作为专利服务下面的一个子分类，专利预警项目也继承了该特征。其原因仍然在于：

不同国家、地区实施专利制度的独立性和差异性，使得专利保护具有明显的地域性。具体表现在两方面：一方面，在一个国家或者地区受到专利保护的技术，如果在其他国家或地区没有获得授权，不能受到其他国家或地区的专利保护；另一方面，相同的技术，在不同的国家所获得的专利保护范围是不同的。由于专利保护的地域性特点，也就导致了基于专利数据进行分析的专利预警项目的地域性特点，例如，一种出口日本的可能存在侵权风险的产品，如果仅在我国销售，则可能会由于日本的专利权人并没有获得我国相关专利的保护权，或者是已经授权但是与日本存在较大差异，使得这项出口产品并不存在侵权风险。

（3）针对性强

在前面介绍专利预警项目的概念的时候，已经提到专利预警项目是具有指向性，换句话说就是具有针对性，这种针对性主要体现在对于需求主体的针对性，以及对于风险类别的针对性。需求主体的针对性指的是由于需求主体的不同，对于专利预警项目站位的角度和高度也会有所不同，例如，对于国家层面的需求主体和对于企业级的需求主体所进行的专利预警分析的角度就会有所不同，前者更加宏观，而后者则更具有地域性或者指向性。此外，需求主体的针对性还体现对于某一需求主体所展开的专利预警项目，对于另一需求主体而言可能是毫无价值的，风险类别的针对性指的是每一项专利预警项目都要明确所分析的专利风险类别，例如，技术研发的专利风险和技术引进的专利风险，这两者无论是在实操上还是分析结论上都是不同的。

（4）仅供参考

专利预警项目只是对可能存在风险的预警，在实际项目的开展中，可能由于信息搜集、数据处理、情报分析等环节存在的各种影响因素，导致专利预警项目的分析结论不可能与事实完全吻合，也是存在一定误差的，也就是说对于专利预警项目的分析结论，只能作为利益主体在判断风险和机遇时的一个参考性结论，并不能盲目作为决策的依据。

2. 专利预警项目的流程

专利预警项目的流程主要分为四个步骤：预警监测机制建立、专利预警分析、专利风险分析和对应方案制定。需要明确的一点是，在专利预警分析和专利风险分析之间是一个循环的过程，也就是说首先进行专利预警分析，基于该分析的结果进行专利风险的分析，然后再根据风险分析的结果来反向调整专利预警分析的方向和深度。

(1) 预警监测机制建立

预警监测机制是专利预警项目开展的前提保障，监测机制的建立是为了对于包括专利分析人员、技术人员、市场分析人员在内的项目团队组建和管理，在此基础上根据市场调研和技术信息确定开展工作的对象和地区，并明确专利预警项目的期限，同时也要确定专利预警信息的公布时机以及后续是否要进行实时动态的跟踪。

(2) 专利预警分析

专利预警分析是专利预警项目开展的基础，主要包括对专利信息的采集以及筛选重点信息两个步骤。第一步，制定检索策略，获取可能侵权或者被侵权的专利文件；第二步，通过重点分析和人工标引，将第一步检索得到的专利文件的范围进一步缩小，作为后续专利风险分析的研究基础。

(3) 专利风险分析

专利风险分析是专利预警项目开展的重点，主要是通过对上一步专利预警分析得到的专利文件所涉及的技术内容、保护范围等要素，进一步判断是否存在侵权的事实，或者是否存在即将侵权的风险，并对其作出评价和判断。这一步骤的目的是明确专利侵权发生的概率以及侵权事件发生的前兆。

(4) 应对方案制定

应对方案制定是专利预警项目开展的落脚点，主要是在上一步对专利风险进行分析和评估的基础上，根据侵权风险的等级，结合利益主体自身的发展规划、技术实力、市场需求、技术研发成本以及相关法律法规的规定，制定符合利益主体条件的有效的规避风险的措施，以最大限度地来降低风险发生所产生的损失。

4.6.1.2 专利预警项目的现状与问题

专利预警的实质就是对专利风险进行预警，专利风险的种类有很多，一方面，从技术角度出发，专利风险伴随着专利技术从起步、发展、成熟到衰落的整个研发周期；另一方面，从专利角度出发，专利风险则从专利技术的诞生开始就已然出现，并始终贯穿于专利的布局和实施各个环节中。此外，由于专利预警项目的特殊性，其不仅影响着某一个专利权人或者某一个专利技术的实施者，并且某个区域、某个行业乃至整个国家，都有可能成为专利风险的承担者。

目前，国内已有较多关于专利风险的分析和识别的研究，例如，石陆仁[1]从侵权的可能性、败诉的可能性、败诉的影响性等方面论述了对于专利侵权评估的方法；李静[2]围绕专利、市场、人力、法律这四个维度，从企业角度出发，以专利质量、市场占有率、企业人才和企业涉及的法律纠纷这几个方面，运用专利分析法构建出了一套对于企业的专利风险预警指标体系；翟东升等[3]在企业自身因素之外融入国家的专利政策以及国内政治环境等其他外部风险因素，构建了专利预警指标体系。

与此同时，国外也有大批的研究学者对专利风险的评估和分析进行了深入的研究。例如，Isumo Bergmann 等[4]运用基于 SAO 语义分析的专利侵权风险评估方法，从多个维度对专利文献之间的相似度进行评估，并且利用相似度作为是否可能侵权的判断标准；Changyong Lee 等[5]利用语义相似度来评估DNA 芯片领域的专利分析，并且在语义分析的基础上来评估专利文献之间的相似度。

从上述国内外对于专利预警的研究现状可知，国内学者大部分都是通过完善专利风险评价指标来构建专利风险评估体系，而国外学者则是更多地从技术层面来寻找侵权可能性的判断标准。虽然这些研究确实能够给企业和国家带来指导和帮助，但是由于其缺乏对于不同专利预警类型的针对性，并且评价指标过于复杂，因而专利预警的准确性是值得商榷的。

就我国的专利预警机制而言，其主要环节包括了对预警警度机制的构建、专利信息的反馈以及告警机制和危机应急预控机制，为了使得专利预警能够

---

[1] 石陆仁. 专利侵权风险评估要素解析 [J]. 中国发明与专利, 2009 (5)：61—62.
[2] 李静. 基于指标体系的企业专利预警机制研究 [D]. 重庆：重庆大学, 2009.
[3] 翟东升, 张帆. 企业专利预警指标体系研究及实例分析 [J]. 现代情报, 2001 (5)：37—40, 45.
[4] BERGMANN I, BUTZKE D, WALTER L, et al. Evaluating the risk of patent infringement by means of semantic patent analysis: the case of DNA chips [J]. R&D Management, 2008, 38 (5)：550—562.
[5] LEE C, SONG B, PARK Y. How to assess patent infringement risks: a semantic patent claim analysis using dependency relationships [J]. Technology Analysis & Strategic Management, 2013, 25 (1)：23—38.

更加适应当前的"专利大数据"环境，传统的专利预警机制尚存在如下问题。

1. 缺乏对复杂的专利预警警情的兼容性

在传统的专利预警分析中，企业的专利状态一般可以分为三种：正常状态、警戒状态和危机状态，并且判断专利状态的依据通常来自专利文献、非专利文献以及其他渠道获取的专利数据。伴随着"专利大数据"时代的到来，专利数据的存在场合越来越多，在市场的各个领域中都可能隐藏着专利信息，在虚拟的网络中也存在着各种影响企业专利状态的信息，这对于界定专利预警的警情带来了难度，如果仅用传统的三种标准状态是难以准确地分析出警情类型的。

2. 专利信息的反馈和告警机制过于被动

传统的专利反馈机制强调对于重要信息或者突发事件要在第一时间反馈给企业，当企业在第一时间接收到专利预警信息后再制定调整策略。而对于市场经济发展如此迅速的今天而言，如果仅通过企业被动地接收预警信息然后再进行调整，是无法满足实时性需求的。因此，专利信息的反馈和告警机制应当由被动转为主动，建立起对于专利信息的评估体系，实时地根据目标情报对专利信息进行评估，使得企业能够及时地调整策略，占据主动。为了建立对专利信息的评估体系，一套互联互通的专利数据库是必不可少的前提条件，不仅需要涵盖各行业、各领域、各部门的数据，而且还需要保证各个独立数据库之间的信息畅通，避免信息孤岛的情况出现。

3. 应急预控机制有待革新

传统的应急预控机制主要是从技术、市场和环境这三个方面来分析专利风险的影响因素。其中，环境因素包括了对于专利保护的整个外部环境、专利实施的环境以及国家的政策导向等，随着市场经济的发展以及"专利大数据"时代的到来，构成影响专利风险的环境因素越来越多，如果仍然采用上述三个维度来评估专利风险，那么对于采集环境因素的全面性和实时性提出了新的要求。因此，需要建立一套能够兼容新规则、新影响因素的模型来实现应急预控机制的革新。

上述三点问题，均是由于现存的专利预警机制并未适应大数据环境下对于数据采集、数据处理、数据兼容这一系列的要求而造成的，在下面的章节中，本书将会重点介绍基于大数据容器模型的专利预警项目解决方案。

4.6.2 容器与专利预警项目的结合

与一般专利分析项目的通用流程相似，专利预警项目按照进展流程可以分为项目需求阶段、技术分解与检索阶段、数据处理阶段和成果角度阶段，并且每一阶段也都可以形成各自的容器模型，由于各个阶段的通用性，本章就不再进行基于项目各个阶段建立的容器模型的介绍，而是从专利预警项目分析和处理的对象——"数据"出发，结合容器模型进行介绍。

通过上文对于专利预警项目流程的介绍，可以得知在专利预警项目中所涉及的数据包括根据检索策略获得的公开文献、构成检索策略的检索式、用于明确检索领域的技术分解表、经过筛选标引后的数据、专利分析的结果。下面将对上面列出的几项数据进行进一步的解释和说明。

4.6.2.1 专利预警项目中的数据

1. 公开文献

本书所指的公开文献就是原始的专利文献，包括著录项目、权利要求、说明书、摘要、说明书附图、摘要附图、法律状态、分类号等信息。公开文献是一切专利服务项目开展的重要基础，其提供了主要的数据来源。

2. 检索式

检索式对应于专利预警项目的第二步骤即专利预警分析。检索式是构成检索策略的元素，并且在一个专利预警项目中通常会有多个检索式，每个检索式也是与选择的检索系统及数据库相关的，不同的检索系统数据库具有不同的特点，从而也会体现在检索式中，例如，所能支持的同在算符；同时，检索式也是与对应的检索结果相关的，即公开文献与检索式之间是具有关联关系的。

3. 技术分解表

技术分解表是专利预警分析步骤中必不可少的数据元素。技术分解表是通过市场调研、初步检索后获得的相关技术领域的技术分支，通常是多层级的树状结构，根据建立后的技术分解表可以明确专利预警分析的行业以及该行业下面所包含的各个具体领域以及各领域下所属技术分支，不仅满足了专利预警项目针对性这一特点，由于其具备多层级的结构，根据其检索得到的结果也是更具备全面性的。

4. 筛选标引后的数据

筛选标引后的数据不仅包括对于检索获得的专利文献的进一步筛选，还包括对于筛选后数据的标引和统计数据。由于专利预警项目所针对的风险类型不同，其涉及的标引和统计数据也是不同的。对于侵权风险而言，可能更多关注筛选后的专利文件本身的技术特征，而对于区域资源分布风险预警而言，更多的观注点是在对区域的专利数量统计上，因此，这一部分的数据从数量、类型、格式等多个角度来看，都是专利预警项目分析过程的重点，不仅涉及专利预警分析的过程，也涉及专利风险分析中所产生的中间数据。

5. 专利分析结果

专利预警项目作为专利服务中的一种，其最终的结果呈现包括了可视化的图、表以及一份分析报告。这一部分数据是基于第三步骤对专利风险分析后所得出的结论，并且在分析报告中也涵盖了第四步骤相应方案的制定，用户根据专利分析结果可以直接指导企业的专利运作。

4.6.2.2 基于容器模型的数据可行性分析

在上一小节中，将专利预警项目中所涉及的数据类型进行了一个简单的说明，但是否所有的数据都能支持专利服务容器？本小节将会对上述数据的可行性进行一个简单的分析和说明。

对于专利公开文献而言，权利要求书、法律状态以及著录项目中的申请人、发明人、代理人等信息是专利预警分析中通常会关注的信息点，分类号则是用于检索的重要数据（通常采用IPC分类号为主），因此需要将上述内容进行一个完整的存储。由于其各个组成部分是相对独立的个体，并且也能够通过专利文献的申请号或者公开号进行关联，因而可以应用在第三章所述的专利容器模型中，通过对不同维度的数据进行单独存储，并且通过某一关联因子可以建立起与专利文献相关的数据立方体。

对于检索式而言，通常是以字符串的形式呈现，因此对于检索式的存储则更为方便，不需要进行复杂的转换。此外，与每一个检索式关联的因素包括了特定的专利预警项目、特定的检索结果，因此可以基于项目名称等构建出一个单独的子容器，通过上述关联因素与其他子容器相联系。

对于技术分解表而言，虽然结构相对来说层次比较复杂，但是基于容器思想的专利服务模型对于结构复杂的数据的处理更为擅长。每一份技术分解表都是有层级顺序的，通常包括一级分支、二级分支甚至三级分支，每一级分支都会有与上下级的对应关系，只要利用该对应关系，就能够将每一级别的技术分支关联起来，因此技术分解表的拆解是与容器思想相符合的。

对于筛选标引后的数据而言，不仅结构复杂而且数据类型多样化，但其都是以专利公开文献为基础的数据，因此对于该类数据的存储和关联性的建立，也是符合容器模型的。此外，由于筛选标引阶段需要应用各类过滤、统计、分析算法，因而在处理该类数据的时候，可以分为数据和算法两类，在基础上分别建立数据相关的子容器以及与容器对接的算法。

对于专利分析结果而言，可视化的图表、报告等成果是可以作为单独的数据类型进行存储的，并通过专利预警项目名称这一因素进行关联，通常将属于同一项目的数据存储在一个模块中；此外，分析报告虽然是人脑思维的产物，但是分析报告的文档结构也是有一定撰写规范的，例如，开头通常会写项目背景，而且分析报告中的每一部分也是相对独立的，因此将分析报告的各个部分进行拆解、存储，并通过分析报告的 ID 或者项目名称进行关联，不仅实现了对于专利预警项目数据的完整存储，也方便其他专利服务项目借鉴，能够提高专利数据的再利用性。

由此可见，专利预警项目中的数据都是符合专利容器思想的，那么以数据为中心的专利预警项目顺理成章也能够与容器思想相结合。

4.6.3　专利预警项目容器的应用

经过上文对于专利预警项目中数据可行性的分析，本章从专利预警项目的实际应用出发，介绍容器与专利预警项目的结合以及具体的应用方式。

4.6.3.1　专利预警项目影响因素的选取与分析

本章的第一部分分析了对于专利服务项目的影响因素，也指出国家政策、专利分类这两个因素对于提升专利服务的质量和效率的影响是可以通过人为调控的，而对于数据的处理这一方面，则可以借助基于当前大数据背景下提出的容器思想来进行完善。通过对专利预警项目流程的梳理以及对每一个阶段所需要的数据的分析，本节主要从数据处理的层面，对专利预警项目的影响因素进行分析。

1. 数据的收集

数据收集的首要条件就是数据存储量的完备性，而这一完备性不仅包括与技术相关的专利文献，也包括与已有的专利服务项目相关的数据。在这一过程中，涉及对专利文献以及专利服务项目的相关数据的拆解以及标准化存储。

2. 数据的加工

数据的加工过程就是对于数据的筛选和标引，这就要求在拆分原始专利数据的同时，建立起各个维度数据之前的关联性。只有建立起各个维度之间的联系，才能够建立起数据立方体，为后续专利预警项目的分析过程提供良好的基础。

3. 数据的分析

数据的分析只是对加工后的数据进行科学的统计分析，分析的过程涉及分析统计算法的使用，也涉及分析产生的中间数据以及分析的结果数据。

4. 数据的再利用

已有数据资源是否能够再利用，直接影响到专利预警项目的进展效率，因此在基于大数据的容器思想上，需要将以往项目的中间数据、最终成果等各类型的数据都进行拆分和保存，例如，分析结果的图形化展示以及分析报告的呈现，这些数据都是后续项目开展的宝贵资源。

4.6.3.2 基于容器思想建立的容器模型

上一节对专利预警项目影响因素进行了选取与分析，建立起了专利预警项目的容器模型，下面将从多个角度介绍详细的容器构建过程。

1. 从项目角度出发建立的容器模型

由于专利预警项目具有时效性和地域性，因而在不同时间针对不同地域展开的专利预警项目其分析结果存在不同，但却可能存在联系。例如，在2000年针对亚洲地区开展的可穿戴设备方向的专利预警项目和2005年针对亚洲地区开展的可穿戴设备方向的专利预警项目，虽然属于两个专利服务项目，但是由于其涉及的地域、技术分支是相同的，因而在前的项目作为一期专利预警项目，是能够为在后的二期专利预警项目提供大量通用的检索式、技术分解表、图表等数据资源的。从项目角度而言，每一个项目是可以作为一个子容器模型的，那么当二期项目开展时，只需要在一期项目的基础上进行数据的增量分析处理即可，极大地提高了专利预警项目的进展效率，因此，基于项目构建的容器模型更适合于二期专利预警项目类型。

2. 从容器对象出发建立的容器模型

每一个专利预警项目都是由数据和统计分析算法完成的，因此可以将数据作为对象存储在容器模型中，也可以将涉及的算法存储在容器模型中。数据子模型能够为专利预警项目的开展提供坚实的基础，算法子模型也能够为专利预警项目的数据分析过程提供便利的条件。其中，数据子模型包括以专利文件为对象的模型，将著录项目、权利要求书、法律状态进行分解，并关联存储；也包括与专利文件相关的检索式、技术分解表。算法子模型则包括了在对数据进行筛选、分析、呈现等阶段的各个算法，以画图算法为例，由于每一个专利服务项目都会涉及该算法，因而可以将画图算法进行封装，作为一个子容器，利用其通用性为每一个专利预警项目提供服务。

4.6.3.3 专利预警项目容器的应用

本节将以案例为实例，具体讲解专利预警项目在容器模型中的应用。该案例属于区域专利资源分布研究类的项目，具体是针对西北地区专利资源分布情况的综合分析，其目的在于掌握西北地区在整体上、不同经济带、不同产业的专利资源分布情况，在此基础上为该区域的产业未来发展政策规划提供决策性的数据支撑。

1. 基础数据的格式化存储

这一项目开展的前提是已完成原始数据的存储，原始数据的存储指的是对于专利文献的拆分和格式化的统一。每一个专利文献的申请号、公开号、申请人、发明人、分类号、专利申请类型、法律状态等可以作为数据库的一项条目，存储在一个数据库中，而具体的权利要求则可以通过申请号作为外键，存储在另外一个数据库中，具体可参考表4-10和图4-21。

表4-10 原始数据的存储项目表

序号	申请号	公开号	申请人	发明人	IPC分类号	法律状态
1						
……						

如何玩转专利大数据

图 4-21 专利文献存储

原始数据的存储还包括对之前专利服务项目相关数据的存储，具体包括检索式、检索结果、技术分解表、检索报告等。以具体关于可穿戴设备的技术分解表为例，该技术分解表包含了三层的技术分支，每一层技术分支作为一个单独的表格进行存储，并通过上下级字段进行相互关联。此外，整个技术分解表也通过检索式 ID 以及专利预警项目 ID 与检索式和项目进行关联，实现三者的存储的独立性和完整性，也保留了三者之间的关联性，具体如表 4-11 和图 4-22 所示。

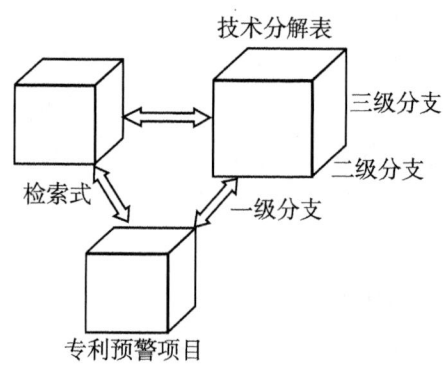

图 4-22 技术分解表存储

表 4-11 可穿戴设备的技术分解

一级分支	二级分支	三级分支
移动人机交互	AR/MR	—
	语音交互	—
	手势交互	—
	眼动检测	—
	骨传技术	—
	触觉交互	—

续表

一级分支	二级分支	三级分支
可穿戴显示	柔性显示	柔性衬底技术
		驱动阵列技术
		实现方式
		设备和制造方法
	投影显示	—
	头戴音视觉显示	—
软硬件系统平台	外观界面	—
	设备协同	—
	计算能力	—
	图形处理能力	—
	续航能力	—
	环境耐受能力	—
	软件应用	—

2. 中间数据的统一化处理

中间数据的处理方式主要取决于专利预警项目的分析对象和内容，不同类型的专利预警项目所要实现的功能不同，而同一类型的专利预警项目之间，对于数据处理的方式多数却是相同的，因此，可以将中间数据的统一化处理转变为算法模块化的封装，该封装是以专利预警项目的类型作为划分的，其功能模块划分如下。

（1）建立区域专利资源分布研究预警信息模型

该模型的建立是为了全面分析西北地区整体及各个子区域、各产业的专利情况。从整个西北地区而言，需要分析得到专利布局趋势、专利类型构成、技术领域分布、创新主体结构、主要创新主体。从各个子区域出发，需要分析得到该城市的创新概况、创新活力、创新实力、创新热点和主要创新主体。从产业角度而言，需要分析得到产业分布概况、优势产业分布、热点产业分布、产业聚集地区、盲点地区、主要创新主体。

从数据维度的选择出发，上述所有的分析结果都是基于申请地区、申请人、技术分支、IPC分类号、专利文献量、申请时间、授权时间、法律状态这些基础数据得到的。因此，当选择建立这样一类专利预警项目时，基于容器思想的专利预警项目模型可以自动地从专利文件相关数据中提取上述几个维度的数据，完成初步的数据提取，其中技术分支数据主要来自对专利文献中的权利要求书、说明书、摘要中技术特征的标引。

从信息检索角度出发，可以根据以往同类型的专利预警项目进行推荐，例如，技术领域接近的专利预警项目或者考察指标比较接近的专利预警项目，推荐的内容包括检索式、技术分解表、评价指标等作为参考和借鉴。

从数据处理的算法出发，上述对于专利布局的趋势、技术领域的分布、专利类型的构成、主要创新主体都是利用了统计算法，因此可以将统计算法作为一个对象进行封装；而对于各种创新概况、创新活力等评价类指标，则可以通过建立对于各个指标的评价模型来进行实现，对各个指标的权重参数可按照数据统计结果进行训练得到。

（2）建立优势产业和热点产业评估指标模型

优势产业和热点产业的评估指标模型如图4-23所示。

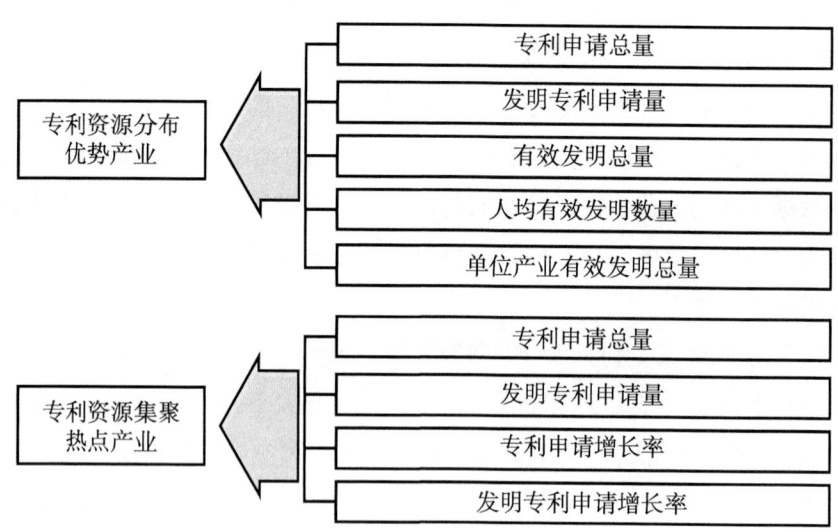

图4-23　优势产业和热点产业评估指标模型

从图4-23可以看出，优势产业和热点产业的评估指标模型实际上可以拆分为两个子模型。在评估优势产业时，利用的是专利申请的各类数量，其实也利用了统计算法；而评估热点产业时，不仅考虑了各类数量，也考虑了增长率，因此在该子模型中，不仅用到了封装的统计算法，也需要调用封装的分析算法。

此外，在建立上述评估指标模型时，各个因素的权重也是需要考虑的内容，因此，对于各个因素权重的确定的处理算法也可以作为一个对象封装入与容器对接的算法中。

3. 分析结果的生成和再利用

经过了对于中间数据的分析和统计，需要将分析统计的结果以图表、报告的形式生成给用户。这一过程涉及算法的封装和复用，与第 2 步相同，同样需要对算法进行子容器的建模。

众所周知，对于分析结果的可视化呈现是需要耗费大量时间和精力的，不同类型的图表所需要的数据格式和维度都不同，但是对于所有的专利服务项目而言，所涉及的图表类型的范围却是相同的，特别对于专利预警项目而言，所涉及的图表类型更是有一个相对固定的范围。因此，可以将画图算法进行固化，该算法能够实现：根据选择的不同图表类型从多维的统计数据中提取有用的维度，不需要经过数据的格式化排列即可生成可视化的图表；此外，对于已有项目中可借鉴的图表也支持再次修改和利用。

对于分析报告的生成，由于每一个项目的分析结果都不同，因此并不必要将全部的内容进行再利用，但是每一份分析报告中所包含的章节或者撰写流程却存在一致性，尤其对于同一类型的专利预警项目而言，由于其实现功能的相似性，其呈现的分析报告的结构应当也是相似的。基于上述原因，可以对相同类型、相同技术领域的专利预警项目的分析报告进行一个推荐，作为后续项目撰写报告的参考依据，达到节省时间的效果。

基于上述三点，本节对于基于容器思想的专利预警项目应用进行了简单的介绍，通过引入容器思想，不仅实现了数据存储的完备性，也提高了数据资源的再利用性，为基于容器思想的专利预警项目的开展提供了良好的示范作用，解决了现有的专利预警项目数据通用性、可再利用性差的问题。虽然专利预警需要考虑的因素层出不穷，除了上述的专利因素还有政策因素等，但是基于容器思想的专利预警系统，为专利预警项目的适用领域扩展、需要考虑因素的复用等提供了便捷的接口，用户可以在专利预警容器中进行扩展和复用，同时根据该系统得到的项目数据可以作为历史数据，成为将来开展专利预警项目的训练样本，通过对容器模型进行大数据算法学习来优化调整专利预警项目的各项指标，从而提高专利预警的准确性和前瞻性。

第五章 专利运营容器

从专利运营的总体流程上来看,无论是从服务的准备、数据的采集处理、数据分析、报告的生成和推广,每一个阶段都是以数据为中心开展的。容器中不仅存储专利数据、专利服务项目数据,同时还汇聚各种技术脉络(技术分解表、技术分支树),每个技术脉络的节点还关联专利集合,以及相应的分析文字和章节。这就汇聚形成一个巨大的专利知识库,为专利运营提供了强大的支持。

5.1 容器与专利运营的结合

本书第三章介绍了容器思想对于多源、异构、高维度的大数据的处理上所具有的突出的优越性,第四章在专利服务工作中通过引入容器思想实现对各个专利服务类型的全面支持,同时实现了对各类复杂统计算法的全面兼容。本章通过将容器思想引入专利运营,以提高专利运营的效率和专利价值的进一步挖掘。

5.1.1 专利运营的概念与价值

5.1.1.1 专利运营的概念

专利运营,是指企业为获得并保持市场竞争优势,通过充分利用专利制度提供的专利保护手段及专利信息,运营并谋求获取最佳经济效益的总体性谋划。在企业经济活动中，依法利用专利并将其与企业经营战略结合起来，形成企业专利战略，而实施和推进专利战略则可以视为专利运营过程。专利作为一种权利化的技术，对于指导企业的经营活动，提高企业竞争力，具有关键性的作用。国内企业在利用专利法律法规及相关的知识产权法律法规，结合自身技术创新而进行的专利运营，尚处于探索运用阶段。

随着经济全球化的不断深化，知识产权正日益成为国家发展的战略性资源和国家竞争力的核心要素。专利属于知识产权的重要组成部分，通过法律制度规定了创新权利人对创新获得的成果具有所有权和使用权，这种权利可以转让、许可、质押、合作、合资、专利投资、入股、储备和组合运用。

发达国家作为技术贸易的主要供应商，建立了强有力的知识产权保护体系，在现有的商业竞争环境中，以技术领先的发达国家为主导建立的知识产权尤其是专利成为竞争的关键要素和重要资源。发达国家正是凭借对知识产权的控制，确保其在新商业环境中继续延续其既有优势并牢牢掌握定价权，可见，专利已经成为影响和决定市场竞争成败的战略性要素。

5.1.1.2 专利运营的价值

专利运营是企业综合运用专利制度，建立在企业创新基础之上的综合运用手段，其最直接的表现就是企业专利战略方案的制定。企业专利战略方案包括运用专利战略取得专利权和运营专利保护手段获得市场竞争优势地位两方面内容。

专利的价值应该从专利、技术和公司三个层面进行认定，而决定专利价值量的是该专利在产品化的过程中的投入量和风险承担。基于价值的专利运营将有利于社会对创新的投资，应当大力鼓励发展，但前提是，法律对专利权人的利益保护必须基于对其价值的合理判定。在保护权利的同时，遏制对权利的越界滥用。

专利的财产权包括所有权和许可权。这些权利可以在市场上交易，市场交易价格体现了交易双方对其价值的认同。

专利作为财产权利，本身也可以进行交易，其交易价值最终体现在专利能够更高效地生产产品，为专利权人带来经济效益。

专利运营的质量可能受到不同因素的影响，从而影响到了专利运营的价值，以下是常见的几个重要影响因素。

1. 专利的法律状态

一项专利的技术性再好，如果过了保护期限或因忘记缴纳年费而终止，那么这样的专利就丧失了其经济价值，不必再继续进行评估。因此，在进行专利评估之前，应该先检索待评估专利的法律状态，确定其是否在有效期内，费用缴纳是否正常。除了专利有效期，还应考虑专利的剩余有效期。例如，一项专利技术性强、市场前景好，但是有效期所剩时间较短，这样专利的价值会大打折扣。此时，可检索该项专利有无后续申请的同族延伸专利，如果有并且保护得当，那么延伸专利的价值远远大于母专利价值。

2. 专利撰写质量

一个优秀的专利代理人，需要具备技术、法律以及扎实的文字功底，对申请的技术要能深入理解并且能够看到技术发展的趋势，撰写过程中应不断和发明人沟通探讨修改，这样写出来的专利方可攻守兼备，最大限度帮助发明人实现技术上的价值。质量较高的专利的特点通常包括：独立权利要求保护范围较为上位，且没有非必要技术特征；从属权利要求形成不同层次的保护范围，且权利清晰、有条理，日后如果出现侵权产品容易取证；说明书中的内容应尽量详细，实施例尽量丰富，为将来可能的无效或异议提供修改的空间。

3. 权利稳定性

专利与固定资产相比一个很重要的特点就是不稳定性。如果一项专利因为种种原因很容易被无效掉，就丧失了经济价值。专利诉讼案审理过程中，无效是最常用的方法。一项专利能否被无效最能考验出该项专利的稳定性，通常被告的代理律师会从新颖性和创造性两个方面寻求突破，找出足够的证据将对方专利无效掉，从而结束诉讼。所以无论是写专利前还是做评估前都要做大量的分析和检索工作，看看其是否符合《专利法》第22条所规定的实用性、新颖性和创造性，权利要求是否得到说明书的支持、专利申请的内容是否在法律允许的范围内等。

4. 侵权必然性

如果一项专利竞争对手通过花费成本相近的方法也可实现一样的效果，那么这样的专利经济价值也是不大的。在评估一项专利前需要思考某些技术特征能不能轻易替代（等同的技术特征和惯用技术手段置换除外），事实证明，技术标准与专利权的结合是科学技术和社会经济发展的必然结果，而两者的结合可以提升专利权人的技术或产品的市场竞争力，而"技术专利化—专利标准化—标准国际化"已经成为高科技领域，特别是通信电子领域专利权人一种新的专利技术转移模式，或者说是一种新的企业专利经营战略。

5. 行业发展的前景

在评估专利价值的时候还需要考虑行业发展的前景，因为随着社会的发展，即使某些行业现在风头正劲，将来也有可能逐渐呈现颓废之势而后劲不足，那么这样的专利价值也是不高的。同时，随着科技发展的日新月异，有些行业会渐渐被遗忘直至消失，未来也可能会出现一些新的行业如雨后春笋般迅速成长，因此，行业发展前景评估也是专利价值评估时必须要考虑的要素。

6. 技术宽度

从专利价值的角度来看，较长的专利技术宽度意味着通过技术手段控制市场的能力较强，专利的价值也越高。以生物领域为例，外国大公司在生物领域申请了大量专利，进行了广泛的布局，有效地遏制了竞争对手的发展，迅速占领市场。在评估一项专利前，我们有必要考虑这项技术是只能应用于某一个很窄的领域还是能应用于很多领域。如果一项专利技术能应用于很多领域并能够为之带来效益，那么它的价值肯定是不能低估的。

7. 侵权易判性

专利的有效性与可用性之间并不能等同，不少专利的稳定性非常高，但由于技术本身或其他方面因素，在诉讼过程中缺乏有效的证据或证据链，法官无法判他人侵权。侵权诉讼中最重要的是证据，没有完整的证据链即使得到技术专利的认可也无济于事，因此，完整的证据链是我们在评估专利时需要重视的。一般有经验的专利代理人在撰写独立权利要求时会尽量将保护范围写得大一些，从属权利要求会慢慢缩小保护范围，将容易侵权的技术特征有层次地布局在从属权利要求中。

5.1.2 专利运营的特点与问题

5.1.2.1 专利运营的特点

专利运营着力于企业核心能力提升的过程，为了更好地实现专利运营时专利价值的最大化,在专利运营时需要着重关注专利运营的如下特点。

1. 内生长性

专利运营能力是一种潜在、动态、无形、能动的主观条件集合,它伴随企业人员素质、内外部组织协调能力的提高,以及专利存量的增加而不断提高。专利运营能力的形成既是一个能力聚集过程,也是企业研发人员、资金、知识等技术创新要素及文化、组织、制度等非技术创新要素长期耦合的产物。

2. 延展性

专利运营能力是一种"通用"的技术专长,而不是对应于某一种产品本身,其与资本运营、市场运营、人力资本运营能力相耦合,能够衍生出新的专利技术平台及产品市场,使企业具有持续创新的驱动力。

3. 价值增值性

企业管理者将专利要素运营与生产要素运营相结合,可显著降低产品生产成本,提高产品技术含量,提升产品品牌价值,实现低成本优势与差异化优势的有机结合;同时,管理者将可以支配的专利资源按市场化运作方式优化配置,通过交叉许可、兼并、转让、质押等形式,拓展企业的盈利渠道,使企业专利技术资源实现最大的价值增值。

4. 开放扩张性

专利运营能力提升要求企业管理者不但重视内部专利资源,而且应使企业内部专利资源与专利网络资源相结合进行优化配置,以最大限度地发挥专利资源的撬动功能;与此同时,要求管理者打破地域界限、行业界限以及部门界限,积极参与国内外市场的竞争,促使专利技术的最大化增值。企业管理者可以借助与国内外大企业的战略联盟、合作等形式,研制和开发技术含量高、产品附加值大和市场前景好的产品,加速企业专利技术的标准化、国际化进程。

5.1.2.2 国内外专利运营现状分析

1. 国内外专利运营模式

在国家的大力推动下,我国的专利运营取得了长足的进步,然而同国外相比,在市场、环境、法律、专利储备等多方面仍存在较大差异。现有的专利运营模式种类繁多,按照是否拥有专利以及收益获取形式的不同,可将现有的专利运营模式划分为资产型、服务型和融资型三种类型。

(1) 资产型

资产型专利运营模式是指通过投资获得专利进而以所持有的专利资产获取收益的专利运营模式。这一模式的运营实体既包括了以传统的专利许可和诉讼公司、专利聚合器、知识产权收购基金为表现形式的攻击型公司,也包括了为了应对"专利流氓"的攻击而逐步兴起的防御型专利池。

攻击型模式主要通过购买专利进而主动向其他公司发起诉讼的手段要求对方支付许可费。作为其典型代表,美国高智发明公司(Intellectual Ventures)目前已经成为成立时间最久、全球规模最大最著名的专利聚合公司。高智公司主要的商业模式包括:一是为已遭受专利诉讼的投资企业提供专利风险解决方案,收取专利许可费;二是为未遭受专利诉讼的投资企业提供技术支持和保险;三是向其他公司收取专利许可费;四是通过诉讼途径来实现盈利,在许可不成的情况下,通过诉讼的方式逼迫对方就范;五是创办新公司以实现盈利。

防御型模式是为了应对"专利流氓"和"专利流氓"带来的高成本、高风险的专利诉讼而出现的,通常通过交叉许可或建立专利联盟、专利池等在企业之间达成一定的协定,以达到产品生产自由、扩大市场的目的。2008年第一家反专利投机者公司合理专利交易公司(Rational Patent Exchange,以下简称RPX公司)成立,该公司定位为"专利风险解决方案提供商",主要通过收购可能会给其客户带来不利影响的专利,把这些重要专利纳入其防御型专利收购计划,利用防御型专利收购,面向营业公司进行直接许可权交易,并通过提供联合交易、专利交叉许可协议或其他降低风险的专利解决方案,帮助其客户实现专利风险控制,避免可能的专利诉讼。

在国内,并没有专门通过专利收购来获利的专利运营机构,多数专利运营机构仅将专利收购作为其众多的运营业务之一,且其类型不明确,目前并不能准确地将它们划归为攻击型或者防御型。专利运营公司可以通过自主创新和与第三方合作的方式来收获原创技术,同时通过收购已有专利等投资渠道,积累了一批高质量的专利资产组合,包括原创发明专利和在全球范围内收购的专利,形成相关领域的"专利包",提供专利转让、专利许可等专利运营业务。

(2) 服务型

服务型专利运营模式具体可以采用拍卖与网上交易、大学技术转移等方式实现。

首先，把专利像艺术品、商品一样进行拍卖以及把专利放在网站上交易，是专利流转形式的一种创新，是对专利交易模式的一种全新探索。国外最先进行专利拍卖的 ICAP 专利经纪公司是全球最大的知识产权经纪和拍卖公司，能够对专利和其他专利资产的买卖双方进行配对，并采取私人销售交易多批专利现场拍卖会或专利经纪及在线交易市场等多种交易方式。

随着社会经济的不断发展，世界各国的大学都逐渐从教学型大学向研究型大学再到创新服务经济型大学转变。美国大学技术转移机构创造了三种运行模式：威斯康星校友研究基金会（Wisconsin Alumni Research Foundation, WARF）模式、麻省理工学院首创的第三方模式以及斯坦福大学首创的技术许可办公室（Office of Technology Licensing, OTL）模式，其中 OTL 模式是目前运行得最为成功的一种模式。OTL 模式下，大学设有专利办公室，不仅管理专利保护，而且管理专利的申请和推销。大学亲自管理专利事务，并把工作重心放在专利营销上，以专利营销促进专利保护。工作人员必须既有技术背景，又懂法律、经济和管理，还要擅长谈判，因此被称为"技术经理"。技术经理只管专利营销和专利许可谈判，在决定申请专利后，专利申请的具体事宜交由校外专利律师事务所办理，发明人和发明人所在院系参与分享专利许可收入。

(3) 融资型

融资型专利运营模式通常可以采用专利权质押融资、专利证券化、专利信托以及专利保险这四种方式实现。

专利权质押融资指专利运营者以合法拥有的专利权经评估后作为质押物，向银行申请融资。1880 年，美国发明大王爱迪生以白炽灯发明专利作为抵押品贷款开公司，是世界上最早的专利质押贷款事例，后来公司成长为现在的通用电气公司。在一百多年之后，中国才开始出现专利质押融资。2006 年 9 月，上海中药制药科技有限公司通过专利权质押方式，向中国工商银行上海张江支行贷款 200 万元，成就"专利质押第一单"。

专利证券化是指发起人将缺乏流动性但能够产生可预期现金流的专利通

过一定的结构安排对专利资产中风险与收益要素进行分离与重组后出售给一个特设机构，由该机构以专利的未来现金收益为支撑发行证券融资的过程。美国是资产证券化最发达的国家，也是知识产权证券化理论和实践的发源地。2000年8月，美国耶鲁大学与瑞士美商公司，将对抗艾滋药物 Zeri 的专利许可收益作为基础资产进行证券化发行一亿美元证券，这是世界上首次实现专利证券化运营。自此之后，专利证券化一直作为发达国家专利融资的常规方式而存在和发展，而中国迄今为止在专利证券化方面并无太多实践。

专利信托作为专利与信托的有机结合，即为了实现专利转化，使自己的专利成果能够产生尽可能多的收益，专利权人（委托人）将自己合法拥有的专利权转让给受托人，由受托人以自己的名义，根据委托人的指示，对该专利权进行管理或者处分，并将收益转给受益人的信托法律行为。专利信托方面，日本比较发达。2004年12月29日，三菱日联信托银行率先在日本开展专利信托业务，接受了铲土机液压管制造方法专利的信托，这也是世界上首例专利信托业务。自此之后，专利信托在日本和其他发达国家得到了持续的发展。中国迄今为止，在专利信托方面仅尝试过一次。2000年9月，武汉国际信托投资公司开展了我国第一次也是截至目前唯一的一次专利信托实践。

专利保险，是以专利作为标的物的保险服务，投保人按照保险协议缴纳费用，在专利申请、交易、使用、诉讼过程中，一旦发生协议中约定的专利风险事故，则由保险人支付有关保险赔偿金。在国际市场上，开展得较为广泛的专利保险险种主要是专利执行保险和专利侵权保险。1994年美国国际集团推出了第一份专门的专利侵权责任保险单，自此之后，美国、英国、德国、日本等西方国家逐渐开展专利保险，并成为保险业务的重要组成部分。2010年12月，我国首次出现专利保险业务，专利保险在佛山开辟"试验田"，由信达财产保险股份有限公司与佛山禅城区知识产权局签署合作协议，推出我国首款专利保险——专利侵权调查费用保险。目前，我国的专利保险业务还处于试点阶段。

2. 国内外专利运营对比与成因分析

相对于国外较为成熟的发展，我国的资产型专利运营机构起步较晚，在数量、规模及持有的专利量上明显少于国外机构，尚处于探索和起步阶段，在运营基金的投资和主导方面，国外是企业和政府并重，国内则大多以政府为主导。通过将国内外资产型运营模式的运营现状进行分析对比发现，产生上述差距的主要原因是：国内专利数量占优，质量有待提高。实用新型专利的授权总量大大多于发明专利的授权总量。由于实用新型专利申请虽然能够较快获得专利权，更快地应用于成果转化中，但其保护期短，权利相对不稳定，因此，从专利运营的角度来看，并不如发明专利具有更大的投资和增值空间。对于发明专利，某些前沿和热点领域国内外科研实力差距较大，国内申请与国外相比在质量上还存在较大差距，因此，国内专利转让活动的活跃程度远不如国外。国内专利成果转化率仍有较大的上升空间，同时，国内的专利运营环境也尚不成熟，还不能满足市场的需求，加之国内申请人对专利运营知之甚少，往往不清楚该如何对手中的技术成果进行运作来获得收益，目前很多专利仅用于满足企业自身的产业化或其他用途，无法获得有效的运作。

基于服务的专利运营模式，在国外主要以市场引导为主，而国内主要是政府引导与市场参与相结合的模式。原因在于：科研院所、高校和企业尚未充分了解和重视专利运营，投入不够；授权专利中具有运营商业价值的专利较少，目前国内科研机构和高校关注的重点只是专利申请和授权，并未重视这些专利申请或授权专利是否已经被商业化或者是否具有商业价值；缺乏具有科研和知识产权背景的复合型专利运营人才；运营机构面向市场不够，大部分科研院所和高校专利管理和转化部门采取行政化管理，不能与市场接轨，无法实现专利的商业运营化，并且普遍规模小、能力弱；专利运营机构的配套外包亟待发展。

对于融资型的专利运营模式，专利质押融资、专利证券化运营、专利保险等均始于美国，近年来在美国等发达国家已经初具规模，而国内的专利质押融资、专利证券化、专利信托、专利保险整体上与国外差距较大，主要原因有：专利权价值评估和变现困难，这直接制约了专利质押的业务交易，也导致专利保险的保险费用和保险金额很难确定，同时，专利权价值评估和变现的困难也使得对专利证券化中专利产生的现金流的评估存在着许多困难；由于社会观念的束缚，大众对于专利质押、证券化、信托、保险等新生业务尚缺乏了解而导致需求较小，公众的认同度较低；我国在专利融资方面的法律法规尚不健全，当涉及跨地区专利转让时，无法形成统一的政策规范，造成质押的流产。在专利信托方面,专利信托主体资格难确定,专利信托法律关系混乱,专利信托效力、期限待明确,同时专利信托的配套制度都不完善。

5.1.2.3 专利运营中存在的问题与挑战

通过第5.1.2.2节中对国内外现有专利运营的模式及其中外发展现状对比可知,各国专利运营的主要侧重点在于对海量专利数据的分析复用以及整合运营。现有的专利运营算法很多,但由于专利数据数量庞大、类型各异,针对不同类型的专利数据还要结合各方面因素评估其专利价值,选择合适的运营算法或手段,在制定运营策略时,无论是有效专利数据的筛选还是运营策略的使用,都需要专利运营从业人员的经验判断。随着专利申请量的日益剧增和"专利大数据"时代的到来,传统的专利运营模式已经无法满足企业、政府对于专利运营服务的质量要求,尤其在面对专利价值评估、高价值专利挖掘、专利布局等重要问题时,专利运营服务面临着各种各样的问题,归纳有如下几点。

1. 海量专利数据的价值评估

专利数据、专利服务数据、专利运营项目数据都具有体量大、种类多、价值密度低等特征,为了提高专利运营的有效性,对专利大数据的分析将更复杂且更注重速度和实效。由于海量的专利文献数据中蕴藏着巨大的价值信息,但是如何有效地从纷繁复杂的专利文献海洋中获得有价值的信息,是一个亟待解决的问题。

2. 专利运营智慧的整合

主要问题还是在于数据资源之间的信息"孤岛"问题还不能从根本上解决。进一步讲,即使从技术的层面上能够实现将不同来源的专利数据整合到一起,目前如何应用仍是一个难题。大数据资源整合的意义在于实现数据互联互通,开发更多的数据应用场景,但不同来源的专利数据由于专业性较强,并且遵从不同的业务分类体系,在应用上很难从更深的层次上对数据源进行。

3. 现有专利运营数据的再利用

专利运营项目数据的类型复杂,其中还汇集了技术分解表、技术分支树等类型的文件,为了在后续项目中参考之前项目的经验和总结,在专利运营算法的设计时就需要考虑数据复用的问题。不同区域不同企业的专利大数据平台的配置和部署千差万别，集成整合难度极大，如果每次专利分析都要重新进行数据处理和集成整合又会大大增加时间成本和资金成本。基于"容器"思想的专利数据平台较好地解决了这个问题，解决了专利大数据如何高效挖掘和连通信息孤岛、重复利用等问题，以实现专利服务和专利运营过程中的检索复用、算法复用、技术分解复用、可视化图表复用等目的。

4. 专利数据与运营策略之间缺少接口

专利运营策略或算法的制定往往基于具体企业或申请人的专利数据，并同时考虑专利的状态、行业前景、企业规划等因素，然而专利数据与现有的专利运营算法之间缺乏有效的对接接口，而"容器"思想则能够提供专利数据与专利运营算法之间的有效连接接口，为不同类型专利数据的运营提供决策支持。

5.1.3 容器与专利运营的结合

5.1.3.1 专利运营分析的主要影响因素

专利运营涉猎范围十分广泛，并且对于技术专业性的要求相对较高，其服务的质量往往会受到国家政策、专利分类以及专利运营过程各个环节所包含的数据处理效率等各方面的影响。

1. 国家政策

不同国家和地区对于专利保护允许的客体和类型存在着很大差别。例如，美国的专利制度，允许对植物专利进行保护，而我国的专利法则明确指出专利的类型包括发明专利、实用新型专利和外观设计专利。随着时间的推进，每个国家对于专利相关的政策也是实时变化的，例如，在1978年以前，意大利不为药品提供专利保护，直到最高法庭认定这种方式具有危害性之后，意大利才改变相关政策，将药品纳入专利权的保护范围；同样地，我国在最初颁布专利法时，也仅对药品的生产方法予以保护，直至1992年第一次修改专利法后才对药品本身提供专利权的保护。由于各国国家政策的不同，专利运营工作者在选择需要分析处理的专利数据时也需要进行筛选和判断，在不同的政策引导下，对于专利数据分析的结果也是不同的。

2. 专利分类

《国际专利分类表》会随着社会的进步和科技的发展不断修订，申请于不同时期但是技术领域相同的专利申请有时候会归属到不同的国际专利分类号下，因此，专利运营工作者在对数据的检索和分类分析时，需要进行进一步甄别，由于所属的国际专利分类号的不同，也会导致专利信息分析结果的不同。

3. 数据处理

专利运营的主要处理对象就是海量的专利数据，这些专利数据无论是从数据的内容还是数据的格式来说，都是有着巨大差异的。由于专利运营应用类型的多样化、用户需求的个性化，在进行针对性的专利运营过程中，专利运营工作者需要对于不同类型的专利数据进行检索，针对不同的检索结果运用不同的专利分析方法，在生成专利图表的过程中也需要对专利数据进行人工的统计和格式的统一，对于最终生成的分析报告也需要进行合理的保存以便再利用。从专利运营的总体流程上来看，无论是从服务的准备、数据的采集处理、数据分析、报告的生成和推广，每一个阶段都是以数据为中心开展的，数据存储是否合理、数据格式是否兼容、数据量是否完备、处理方式是否自动化、分析方法是否智能化，对于提高专利服务的质量效率都有至关重要的影响。

5.1.3.2　基于容器思想构建专利运营的容器模型

容器中不仅存储专利数据、专利服务项目数据，同时还汇聚各种技术脉络（技术分解表、技术分支树），每个技术脉络的节点还关联专利集合，以及相应的分析文字和章节。这就汇聚形成一个巨大的专利知识库，为专利运营提供了强大的支持。专利容器中汇聚的专利服务人员的智慧，专利容器引入了各种专利运营的特定算法和数据，同时，专利容器还提供了直接进行专利市场化运营的便利。

当容器中汇聚了各种类型的数据，即可建立基于容器思想对专利数据进行专利运营。基于容器思想的专利运营模型的建立首先需要建立基于容器思想的专利运营的容器模型，对各种类型的数据进行储备，在储备的过程中需要重点关注新技术的自主研发与收购并举，标准专利布局，以及重视专利质量的提升与国际化部署。

在基于容器思想的专利运营模型建立完成之后，需要对其进行有效的管理，可将专利数据按技术领域或产品类型进行聚类，制作可经营专利包，以及被侵权专利的挖掘与证据链的固定。

如何玩转专利大数据

接下来在专利的运营过程中，需从专利运营模型的三个维度出发，从技术价值维度、法律价值维度以及经济价值维度，分析容器思想在专利价值评估、高价值专利挖掘以及在专利布局中的应用，从而建立健全专利运营服务体系，构建开放、多元、共生的基于专利运营服务的创新生态系统。

在搭建好基于容器思想的专利运营模型之后，可以将其应用在以下几个应用领域或服务方向中，进而把握专利运营领域的行业趋势。

1. 有容器思想特色的知识产权运营服务

基于容器思想通过的专利运营模型聚集专利、商标、版权的无形资产供给方、需求方、中间服务方、资本方资源，为企业、个人提供知识产权和技术成果的转移转化服务，以连通信息孤岛、充分打通知识产权交易的各个环节。

2. 知识产权大数据服务

面向我国转变经济发展方式，以知识产权交易运营平台为抓手，通过构建基于资源共享、信息整合、服务集成的跨区域、跨行业、跨平台的知识产权云服务数据平台，以及重点行业失效专利信息数据库、专利成果项目信息数据库、技术交易信息数据库、科技专家人才信息数据库、科技中介服务机构信息数据库等数据库的建设和运营，面向海内外用户，提供知识产权全领域、多维度的知识产权大数据服务，实现"分散资源集中使用、集中资源分散服务"。

3. "一站式"全流程知识产权运营服务

通过线上线下、网内网外的有机融合，形成"一站式"知识产权运营全流程综合服务体系，汇集技术、成果、资金等科技资源供需信息，共享基础数据、技术平台、仪器设备、科技文献、专家人才等资源，促进技术转移和成果转化；通过对知识产权运营的各个节点进行梳理，提供各个节点的完善的法律文书、协议、服务流程；对线上线下服务有机结合，互相转化，建立知识产权运营高端服务链条。

4. 知识产权信息应用服务

吸纳专业知识产权信息服务机构，开展国防专利信息检索、国防专利解密、专利信息分析、专利预警、专利导航及重大经济活动知识产权评议等特色服务。围绕重点产业领域建立专利联盟和专利池，通过专利收储、组合、包装、运营，实现专利价值最大化。

具体开展的应用服务包括专利信息检索、专利信息分析、专利预警、专利导航、重大经济活动知识产权评议。

5. 知识产权价值分析评估服务

自主研发设计的创新型专利价值分析评估服务体系，包括线上和线下组成的专利价值评估系统，配合由平台组建的知识产权评估专家委员会和相关资产评估机构的专业支撑，可为用户提供重大知识产权技术成果中的知识产权价值评估服务，降低技术成果转化和知识产权运营过程中的风险，提高项目交易成功率。

6. 知识产权金融服务

以知识产权质押融资等业务为切入点，结合对知识产权投融资项目的信息集中展示，全面探索知识产权投融资服务业务。通过对接知识产权拥有方、投融资机构，通过设立风险补偿资金、引导投资机构对知识产权技术成果进行股权投资等多种新模式，鼓励金融机构开展专利技术成果股权、债权和产品众筹知识产权融资模式创新，为专利技术成果转移转化和知识产权运营提供金融保障支持，努力推动知识产权和资本市场的快速对接和转化。

7. 专利技术孵化转移服务

以加强知识产权运用为指引，充分发挥自身的影响力和区位优势，聚集专利技术相关的拥有方、投资方、创业团队、中介机构，为专利技术提供转化条件、搭建专利技术孵化的平台，促进专利技术产业化孵化。

8. 专利技术效果检验认定服务

平台与相关专业机构合作建立的特色专利技术效果检验认定模式，同时建立了检验检测服务提供商数据库，通过检验检测、参数分析等，可为用户在专利运营、专利创造阶段及诉讼侵权阶段提供专利技术效果检验认定服务。

5.1.3.3 基于容器模型的专利运营的应用

1. 容器思想在专利价值评估中的应用

随着专利交易、授权、许可、转让、证券化、质押融资、法律赔偿、企业并购等与专利有关的经济活动涌现并日趋频繁和活跃，专利在经济发展中的地位的重要性日趋增强。专利资产价值评估这一看似陌生的事物也逐渐进

如何玩转专利大数据

入更多企业的视野，对专利资产价值评估的需求日益增多。专利在交易中的价格参考就成为影响专利市场化和资本化运用的关键因素，因此采用何种方式对专利这项无形资产进行价值评估就显得尤为重要。

各种类型的专利数据，包括专利文档、电子表格、图表、HTML 文件、演示文稿等，之前集中保存在数据库中，为了对其更好地利用，对后续专利评估项目发挥指导作用，需要将这些数据进行系统分类与数据建模，建模之后的数据按照不同的主题、企业、领域等条件，分别保存在不同的容器中，每个容器中都保存各种类型的专利数据。

当容器中汇聚了各类型数据，即可建立基于容器思想的专利价值评估模型，该容器模型包括三个维度，技术价值维度、法律价值维度以及经济价值维度。最后，基于算法维度提供的算法对上述三个维度的数据进行计算以获得最终的评估值，每个维度的评估又涉及子容器的建立。

专利大数据容器汇聚了国内外专利数据、专利分析数据、审查数据人为评估数据以及互联网数据。基于该容器，利用大数据技术对其进行挖掘分析，以获取专利价值评估各个子容器的多维数据。

2. 容器思想在高价值专利挖掘中的应用

基于容器的专利挖掘就是让用户从技术、法律、经济三个角度探索和分析数据集，在高价值专利的挖掘中，同时考虑这三个维度的指标，通过三个维度来构建数据立方体。从结构角度看，数据立方体由两个单元构成：维度和测度。维度即代表技术、法律、经济维度其中之一，测度就是实际的数据值。数据立方体中的数据是经过处理并聚合成立方形式。由于立方单元是一个常规的数据库表格，所以我们能用传统的 RDBMS 技术（如索引和连接）来对数据进行处理和查询。这种形式对大量的数据集合可能是有效的，因为这些表格只包含实际存在数据的数据立方单元。

对于前面提到的几种不同类型的容器类型，包括集合容器、树容器、表格容器、图容器、文本容器等，这些容器类型都是根据大量的专利分析项目抽象出来的一些通用数据结构，每一种结构都有其自身的特点。那么，为了更好地挖掘高价值专利，可选取合适的容器模型用于高价值专利挖掘中的应用。

3. 容器思想在专利布局中的应用

专利布局需要基于现有的数据源挖掘出有价值的信息并基于此作出决策，

现有的专利布局通常需要人工基于数据源手动统计进行前述的各种专利分析，但是由于其原始数据源均来自各个专利数据库，未进行统一规范的标引，从而基于该数据源的专利分析专业化、智能化程度较低，从而使得专利分析变得繁琐费时。因此，如何提高专利分析的智能化已成为专利运营管理中急需解决的问题。做好专利分析的智能化工作将直接提升企业进行专利布局的及时性和准确性。

当容器中汇聚了各类型数据，即可建立基于容器思想的专利布局模型。专利容器将专利数据按照多个维度进行提取、分类、加工和标引，使基于专利布局的四要素：技术、时间、地域、主体的智能专利分析的实现变得简单易行。在专利容器中可以对各个要素进行任意两个或多个进行组合，从而形成多维度的专利数据分析，形成全局层面、局部层面以及竞争对手等的多层次分析。按照客户的需求灵活地精确到各级细分技术领域，特定时间段或特定区域，尤其可以对多个申请人进行多个维度的比对分析，从而为用户进行专利挖掘、专利布局等提供借鉴。

5.2 容器在专利价值评估中的应用

5.2.1 专利价值评估概述

5.2.1.1 专利价值评估的意义

随着专利交易、授权、许可、转让、证券化、质押融资、法律赔偿、企业并购等与专利有关的经济活动涌现并日趋频繁和活跃，专利在经济发展中的地位的重要性日趋增强。专利资产价值评估这一看似陌生的事物也逐渐进入更多企业的视野，对专利资产价值评估的需求日益增多。据全国技术市场统计，截至 2017 年底，全国共签订技术合同367 586项，成交金额13 424.22亿元，其中，按知识产权类型统计，涉及各类知识产权的技术合同153 040项，成交额为 5550.67 亿元，专利合同15 229项，成交额为1420.47 亿元，同比增长 9.49%。事实上，除了专利交易外，专利的转让许可、作价入股、吸引风险投资、质押贷款、专利保险、证券化及产权变动等场合都需要对专利资产的价值进行评估，涉及专利资产价值评估的经济行为逐渐增多，专利在交易中的价格参考就成为影响专利市场化和资本化运用的关键因素，因此，采用何种方式对专利这项无形资产进行价值评估就显得尤为重要。

5.2.1.2 专利价值评估的研究发展

对于专利价值评估，国内外的研究者们都展开了广泛而且深刻的探索，在基本评估理论与方法的指导下，研究出多种专利价值评估方法。[1][2][3] 目前，专利评估方法主要可以归纳和概括为传统方法和新兴方法。

1. 专利价值评估的传统方法

相对于新兴的评估方法来说，较为传统的评估方法主要是指成本法、市场法、收益法。

（1）成本法

成本法，是指通过核算专利产生过程中各项实际支出来衡量专利的价值，各项实际支出一般按现时的条件和价格标准，按照专利技术开发时间计算人力、物力等资源的成本值，也叫重置成本。成本法的基本计算公式可表示为：

$$专利价值 = 重置成本 - 各项损耗 \quad (公式5-1)$$

从公式来看专利的价值主要取决于专利技术研发时所产生的各项有形损耗及无形损耗的价值。运用成本法进行专利价值评估时，具有操作简便，数据确定比较准确、可靠的特点，但是对于大量的专利而言，主要是智力劳动的投入，其成本和专利价值并不完全对等，成本法不反映从专利的所有或使用中带来的经济利益，一般情形下其为专利提供最小的价值。这种方法经常适用于技术使用的萌芽期或没有适用市场或没有获得收益的资产，但在专利充分商业化的阶段较少用到。

（2）市场法

市场法是指在技术市场中选择若干个与待评估的专利相类似的专利技术

---

[1] 胡彩燕，等. 专利价值评估方法探索综述 [J]. 中国发明与专利，2016 (3)：119—122.
[2] 吴全伟，等. 专利价值评估体系的探析与展望 [J]. 中国发明与专利，2016 (3)：123—127.
[3] 张丽娜，等. 基于多级价值评估的专利交易定价机制 [J]. 中国发展，2014，14 (4)：45—49.

作为参考，根据待评估的专利的技术特点，与已交易专利的交易条件和价格的差别作出适当调整而进行评估的方法。使用市场法时，需要确定具有合理比较基础的、类似的并且具有代表性的专利技术，还要收集类似专利技术交易的市场信息和待评估专利技术以往的交易信息。同时，需要根据宏观经济、行业情况的变化，考虑时间因素，对相关以往交易信息进行必要的调整。市场法的评估比较直接、简便，适用于在专利市场上有较多相似之处的专利价值的评估。然而，一方面，由于目前的专利交易较少，找到相类似的专利并不容易；另一方面，由于专利技术的垄断特性，很多专利技术在交易时都是严格保密的，交易的相关数据一般较难收集，导致市场法的应用存在很大的局限性。

（3）收益法

收益法是实践中使用最为广泛的一种方法，是指专利在剩余有效年限内预期总收益用适当的折现率换算为现值来确定专利价值的方法。收益法的基本公式：

$$V = \sum_{t=1}^{n} \frac{k \cdot R_t}{(1+r)^t} \quad \text{（公式 5-2）}$$

式中，V 代表专利权价值，k 代表技术分成率，n 代表专利权剩余年限，r 代表折现率，R_t 代表专利的第 t 期收益。专利技术在投入使用时一般会给投资者带来超额收益，收益法也称之为超额收益法。这种方法比较全面地考虑了市场收益大小、专利技术获利期的长短和市场风险，并且与企业的投资决策相结合，比较容易被交易双方接受。但是要准确确定折现率、分成率和收益期限等参数具有较大难度。

2. 专利价值评估的新兴方法

新兴的专利价值评估方法有很多种，按照其分析问题所采用的分析方法又可以划分为定性分析方法和定量分析方法。

（1）定性分析方法

专利价值评估的定性分析方法，主要是指依赖评估人员的专业经验、分析和判断能力，通过对专利研发、投资相关历史数据的分析、对相似专利成交案例的对比分析，以及对专利创造价值过程的逻辑分析等方式以实现对专利价值的评估。这类方法主要有弹性定价法、授权金比例法及技术分成率等。

（2）定量分析方法

专利价值评估的定量分析方法，主要是指通过对专利特征元素的描述性分析、专利价值相关数据的统计分析，尤其是利用数学建模方法构建专利价值估算的数学函数模型等方式，实现对专利价值的评估。

其中，数量经济学方法最先兴起于欧美国家，专利价值研究者能够利用数量经济学方法评估专利价值，主要得益于欧美国家完善发达的专利数据库系统。研究者们为专利质量的评价建立了一套完善的指标体系，包括专利族大小、专利引证指数、技术受保护的国家范围、科学关联度等几十种指标，然后通过专利质量来评估专利价值。

在中国，由于专利数据库的建立尚不完善，数据获取存在困难，因而在我国专利价值评估中采用数量经济方法仍然受到限制。

5.2.1.3 国内外专利价值评估体系研究现状

"专利价值评估指标体系"是指一套能够反映所评价专利价值的总体特征，并且具有内在联系、起互补作用的指标群体，它是专利在交易中的内在价值的客观反映。目前专利价值评估体系主要有以下几种。

1. PVD 指标

国家知识产权局 2011 年委托中国技术交易所进行了研究，提出了专利价值度（Patent Value Degree，以下简称 PVD）的概念，即相对表征专利自身价值大小的度量单位，并设计了 PVD 指标体系。这一指标体系包括三个维度，即法律价值度、技术价值度和经济价值度。在三个维度下，划分了 18 项指标。法律价值度分析从法律的维度评价一项专利的价值，包括专利稳定性、实施可规避性、实施依赖性、专利侵权可判定性、有效期、多国申请、专利许可状态等。技术价值度分析从技术的维度评价一项专利的价值，包括先进性、行业发展趋势、适用范围、配套技术依存度、可替代性、成熟度等。经济价值度分析从市场经济效益的维度评价一项专利的价值，包括市场应用、市场规模前景、市场占有率、竞争情况、政策适应性等。PVD 的主要应用方法是根据检索报告、行业分析报告以及其他材料，对指标项逐个打分、加权汇总之后，形成对专利价值进行衡量的一种标准化统一度量——专利价值度。

2. IncoIndex 指标

这一指标体系是由一家专注于知识产权领域的 IT 公司——合享新创公司提出的。IncoIndex 通过大数据库中挖掘优质专利的特性和规律，引入 20 多个分析指标，主要集中在三个方面：技术稳定性、技术先进性、保护范围。主要包括以下指标：专利及其同族专利在全球被引用次数、涉及 IPC 数量、研究人员投入数、权利要求数量、专利布局国家数量、专利有效性、是否提出过复审请求、是否发生许可、是否发生转让、是否发生质押、是否发生诉讼、是否被其他人提起过无效宣告等。

3. OT300 专利指数

OT300 专利指数由美国 Ocean Tomo 公司和美国证券交易所于 2006 年 9 月联合发布，这一指数是全球第一个基于公司知识产权资产价值的股票指数，OT300 专利指数通过回归分析法建立创新率（创新率 = 专利维持价值/企业资产）评估模型，从 1000 多家流通性最好的美国上市公司中分析筛选出创新率最高的 300 家公司（50 个行业 ×6 家公司）。OT300 专利指数的主要价值就在于在市场对专利技术予以认可之前对公司技术创新的价值进行预测。在指标设计上，OT300 专利指数在目前市场上最为全面，其既有有效专利数量、专利平均维持年限、专利放弃比例等一些基本指标，也有专利单向引证率、专利累计引证率等一些能反映专利质量的指标，还有专利衰退率等能反映专利市场价值的指标，有效专利季度净收入变化、替代旧专利所需新专利数量等一些能反映公司财务发展状况的指标，以及一些能反映公司技术分布情况的指标等。

4. 专利实力记分卡

IEEE SPECTRUM 期刊于 2013 年 10 月发布了美国电气和电子工程师协会（Institute of Electrical and Electronics Engineers，IEEE）专利实力记分卡（Patent Power Scorecard）。专利实力记分卡根据专利实力指数排名，其综合考虑了专利组合的数量和质量，包括五个指标，例如，专利数量及其增长情况、技术影响力（引证次数）、技术原创性（专利组合所引用的专利技术的领域宽泛程度）和技术扩散性（普及性）相关的指标体现的。专利实力指数 = 专利数量 × 专利增长指数 × 技术影响力指数 × 技术原创性指数 × 技术扩散指数。

5. IP score 指标

欧洲专利局在 2015 年 9 月比较了专利价值评估定性和定量方法的差异，

介绍了利用欧洲专利局的资源进行专利价值评估的方法，包括尽职调查法和评级法。其中评级法利用等级评测对某项专利或技术的不同方面进行评估，包括市场条件、财务和技术因素、法律状态及战略目标。欧洲专利局介绍了一款软件工具 IP score，它利用 40 个评估因子对用户提供的专利信息进行分析，得出价值评估结论，并以图表的形式呈现。IP score 可以帮助用户决定是否应该对某项技术提出专利申请、怎么提出申请以及了解与之密切关联的在先专利。

6. 深圳专利价值评估指标

深圳市市场监督管理局于 2014 年 4 月 22 日发布了《专利交易价值评估指南》，其中介绍了对专利价值评估的指标包括法律价值指标、技术价值指标、经济价值指标，其中，法律价值指标包括专利的保护范围、权利稳定性、实施可规避性、实施依赖性、专利侵权可判定性、剩余保护时间、多国申请和授权、专利许可和诉讼状态等；技术价值指标包括专利的先进性、专利所属行业的发展趋势、专利技术的应用范围、配套技术依存的程度、技术竞合程度、可替代性、专利技术的成熟度等；经济价值指标包括专利技术的市场应用情况、许可收益、市场规模前景、市场占有率、竞争情况、政策适应性等。

以上介绍了学术层面的专利价值评估方法以及当前国内外主要专利价值评估体系。实际上，目前市面上已经出现了 20 多种的专利评估指标体系，但目前大多数体系还存在以下几方面的不足：（1）指标零散重复，有的指标在不同的维度中重复应用，又不能完全代表这个维度的特征，造成了这一指标作用的盲目放大，以至于某些指标项稍微一动，会导致评价结果大相径庭；（2）无法量化应用，很多指标无法从数据中得出或者挖掘出，而是靠人为打分或评价，而打分者的经验、专业知识、理解或者判断不同，造成了评价结果的巨大差异，反而引起了无谓的争论。这种随意性也不利于指标体系的标准化和推广传播；（3）缺少数据支撑。在很多指标体系当中，需要一些审查流程数据或者非知识产权数据；（4）缺乏实践验证。虽然这些指标对某些领域的专利或者公司进行了评估分析，但毕竟选择的范围还是极其有限的，更多地是停留在理论研究层面，未对专利进行全量分析，还不能以大数据样本从实际中获得验证。

专利价值评估是专利运营的基础，也是后期高价值专利挖掘的奠基石，如何更加客观而准确地评估专利价值已经成为行业的热点问题。工欲善其事，必先利其器，随着大数据时代的到来，我们亟须开发一种基于大数据的专利价值评估工具，构建更加科学、智能的评估平台，以解决现有评估工具的缺陷，从而智能化地、动态地进行专利价值评估。

5.2.2 专利价值评估项目数据

5.2.2.1 专利价值评估项目中的数据

大数据时代的基础是数据，对于专利价值评估而言，为了确保后续评估的准确性以及及时地动态对评估算法进行调整，专利价值评估平台需要汇聚大量的丰富、发散的底层数据，底层数据的全面性与准确性是专利价值评估准确性的关键因素。因此，对于专利价值评估平台而言，其底层数据包括下列内容。

1. 历史数据

"以史为镜，可以知兴替"，数据本身带有时空的属性，不同时间点的数据影射出的价值是不同的，一方面，可以基于历史评估以及人为标注进行判断评估的准确性，为后续评估因子的调整奠定基础；另一方面，根据随时间变化的系列数据而挖掘潜在的趋势或者变化，从而为后续的发展预测提供数据支撑。

专利价值评估中涉及的历史数据主要包括专利价值评估历史记录数据。

2. 评估维度数据

专利价值评估涉及的项目数据多种多样，其随着评估指标的不同而变化，但从整体来说，主要包括技术数据、市场数据以及法律数据。不管最终选取何种评估指标，其涉及的数据不外乎在这三大类数据中选取。

（1）法律数据

在推崇和鼓励知识产权创新的现时代，专利技术创新显示出前所未有的生命力与竞争力，专利权能否顺利有效地转化为现实生产力，需要有相对完善的法律制度予以支持。专利权还是一种垄断权利，在法律的保障下，专利所有者和使用者才可以垄断实施，获得垄断利益，这是法律赋予权利人因专有权而产生的获利能力。所以在专利价值评估时，必须将相关的法律数据考虑在内，法律数据通常包括专利保护剩余有效期、专利独立性、专利撰写质量、专利保护范围、专利族规模、法律稳定性等多个指标数据。

(2) 技术数据

一般而言,技术数据是影响专利价值评估最基础、最重要的数据之一。专利的技术质量决定了该项专利是否具有价值以及价值的高低,没有技术含量的专利其价值基本为零。技术数据主要包括技术先进性、依赖性、成熟度、应用范围和可替代度等。

(3) 经济数据

经济数据也称市场数据,专利技术在商品化、产业化、市场化过程中带来预期利益,专利技术只有转化成生产力才能真正体现其价值。而专利技术的市场数据一般受多个方面的影响,主要包括国家政策适应性、市场化能力、市场需求度、市场竞争能力、应用创新能力等。

底层数据是大数据的基础,专利价值评估涉及的底层数据不仅包括专利数据,还需要涉及市场数据、司法数据以及其他外部数据,底层数据越全面对于专利价值评估越有利,因而下一节将对专利价值评估涉及的底层数据的可获取性、可分析性进行可行性分析介绍。

5.2.2.2 数据的可行性分析

互联网大数据技术的发展与应用,使得人们收集、存储、管理及分析远远超过传统数据库软件工具能力范围的数据集合成为可能。它的战略意义不仅在于掌握庞大的数据信息,更在于对这些大数据背后所代表的深层意义进行挖掘、加工、分析甚至利用等专业化处理。

对于专利评估而言,目前的专利大数据具有相当的条件来支撑。一是目前我国的专利大数据已经克服了"信息孤岛",形成了统一的格局;二是国家知识产权局从 2010 年开始了全电子化审查,全国所有专利数据都进行集中处理、加工和发布;三是国家知识产权局下属的北京国知专利预警咨询有限公司从 2003 年以来为企业、科研机构、行业组织提供了大量的咨询报告,包括大量的专利分析数据;四是随着中国裁判文书网、中国审判流程信息公开网、中国执行信息公开网、中国庭审公开网等司法公开四大平台的建成运行,司法案件从立案、审判到执行,全部重要节点均实现了信息化、可视化、公开化。专利价值评估的底层数据来源如图 5-1 所示。

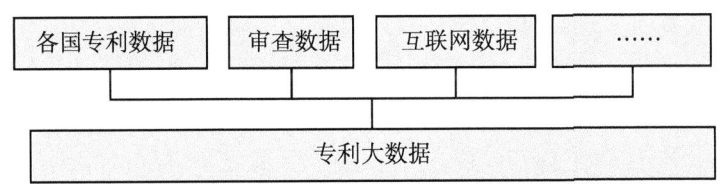

图 5-1 专利价值评估的底层数据来源

专利价值评估的底层数据汇聚了来自专利审查系统内部的专利申请文件、专利著录项目数据、专利授权文件、专利审查过程数据、审查员授权评估数据以及来自互联网数据的司法审判数据、各种政府政策性文件数据、网络技术发展前景评估报告数据、非专利文献引用数据等,还有来自第三章容器存储的专利分析数据,包括技术分解表数据、报告数据、地域分布数据、申请人分布、技术发展趋势等各类分析数据等。

随着大数据时代的到来,专利大数据所蕴藏着巨大的价值也越来越被人们所挖掘。我们可以通过专利大数据的挖掘分析以获得专利价值评估中所需要的指标数据,例如,针对专利价值评估涉及的技术因素,部分数据如技术先进性、可替代度可基于审查员的检索结果、授权时对该专利的评估结果而获得,还可以对专利所属的技术领域的 IPC 分类号进行统计分析,以获得专利技术适用范围的评估,还可以根据第三方高德纳公司提供的年度技术评估结果形成技术发展前景评估结果。本节将从专利价值评估的三个一级维度的指标对二级维度指标数据的可获取性和可分析性进行介绍。

1. 技术数据

(1) 先进性

该二级指标的评估可以由该专利的实审审查员在实质审查过程中进行评估,实审审查员是具有专业背景且具有一定专利审查经验,可与"本领域技术人员"在技术上媲美的技术人员,其在审查过程中还经历了大量的检索,因而该审查员可以从专业角度对技术问题、技术手段、技术效果进行综合考量从而判断本专利的技术先进性。当前,专利审查协作北京中心已经就每个授权案件提供了这样的评估平台入口。

(2) 依赖性

可以从专利的引用和被引用关系来判断依赖性程度,本书中引入依赖比的概念进行考察,所谓依赖比是指该专利的被引用数量除以引用数量,如果引用数量或被引用数量为0，为了便于计算，均赋值为0.8。

（3）技术发展前景

全球最大的IT咨询公司高德纳（Gartner），有一个"技术热门度曲线"模型，该模型认为，一门技术的发展要经历五个阶段。

①启动期（Innovation Trigger）该技术刚诞生，还只是一个概念，不具有可用性，无法评估商业潜力。媒体有所报道，引起了外界的兴趣。

②泡沫期（Peak of Inflated Expectations）该技术逐步成型，出现了个别成功的案例，一些激进的公司开始跟进。媒体开始大肆报道，伴有各种非理性的渲染，产品的知名度达到高峰。

③低谷期（Trough of Disillusionment）该技术的局限和缺点逐步暴露，用户对它的兴趣开始减弱。基于它的产品，大部分被市场淘汰或者失败，只有那些找到早期用户的公司艰难地活了下来。媒体对它的报道逐步冷却，前景不明。

④爬升期（Slope of Enlightenment）该技术的优缺点越来越明显，细节逐渐清晰，越来越多的人开始理解它。基于它的第二代和第三代产品出现，更多的企业开始尝试，可复制的成功使用模式出现。媒体重新认识它，业界这一次给予了高度的理性的关注。

⑤高原期（Plateau of Productivity）经过不断发展，该技术慢慢成为主流。技术标准得到了清晰定义，使用起来越发方便好用，市场占有率越来越高，进入稳定应用阶段。配合它的工具和最佳实践，经过数代的演进，也变得非常成熟了。业界对它有了公认的、一致的评价。

基于专利的所属领域技术利用专业的"技术热门度曲线"模型对该专利的技术发展前景进行评估。

（4）适用范围

通过考察本专利所包括的IPC国际专利分类号数量来考察适用范围情况，一般分类号的数量越多，涉及的分支技术领域越广泛，适用范围也越大。

（5）可替代性

该二级指标的评估与二级指标"先进性"的评估类似，可以由该专利的审查员在专利授权时或者专利授权后对该专利的可替代性进行评估。

（6）成熟度

一项专利技术，大致可分为构思、试验、样品、专利、批量生产和工业化六个阶段。专利技术所处阶段不同，其成熟度也会有差异，并对技术受让方的开发投资产生很大的影响，也直接关系到开发技术的效益，影响技术价值的评估。可以通过查询该专利权人的相关公司介绍以及产品介绍以获取相关结果。

（7）配套技术依存度

专利分类号是对各种专利技术进行分类统计的工具，每一个分类号均对应于不同的技术内容，因此可以通过统计该领域内专利申请中所涉及的分类号的数量来反映配套技术的依存程度，所涉及的分类号数量越多，说明其技术依存程度越大。

（8）产业集中度

如果某一地区在某一领域内的专利申请数量较多，所占比重较大，排名次序较高，说明在该领域内具有一定的技术领先优势，该产业在这一地区的集中度越高。因此，可以通过考察不同地域的专利申请情况来反映产业集中度。

2. 法律数据可行性分析

法律数据，一方面，可以从该专利的自身权利进行提取分析，例如，该专利的权利要求书、授权书，另一方面，可以基于该专利的权利稳定性进行提取分析，例如，该专利的复审、无效、诉讼过程中的文件信息。涉及的部分指标数据可以从专利基本信息，例如，专利申请说明书、权利要求书，以及专利授权通知书、专利著录项目信息、复审决定、无效决定、同族专利个数、代理人、专利登记簿等信息中挖掘分析。

3. 经济数据可行性分析

（1）市场应用情况评估

可以通过分析专利所属领域的专利申请是否有转化、质押、许可、诉讼、无效等情况发生，以及上述情况的数量，进而反映该领域的专利技术市场应用情况。

（2）专利申请规模评估

结合待评估专利采取的技术手段、所要解决的技术问题以及所取得的技术效果，确定出待评估专利的技术领域，并针对该领域的中国专利申请数量进行检索，根据检索结果的数量进行评估。

（3）专利占有率

为了全面准确地反映专利的占有情况，对待评估专利所属领域的各个申请人的专利申请数量和相应的专利权状态进行统计分析，通过授权专利数量和比例来考察专利占有率。

（4）竞争情况

企业类申请人是产品的直接生产者和市场行为的主要参与者，通过统计某领域内的企业类申请人数量，可以反映出该领域内市场竞争情况。

（5）政策适用性

通过检索评估时的国家、地区发展政策、某领域产业现状和发展前景，分析待评估专利的政策适用程度。

（6）专利权人能力

从专利的申请和运营情况来反映专利权人的研发能力和运营能力，具体而言从专利权人的年均专利申请量和专利运营两个方面进行考察。

（7）专利需求关系

通过分析待评估专利所属领域中国专利申请变化趋势来反映技术需求。一般而言技术需求上升时，专利申请量也相应增加；技术需求下降时，专利申请量也相应减少；技术需要动态平衡时，专利申请量也呈现上下波动的状态。

5.2.3　容器与专利价值评估的结合与应用

5.2.3.1　专利价值评估影响因素的选取与分析

法律、技术、经济因素是专利价值评估的上位因素，在具体评估时，仍然需要对其进行更下位的细化，每个影响因素的衡量受多个二级指标数据影响，本节基于专利大数据，选取比较重要的二级指标并对各个二级指标的含义进行分析。

1. 法律因素

专利法律价值度评价指标体系可选取专利主体、专利生命期、多国申请、有无代理人、专利运用、权利要求类型、独立权利要求项数、权利要求项数、说明书页数、保护范围大小、权利要求稳定性等11项评价指标，[1] 各个指标的具体含义如表5-1所示。

---

[1] 杨思思，等. 专利法律价值评估研究 [J]. 高技术通讯，2016，26（8—9）：815—823.

表 5-1　法律指标体系

序号	一级指标	二级指标	释义
1	专利主体	高校 企业和高校 两家以上企业 一家企业 个人	(1) 高校的科研能力较强，但缺乏转化生产的技术和条件，应是鼓励转化的重点 (2) 企业申请、合作申请（两家以上企业、企业和高校的联合）的转化价值度较高，但企业具备转化的技术和条件，很可能已经进行转化，故鼓励转化的意义不大，但可适当扶持其扩大规模 (3) 个人申请的技术研发缺乏连续性，不利于转化后该技术的持续发展
2	专利生命期	具体数值	(1) 生命期的计算方法为：20 -（专利授权年份 - 专利申请年份） (2) 生命期越长，越有助于转化和保护 (3) 生命期越短，虽然其维持了较长年限，专利的价值度高，但可能已经进行了转化，或者没有进行转化的专利，在生命期届满前来不及进行转化的技术和资金准备
3	多国申请	同族数量	申请人可以利用多国申请为自身的产品或技术打入国际市场进行专利布局，从而对其出口的市场和产品进行保护及维护自身的领先地位
4	有无代理人	是否	聘请代理机构有助于提高申请文件的撰写质量，使得专利权更加稳定
5	专利运用	专利许可 专利质押 无变化 省内转让 外省转让进本省专利权人 转让为外省专利权人	(1) 专利权的许可、转让，说明该专利转化价值较高，但很可能已经进行了转化 (2) 对于已经进行质押的专利，说明该专利的价值度较高 (3) 对于权属状态无变化的专利，应是推荐转化的重点

如何玩转专利大数据

续表

序号	一级指标	二级指标	释义
6	权利要求类型	产品	权利要求书用于界定发明标的,权利要求可以按照性质分为产品权利要求和方法权利要求。《专利法》第11条规定,不得为生产经营目的制造、使用、许诺销售、销售、进口其专利产品,不得使用其专利方法以及使用、许诺销售、销售、进口依照该专利方法直接获得的产品 专利法对产品权利要求提供的是绝对保护,保护力度大于方法权利要求
		产品和方法	
		用途	
		方法	
7	独立权利要求项数	具体数值	无效阶段对于权利要求的修改一般不得增加未包含在授权权利要求书中的技术特征。因此,独立权利要求项数、权利要求项数越多,权利相对稳定
8	权利要求项数	具体数值	
9	说明书页数	具体数值	权利要求书并不是孤立的,它是整个包括说明书在内的专利书面文件的一部分。权利要求书必需根据说明书进行阅读,说明书通常是弄清权利要求争议的最佳指南。因此,说明书的页数越多,可以从侧面说明其公开的越充分,越能解释发明的标的
10	保护范围大小	(1) 权利要求保护范围大、保护范围明确	权利要求技术特征少,不存在特殊术语
		(2) 权利要求保护范围大、保护范围较明确	权利要求技术特征较少,可能有对特征的特殊解释等导致保护范围需要结合说明书等予以明确
		(3) 权利要求保护范围中等、保护范围明确	权利要求技术特征适中,且不存在特殊术语
		(4) 权利要求保护范围中等、保护范围较明确,可能存对特征的特殊解释等	权利要求技术特征适中,可能有对特征的特殊解释等导致保护范围需要结合说明书等予以明确
		(5) 权利要求保护范围一般	权利要求保护范围为根据具体实施例有限的变型,或者仅为实施例
		(6) 权利要求技术特征多、保护范围过小	权利要求保护范围为根据具体实施例有限的变型,或者仅为实施例,且技术特征非常多

续表

序号	一级指标	二级指标	释义
11	权利要求稳定性	复审/无效（是否）	在专利审查过程中，如果审查员根据引用的在先技术拒绝过原来的权利要求，专利申请人在对权利要求进行修改后被授予专利权，则说明修改后的权利要求已不包括引用的在先技术。经过复审程序后得到授权的专利，其具备授权的条件已经经过实审和复审两级程序的确认，其授权后的稳定性相对较高。对于经过无效程序或存在第三方意见的有效专利，其与现有技术的争议已经经过实审员或复审委员会的确认，其授权后的稳定性相对较高
		有 XY 文献且保护范围变小	
		有 XY 文献但保护范围不变	
		第三方意见	
		无 XY 文献	

2. 技术因素

专利法律价值度评价指标体系可选取先进性、依赖性、技术发展前景、适用范围、可替代性、成熟度、配套技术依存度和产业集中度等八项评价指标，[①] 各个指标的具体含义参见表 5-2。

表 5-2 技术指标体系

序号	一级指标	二级指标	释义
1	技术特征	先进性	指评估时刻，待评估专利技术在相应技术领域内的领先程度。一般来讲，先进性等级越高，技术领先程度越大，其他生产企业或研究人员越难以赶超或绕过该技术，技术价值度也就越高
2		依赖性	指评估时刻，待评估专利与其他有效专利之间是否存在相互依赖的关系，即一项专利的实施是否依赖于其他授权专利的许可，依赖性包括两个方面的内容：一方面是本专利是否依赖于其他技术，对其他技术的依赖程度越高，受到的限制也就越多，技术价值度相应降低；另一方面是本专利是否被其他专利所依赖，是否为基础专利，被依赖性越高，在一定程度上说明本专利存于相关领域中的核心地位，技术价值度相应增加

---

① 杨思思，等. 专利技术价值评估及实证研究 [J]. 中国科技论坛，2017 (9)：146—152.

续表

序号	一级指标	二级指标	释义
3	技术特征	技术发展前景	指评估时刻待评估专利技术是否符合当前技术发展方向，如果符合该领域的技术发展趋势，则可以说明该技术能够在一定程度上满足现阶段的需要，应用前景较好，技术价值度较高
4		适用范围	指待评估专利技术应用的广泛程度如何，一般而言，应用范围越广泛，可获利的空间就越大，技术发展和改进的方向也越丰富，技术价值度也越高
5		可替代性	指在评估时刻待评估专利技术是否存在相同或类似的替代技术，以及被替代的程度如何。通常而言，替代技术越多，待评估专利的专利权人或目标受让人越难以获得该领域内的技术垄断地位和保持技术优势，该专利的技术价值度也越低
6		成熟度	指评估时刻待评估专利技术在分析时刻所处的发展阶段，如实验研究阶段、中试放大阶段、大规模生产阶段等。例如，乙肝疫苗属于生物技术，在该领域内技术可预期性较低，难以通过逻辑分析或理论技术预测某一技术的能够顺利实施或解决所述技术问题，因而技术价值度判断对成熟度有更高的依赖性。一般成熟等级越高，越符合相应领域内的产业要求，越容易推广和应用，技术价值度也就越高
7		配套技术依存度	指评估时刻待评估专利技术可以独立得到产品，还是需要与其他技术相配合，才能形成完整的产品，一般配套技术依存度越高，受到的技术限制可能就越大，技术价值度将相应降低
8		产业集中度	指在评估时刻待评估专利所属的相关产业在某一地区的产业布局多少，一般相关产业布局越多、越集中的地区，发展该类产业所需的人才储备、技术研发、管理经验、营销渠道等条件越优越，在该地区待评估专利的技术价值度越大

3. 经济因素

经济价值度是从经济角度评价专利的价值，可选取市场应用情况、专利申请规模、专利占有率、竞争情况、政策适应性、专利权人能力、专利需求关系等七项评价指标,[①] 如表5-3所示。

表5-3 经济评价指标

序号	一级指标	二级指标	释义
1	经济价值	市场应用情况	市场应用情况是指评估时刻,待评估专利技术是否已经投入市场使用,以及应用的程度和规模。生物技术的可预期性较差,某一类新技术从产生到市场应用可能需要经历较长时间,考察当前的市场应用情况,可以衡量该类技术是否符合市场需求,以及能否获得较高的市场回报
2		专利申请规模	专利申请规模是指待评估专利所属技术领域截止评估时刻的专利申请总量。该技术领域内专利申请数量越大,说明企业、高校、科研院所、个人等不同类型的申请人为满足市场需要,消耗了一定的时间、人力、物力投入到该领域的技术研发中,并申请专利,从侧面反映出该技术的市场规模越大,获得较高经济收益的可能性也就越大,经济价值度越高
3		专利占有率	专利占有率是指本专利的权利人所持有的有效专利数量占该领域内全部专利数量的比重,该比重越大表明在该领域内权利人的技术优势比较明显,可以对相应技术进行多层次、多角度的保护,所获得垄断权利的范围也越大,有利于后期商品或服务的推广
4		竞争情况	竞争情况是指评估时刻市场上存在的与本专利持有人或目标受让人形成竞争关系的竞争对手及其规模。通常来讲,竞争对手的数量越多,实力越强大,则本专利在推广和应用中所受到的阻力就越大,获得较高经济回报的难度也越大
5		政策适应性	政策适应性是指分析时刻,待评估专利技术是否符合国家或地方政策对于经济发展的相关规定。一般而言,与国家或地区的政策适应性的契合程度越高,越易被推广和应用,进而产生较高经济价值

---

① 杨思思,等.专利经济价值度通用评估方法研究[J].情报学科,2018,37(1):52—60.

续表

序号	一级指标	二级指标	释义
6	经济价值	专利权人能力	专利权人能力是指待评估专利权人团队解决技术问题、促进技术成果转化的能力，保留技术研发能力和成果转化能力两个方面，通常专利权人的研发能力越强，则能够及时解决专利技术适应产业化调整中所遇到的技术问题，实现满足市场需求的大规模生产，成果转化能力越强，则能够与生产单位、监管部门、营销团队紧密配合，保证商品和服务满足社会需要，使得专利技术展现更高的经济价值
7		专利需求关系	专利需求关系是指评估时刻该评估专利技术在当前经济社会环境中的需求程度，通常而言，需求越旺盛，越容易进行推广和应用，也能够获得越多的经济收益，经济价值度也就越大

5.2.3.2 基于容器思想建立的容器模型

国内外各种评估指标都由不同的企业或组织制定，其独立存在于评估市场，各个评估指标涉及的大量数据无法共享与复用，造成大量的数据浪费，每个企业针对同一个指标维度的数据评估结果也不尽相同，导致最终的评估结果参差不齐，也无法基于一个统一的指标对各个评估结果进行衡量。而且虽说专利价值评估的影响因素大致包括三个大类，但是专利价值评估涉及多个评估指标或算法，每种评估算法考虑因素的权重或者计算公式也不尽相同，为了便捷、多样化地对专利价值评估，基于本书第三章介绍的容器思想可复用、可扩展、智能学习挖掘的优点，本节提出为专利价值评估建立基于容器思想的评估模型。

从容器的可复用、可扩展性来说，基于容器的专利价值评估模型包括多个评估算法子容器，每个评估算法子容器包括其对应的算法二级子容器，多维影响因素二级子容器。例如，针对第5.2.1.3节介绍的各种评估指标建立对应的评估算法容器，如图5-2所示。

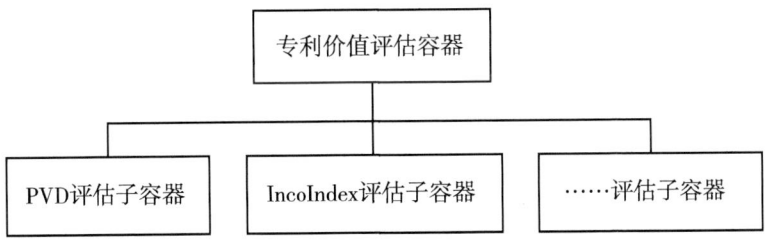

图 5 - 2　专利价值评估容器

每种指标针对的专利价值评估涉及多个维度的数据，以 PVD 指标评估子容器模型来说，该子容器至少包括技术价值一级子容器、法律价值一级子容器、经济价值一级子容器，以及算法一级子容器，如图 5 - 3 所示。

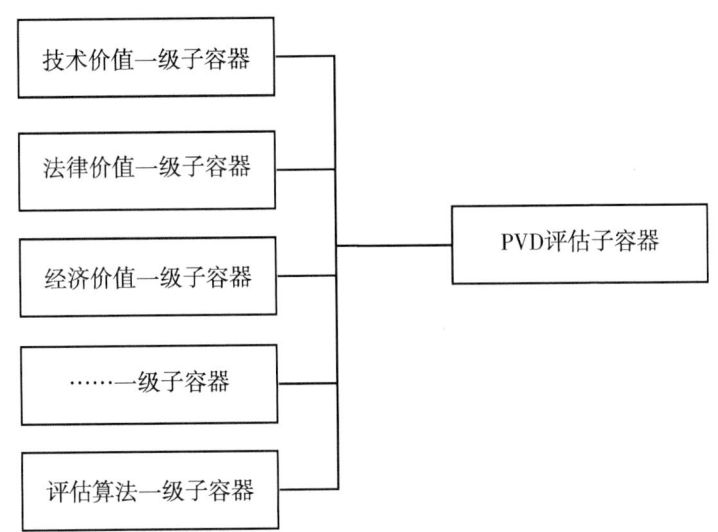

图 5 - 3　PVD 评估子容器

其中，每个一级子容器也可继续包括其下属的二级子容器，例如，技术价值一级子容器可包括先进性二级子容器、依赖性二级子容器、技术发展前景二级子容器、适用范围二级子容器、可替代性二级子容器、成熟度二级子容器、配套技术依存度二级子容器、产业集中度二级子容器、评估算法二级子容器等。以此类推，法律价值子容器和经济价值子容器也可包括其在第 5.2.2.1 节所述的二级指标对应的二级子容器以及对应的算法二级子容器。一级或二级算法子容器包括多个算法子容器，例如，加权平均算法子容器、

如何玩转专利大数据

指数加权平均算法子容器、回归算法子容器，平均算法子容器等各种大数据算法子容器。具体示例如图 5-4 所示。

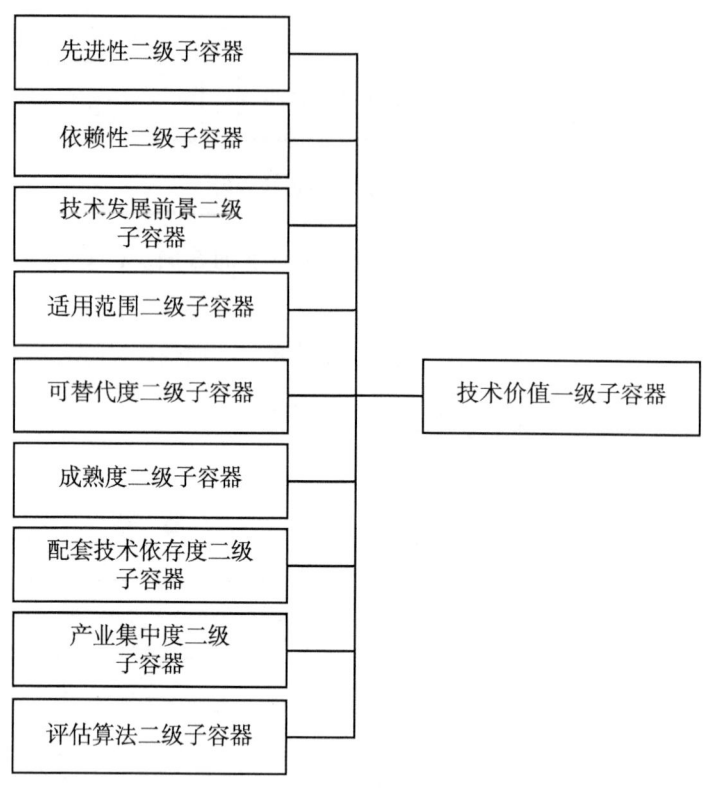

图 5-4 技术价值一级子容器

基于容器模型的专利价值评估，既可以一方面扩展各个二级指标对应的容器模型，也可以扩展一级指标对应的容器模型，同时还能定制化评估指标和评估算法。

在大数据分析领域，当前存在多种智能优化算法，例如，主成分分析法、各种聚类分析算法、决策树算法、层次分析算法。本书第三章介绍的容器技术中容器的"可封装"机制，其可为算法提供统一的数据接口实现算法复用，本节中为了提高算法的复用性能，在专利价值评估体系中建立算法优化子容器，该智能优化算法子容器包括多个算法子容器，其对外提供输入数据的接口以及输出数据的接口，以评估算法的可替换性、可扩展性以及可复用性。例如，现有的专利价值评估指标都是选取评估的维度以及每个维度下的二级指标来进行评估，通常在评估过程中会涉及很多具体的不同维度，但是部分维度实质是相关重叠的，这样容易降低评估的准确性。为了提高评估指标选取的准确性，可以利用容器的智能优化大数据模型，例如，主成分分析法、聚类分析等算法模型对评估指标进行调整或者对评估方式进行优化。算法子容器模型如图 5-5 所示。

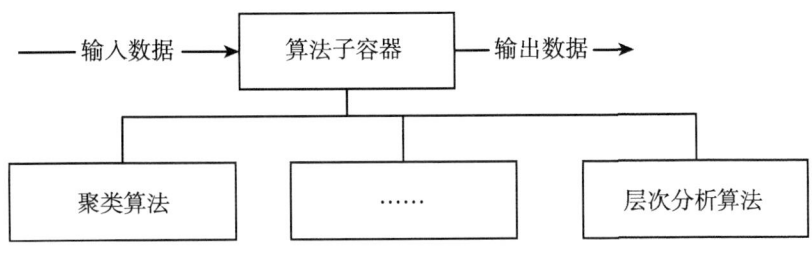

图 5-5　算法子容器

专利价值评估的结果是一个能够评估专利价值的数字值，因此，为了获取各个一级子容器的分值，还需要设置相应的分值映射表容器，其包括各个二级指标与分值的映射关系，具体示例如表 5-4 至表 5-6 所示。

表 5-4　法律维度（LVD）映射表

二级指标	分值				
	10	8	6	4	2
专利主体	企业和高校	2 家以上企业	1 家企业、高校	—	个人
生命期	大于 10 年	7—10 年	5—7 年	3—4 年	0—2 年
多国申请	4 国以上	1—3 国	—	仅本国	—
有无代理人	—	有	—	无	—
专利运用	高	较高	一般	低	较低
权利要求类型	产品和方法	产品	用途、方法	—	—
独立权利要求项数	5 以上	4 以上	3 以上	1 以上	—
权利要求项数	10 项以上	7—9 项	4—6 项	2—3 项	1 项
说明书页数	50 页以上	30—49 页	20—29 页	10—19 页	9 页以下
保护范围大小	A	B	CD	E	F
权利要求稳定性	非常稳定	比较稳定	稳定	不太稳定	很不稳定

表5-5 技术维度（TVD）映射表

二级指标	分值				
	10	8	6	4	2
先进性	很高	较高	一般	较低	低
依赖性	低	较低	适中	较高	高
技术发展前景	爬升期	高原期	启动期	泡沫期	低谷期
适用范围	很大	较大	一般	较小	小
可替代性	无	较小	一般	较多	多
成熟度	高	较高	一般	较低	低
配套技术依存度	低	较低	适中	较高	高
产业集中度	很高	较高	一般	较低	低

表5-6 经济维度（EVD）映射表

二级指标	分值				
	10	8	6	4	2
市场应用情况	活跃	较活跃	一般	—	不活跃
专利申请规模	大	较大	适中	较小	小
专利占有率	高	较高	适中	较低	低
竞争情况	小	较小	一般	较大	大
政策适用性	很强	较强	一般	较低	低
专利权人能力	很强	较强	一般	较低	低
专利需求关系	—	供不应求	供需平衡	—	供大于求

综上所述，在专利价值评估中涉及各个指标子容器、算法子容器以及表容器等多种容器模型，基于容器的可扩展性、数据复用性以及智能优化性为专利价值评估的多样化、准确性奠定基础。

5.2.3.3 专利价值评估容器的应用

基于容器模型的专利价值评估系统可以定制化专利价值评估结果，也可以对评估结果进行修正，以使得评估结果更加客观化。同时，基于容器模型的专利价值评估系统可以横向比对多个指标的评估结果。

以 PVD 指标评估子容器来说，其通常包括三个一级子容器，即技术价值一级子容器、法律价值一级子容器、经济价值一级子容器，各个一级子容器包括其二级指标对应的二级子容器。

PVD 指标涉及的算法公式为：

PVD $= \alpha \times$ LVD $+ \beta \times$ TVD $+ \gamma \times$ EVD，其中，$\alpha + \beta + \gamma = 100\%$。

在对上述指标进行加权计算和评估时，通常是由专家对各个指标的权重进行赋值，从而得出最终的评估值，然而人为赋值的权重受到经验、专业性等因素的限制，因此，本节结合容器思想提出一种多指标评价方法，该方法采用层次分析法进行一级指标的权重确定，在二级指标的权重确定方面，先用主成分分析法对底层指标进行降维，再采用层次分析法对降维后的指标进行权重确定，该方法充分利用容器的可扩展、算法复用以及大数据挖掘学习的特点，提高了评估精度。

层次分析法（analytic hierarchy process，AHP）是一种定性和定量相结合的多目标决策方法，它把一个复杂问题分解成若干组成因素，并按支配关系形成层次结构，然后应用两两比较的方法确定各因素的相对重要性，计算各因素的权重。[1][2]

主成分分析法（principal component analysis，PCA）是目前应用很广泛的一种代数特征提取方法，是一种基于变量协方差矩阵对数据中的信息进行处理、压缩和抽提的有效方法[3]。

具体评估框架如图 5-5 所示。在本节提出的评估方法的二级指标中，存在的主要问题是，指标值太多且相互之间具有一定的相关性，容易造成评价结果过拟合，使结果不能准确评估专利的价值。因此，本节先采用 PCA 算法对第 5.2.3.1 节中的二级指标进行降维，然后采用层次分析法对降维后的指标进行权重确定。

---

[1] 刘雨微，等. 基于层次分析法的控制系统性能评估 [J]. 计算技术与自动化，2014，33 (4)：6—10.

[2] 高起蛟，等. 层次分析法（AHP）在数据质量评估中的应用 [J]. 信息技术，2011 (3)：168—173.

[3] 朱明早，等. 一种广义的主成分分析特征提取方法 [J]. 计算机工程与应用，2008，44 (26)：38—40.

如何玩转专利大数据

在 PCA 算法中，数据从原来的坐标系转换到新的坐标系，新坐标系的选择是由数据本身决定的。第 1 个新坐标轴选择的方向是原始数据中方差最大的方向，第 2 个新坐标轴的选择和第 1 个坐标轴正交且具有最大方差的方向。该过程一直重复，重复次数为原始数据中特征的数目，而大部分方差都包含在最前面的几个新坐标轴中。因此，可以忽略剩余的坐标轴，即对数据进行了降维处理。

实现该算法的具体步骤如下：
（1）对原始数据进行归一化预处理；
（2）对归一化之后的数据计算协方差矩阵，然后计算该协方差矩阵的特征值和特征向量；
（3）对特征值进行排序，选择最大的 N 个特征值对应的特征向量；
（4）转换原始数据到上述 N 个特征向量构建的新空间中。

根据 PVD 指标的计算公式可知，在对原始数据降维后，还需要确定新空间中的 N 个特征的权重，如图 5-6 所示，采用层次分析法确定一级、二级指标权重。层次分析法的基本思想就是将组成复杂问题的多个元素权重的整体判断转变成对这些元素进行"两两比较"，然后再转为对这些元素的整体权重进行排序判断，最后确立各元素的权重。

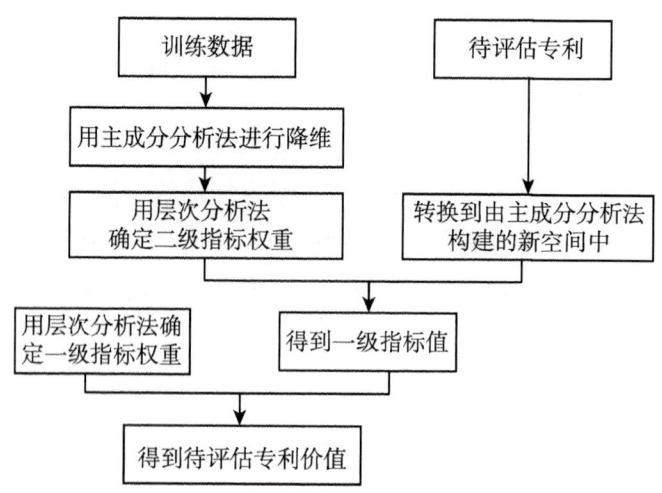

图 5-6　PVD 专利价值评估整体框架

权重确定的具体步骤如下:

(1) 建立递阶层次的评价指标体系,即第5.2.3.2节中介绍的映射表容器模型中包含的法律、技术、经济一级指标,以及各个一级指标在表容器模型中的二级指标。

(2) 构建各层次中的判断矩阵,邀请领域专家对同一层次,即一级指标、二级指标的指标进行两两比较,其比较结果以1—9标度法表示,各级标度的含义如表5-7所示。

表5-7　1—9标度的含义

标度	含义
1	两个因素重要性相同
3	前一个因素比后一个因素稍重要
5	前一个因素比后一个因素明显重要
7	前一个因素比后一个因素强烈重要
9	前一个因素比后一个因素极端重要
2,4,6,8	为上述相邻判断的中值

(3) 对于同一层次的N个指标,可得到判断矩阵 $A = (a_{ij})$,判断矩阵中的值应满足下列条件:

$$a_{ij} > 0, \quad a_{ij} = \frac{1}{a_{ij}}, \quad a_{ij} = 1$$

(4) 计算指标权重,求出判断矩阵的最大特征根 λ_{max} 及相应的特征向量 W_0,W_0 即为各指标的权重。

(5) 一致性校验,计算随机一致性比率:

$$R_C \frac{I_C}{I_R}$$

其中,I_R 为平均随机一致性指标,$I_c = (\lambda_{max} - n)/(n-1)$ 为一致性指标,若 R_C 小于0.1,则认为判断矩阵具有满意的一致性,所确定的权重较为合理,否则返回步骤(2)重新调整。

表5-8为初始PVD评估子容器的权重分配以及建立的一级、二级子容器方式:

表 5-8 初始 PVD 评估子容器的各级子容器与权重分配

权重	一级子容器	二级子容器	权重
0.38	技术价值（TVD）	先进性	0.15
		依赖性	0.1
		技术发展前景	0.15
		适用范围	0.1
		可替代性	0.15
		成熟度	0.15
		配套技术依存度	0.1
		产业集中度	0.1
0.3	经济价值（EVD）	市场应用情况	0.1
		专利申请规模	0.15
		专利占有率	0.15
		竞争情况	0.15
		政策适用性	0.15
		专利权人能力	0.2
		专利需求关系	0.1
0.32	法律价值（LVD）	专利主体	0.05
		生命期	0.1
		多国申请	0.1
		有无代理人	0.05
		专利运用	0.1
		权利要求类型	0.05
		独立权利要求项数	0.05
		权利要求项数	0.1
		说明书页数	0.1
		保护范围大小	0.15
		权利要求稳定性	0.15

由于经济、技术价值容易受时间因素影响，通过图 5-5 的评估框图，可以随时训练数据，对表 5-8 中的二级指标进行降维，并通过层次分析法更新

一级指标权重、降维后的二级指标权重，从而可获得如表5-9的指标及其权重结果。

表5-9 更新后的PVD评估子容器的各级子容器的权重分配

权重	一级子容器	二级子容器	权重
0.41	技术价值（TVD）	先进性	0.25
		技术发展前景	0.25
		可替代性	0.15
		成熟度	0.15
		配套技术依存度	0.2
0.36	经济价值（EVD）	市场应用情况	0.3
		专利占有率	0.25
		竞争情况	0.25
		专利需求关系	0.2
0.23	法律价值（LVD）	生命期	0.2
		多国申请	0.15
		专利运用	0.15
		权利要求项数	0.3
		保护范围大小	0.2

基于与PVD指标评估子容器相似的原理，还可以为专利价值评估容器相继建立IncoIndex指标评估子容器、OT300指数评估子容器、IPScore指标评估子容器等。而在各个子容器建立过程中，部分二级指标子容器可以进行共享复用，比如对于IPScore指标评估子容器中的技术因素一级子容器，其对应的二级子容器可以部分选取PVD指标评估子容器中的技术价值一级子容器对应的部分二级子容器，IPScore指标评估子容器中的法律因素一级子容器，其对应的二级子容器可以选取PVD指标评估子容器中的法律价值一级子容器对应的部分二级子容器数据。再者，当用户对于加权评估的算法评估结果不满意，或者对于PVD指标的权重子容器获得的评估结果不满意时，其可以运用大数据优化算法子容器调整权重子容器或者增加新的权重子容器以扩展或调整PVD指标的评估结果。

虽然专利价值评估指标千变万化、层出不穷，但是基于容器思想汇聚的专利价值评估系统，为评估指标的扩展、评估数据的复用提供了便捷的接口，用户可以在专利价值评估容器中扩展 N 个评估子容器，也可以复用各个子容器的算法或者子容器数据，同时历史评估结果数据可以作为待评估专利的训练样本，对其进行大数据算法优化学习可以调整评估算法的权重或者指标，从而提高待评估专利的准确性。

5.3 容器在高价值专利挖掘中的应用

习近平总书记在中央财经委员会第二次会议上强调：关键核心技术是国之利器，对推动我国经济高质量发展、保障国家安全都具有十分重要的意义，必须切实提高我国关键核心技术创新能力，把科技发展主动权牢牢掌握在自己手里，为我国发展提供有力科技保障。

专利应进一步发挥其优势，为关键核心技术成果的培育提供技术供给，为关键核心技术的保护提供制度供给。现阶段，我国正在建设知识产权强国，高价值专利的培育，有助于帮助更多的中国企业迈入全球价值链的中高端，有利于我国经济发展、科学进步和社会繁荣。

5.3.1 高价值专利挖掘概述

党的十九大报告提出，"强化知识产权创造、保护、运用"，其源头是提高知识产权的供给能力，而高价值专利的培育要克服技术前瞻性与市场滞后性之间的矛盾，提高企业知识产权创造的能力，为核心技术向自主知识产权转化提供源头活水。

5.3.1.1 高价值专利的概念

专利制度的本质是通过对创新主体提出的创新技术方案赋予一定期限的垄断权，以激发创新，从而促进全社会的科技创新和社会进步。在国际层面看，发达国家创新性经济发展步伐加快，专利质量和保护水平不断提升，为发展中国家带来新的挑战。在国内层面看，我国经济发展进入速度优化、结构优化、动力转换的新常态，改革进入深水区，供给侧结构性改革任务艰巨，对创新水平和专利质量提出了更高的要求。此外，当前我国高价值专利数量不足、运用不够，大量发明专利的价值有待挖掘，影响专利价值的体现。因此，培育高价值专利符合我国当前发展的现实需求①。

什么是高价值专利？不同的判断主体会依据不同的标准进行判断。对以盈利为目的的市场主体而言，能为其带来丰厚可观的经济收益的专利即为高价值专利；对创新主体而言，能使其在技术上具有主导优势的专利即为高价值专利；而对于国家和地区的管理者而言，能够更好地促进科学技术进步和经济发展的专利即为高价值专利。②可见，在进行高价值专利的挖掘工作之前，首先需要明确什么是高价值专利。

专利价值共包括技术、法律、市场、战略、经济五个维度。③专利权是法律意义上的一种私有财产权，专利的法律价值是专利权能够存在并发挥价值的根基，是专利技术价值以及市场价值的保障。因此，一项专利权利受到法律保护的坚实程度，是一件专利技术实现是否受到法律保护的保障，是专利是否具有价值的一票否决的因素。

对于企业而言，专利的市场价值与其所能产生的经济效益有直接关系，因此，在专利权的策略制定中，经济效益是其直接驱动力。在当前阶段或预期未来的一段时间内，能在市场上应用并获得主导地位或竞争优势并获取巨额收益的专利，均属于真正现实意义上的高市场价值专利。从高价值专利与技术价值和法律价值之间的关系上看，高市场价值的专利技术又必须同时具备技术价值和法律价值。

在激烈的全球商业市场竞争中，高价值专利或者能够用于较强的攻击和威胁竞争对手，或者能用于构筑牢固的技术壁垒，或者能作为重要的谈判筹码，或者兼而有之。因此，越来越多的企业在专利申请时，基于一定战略考量，在某些技术领域布局基本专利和核心专利，或者为了应对竞争对手而在核心专利周围布置具备组合价值或战略价值的钳制专利，这些专利除了具备

---

① 马天旗，等. 高价值专利培育与评估[M]. 北京：知识产权出版社，2018：1—5.
② 白光清，等. 医药高价值专利培育实务[M]. 北京：知识产权出版社，2017：1—14.
③ 马天旗，赵星. 高价值专利内涵及受制新都探究[J]. 中国发明与专利，2018（3）：24—28.

基本的技术价值和法律价值之外，还具有极高的战略价值，属于高战略价值专利。

狭义上讲，高价值专利是指具备高经济价值的专利，也就是说，高经济价值成为高价值专利的充分条件。对于高市场价值或高战略价值，均需要以技术价值为基础、以法律价值为保障。此时，较高的技术价值和较高的法律价值是高价值专利的必要条件，而非充分条件，必须实现高市场价值和高战略价值，才能最终成为高价值专利。广义上讲，高价值专利涵盖了高市场价值和高战略价值专利。因此，通常使用高价值专利广义的概念，即高市场价值专利和高战略价值专利的并集作为高价值专利的定义。

高价值专利的产生贯穿专利创造、申请、审批等多个环节，是我国经济、科学及社会发展进入一个新阶段的必然产物，而专利的挖掘技术的应用是保障高质量专利创造及申请的有效手段。

5.3.1.2 高价值专利挖掘的意义

内容分析在电子信息普及之前就已出现。Vannevar Bush作为政府主要研究基金的鼓吹者，在20世纪30年代讨论过一种叫作memex的设备，使用这种设备，个人将自己所有的书、唱片和通讯录都储存在其中，并且将它机械化以便于快速灵活地查找。对于技术挖掘而言，更重要的是memex孕育了一种系统，可以让创意在一个复杂和进化的系统中联系起来。Vannevar Bush的思想是数据挖掘的重要启蒙。[①]

创新主体对技术进行挖掘的目的是利用技术优势获得商业利益。专利挖掘是指在技术研发或产品开发中，对所取得的技术成果从技术和法律层面进行剖析、整理、拆分和筛选，从而确定用以申请专利的技术创新点和技术方案。[②] 专利挖掘就是从创新成果中提炼出具有专利申请和保护价值的技术创新点和方案，让科研成果得到充分保护，从而使科研过程中付出的创造性劳动得以回报，以申请专利的形式将技术创新确定下来，是一项极富技巧

[①] Alan L. Porter，等. 技术挖掘与专利分析 [M]. 陈燕，等，译. 北京：清华大学出版社，2012：12—22.

[②] 专利挖掘，搜狗百科 [OL] [2018–05–28]. https：//baike. sogou. com/v174474363. htm? fromTitle = % E4% B8% 93% E5% 88% A9% E6% 8C% 96% E6% 8E% 98.

的创造性活动。

专利挖掘处于企业专利工作的前端，对后期的专利管理、运用和保护有着深远的意义，是企业专利工作的基础。[①]

高价值专利的挖掘应该从技术维度起步。专利法规定，发明，是指对产品、方法或者其改进所提出的新的技术方案。实用新型，是指对产品的形状、构造或者其结合所提出的适于实用的新的技术方案。外观设计，是指对产品的形状、图案或者其结合以及色彩与形状、图案的结合所作出的富有美感并适于工业应用的新设计。专利所要保护的是能够解决技术问题的技术方案，所以高价值专利具备一定的技术含量和技术先进性。在专利挖掘过程中，要识别出具有价值的技术，首先，要选择与现有技术相区别的技术；其次，要选择能够让产品性能优势突显的技术；最后，还要考虑到该技术的实施难易程度以及是否能获得市场的认可。

高价值专利的挖掘应重点关注法律维度。一件专利申请，即使技术挖掘得再好，布局规划得很完备，如果不能获得专利授权，或者专利权不稳定，甚至不能有效维护企业自身的利益，那么这样的专利权往往起不到真正的作用，不能称之为高质量专利。因此，专利权的坚实程度是一件专利技术能够真正实现其价值的有效保障。权利要求书的好坏是专利保护力度的重要体现，权利要求保护的范围应与实际贡献相当。通过专利组合可以实现多个技术点之间有序的、集团的和阵地化的排布。高价值专利的价值主要体现在经济利益上，是否能带来可观的经济利益仅靠单一的专利是难以实现的，它要靠一系列的专利组合来实现，并且这些专利组合应当在彼此之间起到相互支撑的作用。以网状的、树状的或伞状的形式对专利进行布局，覆盖到产品上游的材料和半成品等，从而使得整体上的专利布局规划更具有强大的威慑力。

5.3.2 高价值专利挖掘项目数据

专利数据是公认的兼具技术价值、法律价值和商业价值的信息数据。传统的专利挖掘方法主要采用简单的文本分析法并辅以数学统计方法。随着专

---

① 杨铁军，等. 企业专利工作实务手册[M]. 北京：知识产权出版社，2013：53—71.

利数量的迅速增长，传统的专利挖掘方法难以适应新的用户需求，如何挖掘到深层的、更为有用的信息成为专利挖掘领域亟须解决的问题。

5.3.2.1 高价值专利挖掘项目中的数据

专利挖掘的基础是专利文献中的基本信息以及已有的专利分析项目报告以及过程中产生的文档、图表，还包括 Html、演示文稿以及电子表格等。基本信息包括发明人、申请人、申请日、国别、申请人地址、公开号、公开日、分类号、权利要求书、说明书、说明书摘要等，通过对这些信息进行统计分析和挖掘，不仅可以掌握技术发展状况、展示技术发展的轨迹、揭示产业领域内技术的发展趋势、了解技术竞争态势，还可以监测竞争对手在行业内的市场经营活动以及技术研发动向等。

高价值专利挖掘关注专利数据的技术信息数据、法律信息数据和经济信息数据。为了将专利文献以及以往的分析项目，甚至审查过程中的数据转为高价值专利挖掘所使用的包含大量的技术信息、法律信息和经济信息的数据，首先需要对这些数据进行分类和聚合。例如，技术信息数据，通常将其分类为技术领域、技术问题、技术效果、技术手段；在每个分类下还可以进行再次分类，例如，技术子领域1，2，…，N。这种分类的方法是可以对某个维度分支进行不断细分的。此外，高价值专利的技术信息，不仅需要考虑技术本身的特征，还需要从技术先进程度、技术成熟程度以及技术的应用广度等方面进行考量。

专利的法律状态分析是专利价值评估的重要组成部分，一般包括专利的法律状态、稳定性、保护时间、可规避性、多国申请（同族专利数）、专利许可状态等衡量指标。专利法律状态信息的类型多样，中国发明专利按审查情况可分为公开、实质审查、有权及失效四类。专利的稳定性可以从复审信息、有无第三方信息、原始申请的权利要求与确权阶段的权利要求分析保护范围的变化等几个方面得出。专利的保护范围可以将时间和地域列为其参考指标。同时，专利被引用次数、专利族大小、专利寿命、专利异议和专利诉讼等指标既可以作为法律状态的指标，又可以用于评价专利的经济价值，而评估专利的经济价值中的许多指标与专利的法律价值也是密切相关的。

专利的经济价值是专利在商品化、产业化的过程中带来的预期利益。预期利益是在市场竞争的环境中，由专利技术所使用的市场以及对专利进行评估的机构等作出的价值判断。经济价值不仅关注专利在当前市场环境下的收益，更关注在未来的市场环境下的预期利益。由于市场价值带有预测性质，需要进行评估，才能确定价值，反映经济价值的指标通常是多个数据的加权和或者是通过构建模型计算出来的。

5.3.2.2 数据的可行性分析

基于专利分析的专利信息挖掘就是指在研发过程中，对所取得的技术成果从技术层面进行剖析、整理、拆分和筛选，对专利文献进行技术及法律层面的信息分析，从而确定用以申请专利的技术创新点和技术方案。简言之，就是从创新成果中提炼出具有专利申请和保护价值的技术创新点和技术方案。而高价值专利的挖掘，则是在技术价值的维度之上，还要考虑法律维度和经济维度。通过对权利要求的保护范围分析，找出权利和技术上的空白点，不但可以了解技术的自由实施度，还可以设计专利侵权风险的合理规避方案，而且可以为技术的申请规划权利空间，以保证顺利获得授权并得到最大的经济利益。

对于专利公开文献而言，权利要求书、法律状态以及著录项目中的申请人、发明人、代理人等信息都是专利挖掘中会关注的信息点。对于专利分析报告而言，通常是字符、表格或图表的形式。由于上述数据分散在不同的专利文献、分析报告以及图表中，需要对上述数据进行处理，才能形成项目可以直接使用的数据。高价值专利挖掘关注专利数据的技术、法律和经济三个维度，因此，要对数据按照以下三个类别进行分类，在每个类别下再细分出众多的子类，以对一篇专利文献或者一份报告中的数据进行标注。表5-10示例性表示对技术和法律维度数据进行分类和聚类的指标，以及这些指标的数据来源。在实际的项目中，可以根据需要对技术维度或法律维度中的一级/二级子类进行细分，也可以在二级子类中再分三级子类，甚至可以扩展至N级子类。

表 5–10 常用技术维度信息和法律维度信息

类别	一级子类	二级子类	指标含义	数据来源
技术维度信息	技术领域	光操纵技术	技术所属的类别标识	专利文献中的分类号、权利要求书、说明书
		光测量技术		
	技术问题	制作光学器件	发明人在创新活动中所遇到的困难/瓶颈	专利文献中的说明书、已有专利分析报告
		光测量装置		
		测量波向差		
	技术手段	光衍射法	为了解决问题而使用的技术构思	专利文献中的权利要求书、说明书、已有专利分析报告
		重定向光束		
	技术先进程度	专利类型	先进性技术在产生时一般是凝聚了较多的科学力量，技术成果相对于本领域其他技术处于领先地位，为了使其价值最大化，通常会选择稳定性和保护时效具有突出表现的发明	申请号/公开号
	技术成熟程度	审查员引用数量	一项专利被审查员引用的次数越多，表明其越基础，技术先进程度越高	审查过程中产生的数据
		专利引用文献数量	引用的文献（包括专利文献和非专利文献）数量可以表明目标专利吸收现有技术的程度，引用数量越多表明越成熟	专利文献中的说明书、已有专利分析报告
		自引专利数量	自引表示吸收了自己以往的技术，自引数量高、表明技术积累雄厚、技术成熟度高	专利文献中的说明书、已有专利分析报告
		分类号数量	主分类号和副分类号的数量总和，总和越多表示技术应用越广	分类号

续表

类别	一级子类	二级子类	指标含义	数据来源
法律维度信息	权利保护范围	权利要求保护范围	根据独立权利要求数量,实施例数量越多,表示保护越全面	专利文献中的权利要求书、说明书
		布局国家数量	表明目标专利地域保护范围	同族信息
		存活期	表明目标专利时间保护范围	申请日、公布日、授权日
	权利稳定性	目标专利/同族经历无效后确权	经历无效后确权代表专利稳定性强	审查过程中产生的数据
		目标专利/同族经历复审且获权	经历复审后获权代表专利稳定性强	审查过程中产生的数据
		是否聘请代理人	聘请代理人的专利撰写质量高于没有聘请代理人的	代理人信息

当前,业界普遍认可的专利权经济价值是从专利制度本身入手,认为专利权经济价值是以专利文献为载体,以专利行政机关授予的排他性权利为核心,以司法机关的司法确认为边界,借由权利人行使而呈现经济价值。以动态的视角来看,专利权经济价值至少经历专利权获得和专利权运用两个阶段。专利权获得阶段,技术先进程度、技术成熟程度、技术应用广度等技术价值影响指标对专利权获得有直接作用。专利权运用阶段,技术价值的高低、政策上的激励及优惠措施、市场需求、产品竞争力、专利权人实力以及运用方式的选择等均影响专利权运用结果,进而影响专利权经济价值的体现。对于单件专利,市场价值主要体现在市场当前应用情况或市场未来预期情况,衡量市场当前应用情况或市场未来预期情况是要充分考虑当前或未来的竞争情况和政策环境。表5-11示例性表示对经济维度数据进行分类和聚类的指标,以及这些指标的数据来源。在实际的项目中,可以根据需要对经济维度中的一级/二级子类进行细分,也可以在二级子类中再分三级子类,甚至可以扩展至N级子类,还可以重新自定义经济维度的数据类别及其子类别。

如何玩转专利大数据

表 5-11 常用经济维度信息

类别	一级子类	二级子类	三级子类	指标含义	数据来源
经济维度信息	技术发展预测	当前市场应用情况	市场规模	目标专利持有者在技术领域的专利拥有量，本技术领域由 IPC 小组确定	分类号，已有专利分析报告以及过程中产生的文档、图表，Html、演示文稿以及电子表格
			市场占有率	目标专利持有在本技术领域的专利拥有量占该技术领域的专利总量的比值	
		未来市场预期	布局国家数	同一发明创造在不同国家和/或地区提交专利申请和/或获取专利权的数量	分类号，审查过程中产生的数据，已有专利分析报告以及过程中产生的文档、图表，Html、演示文稿以及电子表格
			三方专利（同族在五局中的审查状况）	代表国际竞争力较高的专利技术是否能够经得起三方考验，如果能，代表具有较高的市场价值	
	战略价值预估	竞争能力	目标专利许可频次	许可频次代表目标专利对竞争对手的攻击力度	同族信息，许可信息，已有专利分析报告以及过程中产生的文档、图表，Html、演示文稿以及电子表格
			布局国家数	代表专利的国际市场开拓趋势	
		影响力	目标专利首次被引用与最近一次被引用的时间跨度	时间跨度越大，代表在时间上的影响力越大	专利文献中的说明书，已有专利分析报告以及过程中产生的文档、图表，Html、演示文稿以及电子表格
			目标专利的专利权人在本领域拥有的专利数量	目标专利权人拥有的专利总量越多，代表防御能力越强	
			目标专利的专利权人在本领域的专利申请速度	目标专利权人专利申请速率越大，代表持续且高效构建防御网络的能力越强	

专利挖掘的数据来自专利文献中的基本信息以及已有的专利分析项目报

告以及过程中产生的文档、图表，还包括 Html、演示文稿以及电子表格等。这些数据源的格式不一，且数据零散地存储在上述源中，为了得到能够在专利挖掘项目中便利地使用上述数据，需要使用更为有效的存储及运算工作对上述数据进行处理。

5.3.3　容器与高价值专利挖掘项目的结合与应用

现有专利挖掘的工具或者不支持专利大数据分析，或者因为语义 TRIZ 存在"结构简单、粒度较粗、领域较泛"等局限，不能很好地利用已有的专利分析成果进行专利的挖掘工作。[1] 容器思想在于解决专利大数据的复用问题，容器处理在高价值专利分析过程中，对数据进行加工处理，容器经过分类、提取关键信息、分析运算之后，可以得出各种类型的分析结果并进行存储。从各个维度对专利进行分析后，可以得出技术分析表，形成技术的脉络，从而得到高价值专利涉及的关键技术点之间的关系。

5.3.3.1　高价值专利挖掘项目中影响因素的选取与分析

专利文献中既包含技术信息，也包含法律信息，说明书和权利要求书是专利文献的核心部分。[2] 说明书扉页和权利要求书是专利法律信息最重要、最有效的信息来源。专利说明书扉页揭示了专利的基本法律状态信息，而权利要求书清楚、简要地表述了专利技术请求保护的范围，经审查授权后可以作为判断是否侵权的法律依据，也是确定产品生产国，或准备输出和引进时不致造成侵权的法律依据。

专利的技术分析包括数据的收集、筛选、清洗等步骤，其目的是要寻找文献和信息域中项目事件之间的关系，并通过分析回答技术管理中的问题。例如，通过对专利文献数据的检索，寻找相似的技术方案或文件；从技术层面挖掘具有高影响力的核心专利；从技术层面预测未来可能具有较广阔应用前景的专利；分析现有技术到理想技术可能及优选的技术路径；结合专利著录项信息，构建专利异构信息网络，挖掘网络中不同类型的节点分布、关联、

---

[1] 胡正银，等．面向 TRIZ 的领域专利技术挖掘系统设计与实现［J］．图书情报工作，2017（1）：117—124．

[2] 文庭孝，李俊．专利法律信息挖掘研究进展［J］．图书馆，2018（4）：18—27．

演化等信息；挖掘领域技术问题、解决方案等技术信息及成份、应用等知识对象，提供可视化技术导航服务；挖掘领域技术主题分布；挖掘领域核心基础技术、新兴技术、萌芽技术等；展示技术发展历程；分析现有技术在其他领域的重用潜力。专利技术地图是一种为企业指明技术发展方向的有效手段，总结并分析技术分布态势，特别可以用于对竞争对手专利技术分布情况进行监视，将使企业做到知己知彼。专利技术地图在专利信息利用中起到承上起下的重要作用，承上是指将检索到的专利信息，经过整理、加工、综合和归纳，以数据的形式归入一张图表中，可供定量分析和定性分析之用；启下是指通过对专利地图的对比、分析和研究，可作出预计和判断，从而得到可以利用的技术水平、动态、发展趋势等情报，为企业指定经营战略、专利战略、选定开发目标等服务。[①]

当然，高价值专利的挖掘除了按照现有的挖掘方法进行之外，在挖掘技术价值维度时，甚至要同时考虑法律因素以及经济因素。例如，已经通过技术挖掘获得了可以进行申请的技术方案，那还应当考虑：该技术进行专利申请的前景如何？如果能够获得授权，被无效的可能性有多大？该技术申请的保护范围如何？竞争对手能否轻而易举地想到其他替代方案？侵权行为能否容易地被发觉和识别？该技术是否先进，是否比其他技术更领先？如果领先，那么是否成熟，离产业化还有多远？如果要进行产业化，那么是否还需要依赖其他技术，成本是多少？此外，还有没有更有竞争力或可能替代的技术？商业上的应用前景和广度如何？

因此，高价值专利的挖掘是以专利的技术价值为内在体现，用法律价值辅以保护，并预期经济价值的一个综合过程。高价值专利最终是以专利在市场中的使用以及交易的过程来体现的，是质量和价值的综合体。[②]

5.3.3.2 基于容器思想建立专利挖掘项目容器模型

想要建立专利项目容器模型，需要确定数据源。例如，专利分析报告，数据源可以是专利分析报告、专利文献、专利图表，这些数据的关系往往十

[①] 岑咏华，等. 面向企业技术创新决策的专利数据挖掘研究综述：上 [J]. 情报理论与实践，2013, 33（1）：120, 125—128.

[②] 马天旗，等. 高价值专利筛选 [M]. 北京：知识产权出版社，2018：1—7.

分复杂，其特点为多源、异构、高维。当需要进行高价值专利挖掘时，零散多样、格式不一的数据对于专利的挖掘是十分不利的。我们需要建立一个可复用、标准化的数据组织形式模型来便于高价值专利的挖掘，容器在此就起到了至关重要的作用。

我们知道，容器的三大特点就是"数据封装""便于处理高维""可复用性"。"数据封装"可以使得容器兼容各种来源、各种格式的异构数据，而对外表现为同一来源、同构的数据。"便于处理高维"是指能够适应高维度数据的处理，包括多层嵌套的数据处理。"可复用性"是指能够使得容器中的数据随时可以为不同的专利挖掘项目所使用。

基于容器的专利挖掘就是让用户从技术、法律、经济三个角度探索和分析数据集，在高价值专利的挖掘中，同时考虑这三个维度的指标。由于容器具备数据封装的特性，在进行挖掘之前对异构的数据源根据技术、法律和经济三个维度对数据源进行预处理，使得异构数据经过处理后形成容器中的扁平化的数据，对外体现为同构数据。举例来说，我们可以这样定义专利容器中的一条专利，从技术、法律、经济三个角度进行描述，我们利用容器的层级嵌套特性来定义专利模型，下面为抽象模型的建立过程：顶层为专利条目（patent item），并嵌套技术、法律、经济三个子容器。首先，定义嵌套的三个子容器：技术子容器、法律子容器、经济子容器；接下来，在技术子容器中定义技术效果、技术领域、技术功能等指标；同理，在法律子容器和经济子容器中也可以定义相关的下一级指标。经过上述对数据源的处理，所有专利都已经过扁平化处理并被存放在容器中，并且这些数据均为可复用的数据。

基于上述模型进行高价值专利挖掘的过程，需要我们给出一些高价值专利指标，以下为专利分析常用的指标与高价值专利挖掘所对应的分析维度的对照表，从表5-12中可以看出，例如，技术领域分布这项指标，在类别划分中属于技术内涵指标，即测度，但是在高价值专利挖掘分析时，其可以同时属于技术、法律及经济维度。

表5-12 专利分析常用的指标与高价值专利挖掘所对应的分析维度的对照表

指标类型	指标名称	指标内容	分析维度
技术内涵指标	技术构成及分布	统计分类号以及地域	技术
	技术人员分布	统计申请人/发明人/专利权人的地域及国别	技术/法律
	技术领域分布	统计分类号所属的技术领域	技术/法律/经济
	技术脉络分析	对分类号进行聚类分析	技术
创新趋势指标	技术生命周期	按年度统计专利申请量、专利权人数量，绘制生命周期曲线	技术
	专利权人动向	按年度统计专利权人数量	法律/经济
	技术趋势分析	按年度统计分类号分布数量	技术/经济
	技术创新的研发分布	按专利权人国别统计专利数量	法律/经济
法律状态指标	专利权人/发明人专利受权率	专利授权量与申请量之比	技术/法律
	专利权人/发明人专利存活率	专利存活量与申请量之比	技术/法律
	专利被引用次数	专利文献被其他专利引用次数	法律/经济
竞争对手指标	专利权人/发明人研发力	发明人/申请人专利申请数量分析	法律/经济
	专利权人/发明人年度申请量	发明人/申请人专利申请数量年度分析	法律/经济
	专利权人/发明人技术构成	从发明人/申请人角度分析专利分类号分布	技术/法律/经济
	新进入/退出者	按照分类号绘制专利权人申请数量曲线	技术/法律/经济

在基于上述指标进行高价值专利挖掘的过程中，我们同样运用容器思想，在利用高价值专利指标筛选的过程中，将高价值指标通过容器的形式表示，例如，顶层为一个高价值指标筛选条目，如技术指标子容器、法律指标子容器和经济指标子容器。

技术高价值指标子容器又可以分解为：效果1，2，…，N；特征1，2，…，N；领域1，2，…，N等。同理，法律子容器和经济子容器也可以按照上述形式表示。

我们通过现有专利分析项目经验得到高价值专利指标的标准，并以和高价值专利模型相同的容器方式，构建高价值专利在技术、法律及经济三个维度的指标，将其和高价值专利模型进行匹配预算，利用容器的计算特性，挖掘得到高价值专利。

5.3.3.3　高价值专利挖掘项目容器的应用

为了利用容器技术更加有效的挖掘高价值专利，构建合理的存储结构显得尤其重要。现有的专利分析项目中的数据形式复杂多样，其中包括专利集合、技术分解表、表格、图、文本等。从本质上来说，上述数据均属于基础数据，是容器进行数据信息加工的原子颗粒。而无论采用上述哪种方式作为专利信息资源，其内容都具备格式规范、分类科学的特点，这就为构建容器模型提供了一定的便利性。

作为文本类型的专利数据形式，可分为两种。一种是规范化的著录项数据，另一种如摘要、说明书、权利要求书的文本数据。对于前者，可以为关键的著录项目构建字段，并存储到关系数据库中。对于后者，可以通过数据挖掘技术对专利技术内涵进行知识表示，并采用特定的存储结构进行存储，我们将会在后面的章节进行详细介绍。

作为表格类型的专利数据，一般可采用的 Excel 格式的数据进行存储，直接导入数据库形成基础数据即可。作为图片类型的专利数据，可将其存储在对应的物理空间中，为了创建索引并存储在数据库中。

1. 选取容器模型

我们在第三章"容器思想"中提到过几种不同类型的容器类型，包括集合容器、树容器、表格容器、图容器、文本容器等。这些容器类型都是根据大量的专利分析项目抽象出来的一些通用数据结构，每一种结构都有其自身的特点。那么，为了更好的挖掘高价值专利，选取合适的容器模型显得至关重要。

对于专利基础数据的高价值挖掘，我们可以采用集合容器、文本容器、表格容器，这样可以提高数据的存取效率。对于语义信息、有效专利的高价值挖掘，我们可以采用树容器、图容器，这样既可以独立表征专利的价值信息，又可以通过专利之间的关联信息表征某一领域群体的专利价值信息。从容器内部的运作机制来看，当专利分析项目的数据经过解析或从数据库中直接获取得到原始数据加载到内存后,选取不同的容器类型,进行反序列化形成容器对象,为之后的容器运算加工做准备。

2. 降维处理和索引生成

专利分析包括的数据往往属性很多,体现为数据空间的维度很高,而且数据往往多层嵌套。为了能够挖掘高价值专利信息,需要对数据进行有效的降维处理,形成有效的领域技术索引,便于挖掘高价值专利。

在第三章中我们曾经提过容器提供算法复用机制,叮以将常用的一些数据降维算法集成到容器中,例如 LDA 主题模型。LDA 主题模型是一个基于概率模型挖掘文档中隐性主题及其结构的方法,被广泛应用于科技文献分析与挖掘。LDA 主题模型基于文档—词袋子模型,通过分析文档集合中术语的共现,生成新的中间层主题,进而将文档表示成主题的概率分布,主题表示成术语的概率分布。

当降维处理完成后,可以采用自动分类和聚类技术对文本内容进行语义标注,按照不同领域生成对应的领域技术索引。索引机制可以对高价值专利进行快速、有效的检索,同时也能对高维数据进行切片、上卷、下钻等处理。容器提供的时间轴索引约定,便于在实时分析生成的高价值专利在时间轴上进行打卡。

3. 分类

在进行容器模型选取和降维处理之后,分类成为运用容器技术挖掘高价值专利的关键环节。我们能直接想到的就是需要对专利的知识领域进行划分,从而得出某个领域的高价值专利。但其实分类能体现的范围很广,我们可以从各个不同的维度对专利进行分类,从而提出高价值专利。

(1) 分类的基本需求

在分类之前,我们先谈一谈运用容器进行高价值专利挖掘时技术分类的一些基本需求。专利技术挖掘不仅分析专利文献的著录项目信息,更加注重研究专利技术的内含及其相互之间的关联。例如,通过容器提供的挖掘算法对专利技术中包含的简单知识对象(如成分、属性、参数)进行识别和分析,以便全面、深入地掌握专利技术的内容;精准挖掘常常需要分析专利采用了哪些技术方案、解决哪些技术问题、实现怎样的技术功能、取得了什么样的技术效果,以便精准识别技术内涵相似的专利。

(2) 专利技术内涵知识表示的方法

对专利技术内涵进行知识表示是技术挖掘的基础。专利知识表示的基础知识单元通常包括关键词、专利分类号和 SAO 三种。形式上，关键词与专利分类号大多是名词或名词词组，其语义信息较弱，难以准确反映专利技术信息，不能表示主客体之间的动作、功能性信息，而这些信息恰好是专利技术挖掘关注的重点。内容上，关键词与分类号过于宽泛，不能细粒度地揭示专利技术信息。

SAO 则是一种"主语—谓语—宾语"形式的三元组，可清晰、精准地表示专利技术信息。例如，SAO 可以回答"如何测量线性位移"这样的技术问题。不同语义类型的 SAO 可从不同的角度描述专利技术信息。

容器思想综合上述两种专利技术内涵的知识表示方式，既能从宏观层面（关键词、分类号）进行专利技术挖掘，也能从微观层面进行专利技术挖掘。

(3) 分类的处理方法

专利技术内涵的表示方法包括关键词和分类号、SAO 两种分别从宏观和微观进行表述的方法。容器进行分类处理时也可根据上述思路分别进行处理。

容器中包括基础数据层，是从专利分析项目中提取规范化处理著录项数据生成专利基础信息数据库。著录项目包含的基础信息很丰富，例如，分类号、专利权人、发明人、申请日。我们采用集合类容器、表格类容器、文本容器对上述著录项目进行存储和运算，运用容器之间的聚类、关联机制对著录项目数据进行统计分析，按照指标类型对专利数据进行划分，指标类型可包括竞争对手指标、创新趋势指标、地理分布指标、技术内容指标等。当经过上述处理之后，运用容器的可视化机制将分类统计结果展现出来，可以一目了然地了解高价值专利的分布情况。

另一种分类方式则是针对 SAO 类型的专利技术内涵知识的表现形式。在这里我们会选取树容器、图容器来表示专利技术知识。由于 SAO 类型的数据是以"主语—谓语—宾语"的形式展现，从本质上来说符合树容器的存储结构，而容器中封装了可复用的文本挖掘算法，利用容器集成的自然语言处理工具从专利文本中自动抽取原始简单知识对象，基于数据清洗框架对大量杂乱无章的原始简单知识进行清洗，之后利用文本挖掘技术对 SAO 进行降维后，对简单知识对象进行精准识别并构建领域技术索引。按照"主语—谓语—宾语"的形式生成树容器。本书第三章提到容器嵌套的概念,在树容器中,每个节点都有其父容器和子容器。在进行某个领域的高价值专利分析过程中,可先通过基本信息(例如,分类号)锁定某个领域,这样其实就锁定了一批高价值专利的潜在范围,之后根据标识的索引通过树容器形成一张大的树状网络,从根节点到任何一个子节点的路径形成一条完整的专利技术内容知识。对每条路径采取一定的评价机制,从而挖掘出高价值专利。此外,图容器可以用来表征专利之间的群组关系,利用有权图并根据具体指标设置权重,可以分析专利的技术发展路径和专利技术关联的紧密程度,从而发现一组高价值专利群。

4. 检索

容器集成专利检索的功能,当容器对专利数据进行解析、处理之后得到高价值专利后,可将上述处理结果序列化进行存储,为了给使用者提供高价值专利的检索,利用数据库的索引机制和降维处理生成的索引,可加快查询速度和效率。

5. 可视化分析

容器处理在高价值专利分析过程中,除了对数据进行加工处理,还可通过大数据可视化的方式对高价值专利进行展现。容器经过分类、提取关键信息、分析运算之后,可以得出各种类型的分析结果并进行存储。例如,在分类过程中采用树容器和图容器经过处理后,可以表现专利群中的发明人、专利权人及知识对象的关联关系,据此可生成分析对象的共现网络。又如,从各个维度对专利进行分析后,可以得出技术分析表,形成技术的脉络,从而得到高价值专利涉及的关键技术点之间的关系。这样通过可视化的方式,可以一目了然的从各个角度了解高价值专利的现状。

5.4 容器在专利布局中的应用

专利是遏制竞争对手、提升企业市场竞争力的武器和谋求市场利益、保障经营自由度的工具,更是企业经营决策的资源和重要依据,其关系到企业当前及预期市场利益和企业的发展机会。企业可以通过有效地运用专利工具来排挤甚至消灭竞争对手,从而避免竞争对手损害自己的市场利益,或保持有利于自身竞争优势的市场格局,借此获得更多的市场利益。专利的高价值不仅体现为直接的经济价值,还体现为企业战略层面带来的间接经济价值。企业的战略是企业设计用来开发核心竞争力、获取竞争优势的一系列综合的策略,专利布局则是企业制定的重要战略,其进一步放大和释放了专利的价值。有效的专利布局则可以给企业带来巨大的经济价值,体现在帮助企业的产品获得市场垄断份额、在商业谈判中增加谈判筹码或是给竞争对手带来无形的震慑等。

5.4.1 专利布局概述

所谓专利布局,就是指通过对技术发展趋势、专利申请状况(尤其是竞争对手专利分布与申请的情况)进行分析,从而对自己的专利申请以及专利组合作出规划,能够最大限度地保护自身专利技术并最大限度地抑制竞争对手的战略性规划。专利布局不仅是企业实施总体专利战略的根本,就其本身而言,便属于战略性的谋划与设计。也有人将专利布局分为广义的专利布局和狭义的专利布局,广义的专利布局是指企业总体专利的配置与分布,而狭义的专利布局则主要是指申请的专利在某一技术主题方向上的布局。因此,如果把企业各个技术主题方向上的专利布局结合而成该企业的总体技术的专利防护网,其实也就是广义上的专利布局或者说布局战略。同样,如果企业技术主题比较单一,那么对于该企业来说,广义的专利布局和狭义的专利布局之间其实并无区别。[①] 因此,专利布局的广义与狭义之间的界限其实并不明显,也没有太实质的区别,进行布局的道理也是相通的。

5.4.1.1 专利布局现状

专利布局是最近几年讨论的热点问题之一,1999 年,瑞典大学工业管理与经济学系教授提出了地毯式专利布局等多种专利布局模式并被大家广泛引用,我国台湾地区对此作过一些介绍和研究,北京路浩所谢顺星等人也就专利布局模式及其应用进行过探讨,上述研究都局限于 OveGranstrand 教授的专利布局模式方面。

从企业自身的视角出发,其专利布局的意图无非是保护自身和对抗对手,

---

① 马天旗,等. 专利布局 [M]. 北京:知识产权出版社,2016:18—40.

此外考虑到市场应用相对于技术研发的滞后性和不确定性因素，企业的专利布局还需要考虑对未来的储备。因此，依据专利布局的意图可以将专利布局整体策略分为保护式布局、对抗式布局和储备式布局。目前，经常使用的专利布局模式有路障式专利布局、地毯式专利布局、围墙式专利布局以及丛林式专利布局。[1]

目前，专利布局研究多基于上述的几种布局模式进行组合或者变形，针对某一具体的技术领域或者某一特定企业进行具体的专利分析然后得出建议的布局模式等，不同的技术领域或申请人的布局会存在较大的差异性，可见仍然没有对专利布局设计形成通用可行的具体实施方法。对于企业来说，如何进行有效的专利布局设计并予以实现，更是大家所密切关心的问题，尤其是在我国大部分企业对专利工具的运用都还处于"弱势"的情况下，这更是一个难点。此外，当前专利分析工具、方法均较为成熟，专利大数据资源积累较为深厚，如何整合、利用现有的资源进行有效、具体的布局分析显得尤为重要。

5.4.1.2 专利布局的方法流程

专利布局涉及的因素较为复杂，并且在各个阶段、各个产品以及各个技术点的专利布局目标差异较大，从而在实际开展专利布局时，往往需要多方参与、综合调查以及科学规划。因此，从参与主体、基本环节、实施步骤以及规划等几个方面来阐述专利布局的实施过程。[2]

1. 专利布局的参与方

在专利布局的方案制定过程中，通常会涉及如下参与方：专利管理部门、公司管理层、市场部门和研发部门。（1）公司管理层主要负责明确企业目前和未来的发展规划，围绕企业自身的商业发展规划确定专利布局的总体方向和目标。（2）专利管理部门在整个专利战略布局过程中起到重要的主导和推动作用。它需要与多个部门进行交流和沟通，以全方面了解企业专利布局的方向、目标、需求和重点。（3）市场部门主要负责明确本企业产品或服务所涉及的市场详细状况、主要竞争对手的市场状况和市场规划信息，以便于专利管理部门根据市场的竞争环境和其发展方向确定各个产品和市场地域上的

---

[1] 谢顺星，高荣英，瞿卫军. 专利布局浅析 [J]. 中国发明与专利，2012，(8)：24—29.
[2] 马天旗，等. 专利布局 [M]. 北京：知识产权出版社，2016：18—40.

专利布局需求和防御对象。(4) 研发部门明确企业自身产品的技术特点、技术优势、研发实力，以及该领域整体的技术状况和演进趋势，以便于专利管理部门从所掌握的技术资源和技术发展角度确定专利布局的结构重点。

2. 专利布局的基本环节

专利布局的基本环节包括市场调查、技术调查、产业调查、专利调查、策略选择、布局规划、布局实施、布局优化等工作。市场调查是指：通过收集各类市场信息，了解市场对产品功能的需求、对新技术布局规划、布局实施、布局优化等工作新功能引入的适应度，了解各地域的市场竞争特点，了解各竞争对手的市场规划情况、产品布局和技术优势。技术调查是指：通过收集各类技术情报，了解技术的演进趋势、竞争性技术的发展情况、技术的潜在应用场景。产业调查是指：通过收集各类产业报告、产业政策，了解产业的整合、转移态势，产业成长速度和可能规模，产业链的分工、协作及利润分配情况。专利调查是指：通过专利检索和分析排查，了解整个行业的专利数量规模和分布状况、近年的申请变化趋势和申请密集领域，主要竞争对手的专利布局状况、近年的申请动态，以此了解专利竞争环境，确定企业在整个行业中的专利竞争位置，为企业进一步明确其专利布局的数量规模、结构分布、每年的申请量指标提供参考。策略选择是指：基于上述调查的信息，结合企业自身的技术和产品规划，以及自身的资源和能力，确定自身专利布局策略，以及专利布局所预计达到的目标。布局规划是指：基于市场调查、专利调查，配合企业总体的专利战略和发展目标，对专利布局的结构、数量、功效目标、地域和完成时间表作出规划。布局实施是指：根据专利布局规划内容，将专利布局的任务按照涉及的技术部门和实现时段进行分解，确定阶段性考核指标。在具体操作方面，围绕具体项目和产品根据竞争动态，制定更为细致的专利布局策略。充分运用延迟公开制度、分案制度、PCT制度、PPH规定等法规和政策灵活性地开展布局。布局优化是指：随着一些产品更新换代的停滞、仿制者和跟随者的大量进入、利润的降低，对组合中的部分专利可以进行转让、许可，并不断补充延续性专利和替代专利，扩大互补性专利、竞争性专利、支撑性专利的数量；对于持续优化改进的技术，应重点针对其改进和优化方向，布局相应的专利；对于不断扩展应用领域的技术，则需要围绕其扩展的应用对象，补充该技术在新领域中应用时产生的各类解决方案和相关支撑技术的专利；随着与联盟伙伴或竞争对手之间关系的变化，以及市场地域的调整，修正专利布局的针对目标。

3. 专利布局的实施步骤

一般而言，专利布局可以基于下面几个步骤开展。

（1）确定所有的布局点位。可以基于企业自身的产品结构和相关的技术来源，制作产品—技术结构表。基于该产品—技术结构表，可以初步确定企业可能进行专利布局的所有技术点位。

（2）制定布局的技术、产品、地域和时间结构的初步规划。基于产业调查、技术调查和市场调查，综合整个产业发展环境、技术发展环境和市场竞争环境，对目前及未来的产品、技术和专利竞争局面作出判断。基于对这些信息的综合判断，从保护核心产品和关键技术、应对市场竞争需求、储备潜在应用场景等方面确定出需要重点开展专利布局的产品和技术点，并对布局的地域和时间作出初步的规划。

（3）修正专利布局规划内容、制定数量指标。基于专利调查的结果，从总体规模适当、技术结构合理、竞争体量相当等方面审视之前的初步规划并作出必要的调整，尤其是调整布局规划中的技术和产品结构，并提出一定的数量指标。

（4）确定专利布局策略和保护方式。重新审视各类调查结果，从保护和竞争的需求出发，对于关键技术点和关键竞争对手，选择适宜的专利布局策略模式，作出更为具体的子规划。基于自身的商业运行模式、技术保密程度，对于不同的保护内容，在专利和商业秘密之间作出合理选择。并基于不同的保护主题和时间需求，选择不同的专利类型。

（5）实施、调整和优化。在具体实施过程中，紧跟研发进展情况，不断通过专利挖掘提供高质量的专利底书，并通过合理设计和选择权利结构获得高质量的专利。同时，根据竞争环境的变化、技术的更迭、产业政策的调整以及短期商业目标的需求，不断调整专利布局规划的方向、具体结构和数量。

5.4.2 专利布局项目数据

5.4.2.1 专利布局项目中的数据

基于前述的布局理论模式以及布局的方法流程，如何具体实施项目的布局则是大家最为关心的问题。前述专利布局项目的方法流程中最重要的两个环节就是专利技术的调查和布局策略的制定，而专利技术的调查则是基于现有的数据资源，充分考虑专利的技术性、时间性、地域性、竞争对手等特点，根据专利的上述特点可从现有数据资源中提炼归纳出技术要素、地域要素、时间要素、主体要素，并进行多种元素的组合，从而得到宏观或者微观层面的专利布局分析数据，基于专利分析数据可进一步制定对应的布局策略。技术要素是专利布局项目数据中最为重要、最为基础的，地域要素包括国别、省市等，其与企业的现有市场、目标市场等紧密相关，主体要素则包括申请人、发明人以及竞争对手等，时间要素具体可体现为申请日、公开日以及授权日等。针对上述四个要素进行各种组合可以得到多种布局数据结构，可用以实现各种专利布局意图的基本手段和措施。

1. 布局数据结构

下面围绕这些布局数据阐述如何基于各个数据要素进行布局结构设计来实现各种布局意图。[①]

（1）技术结构。技术是专利布局最重要的因素，从而技术结构也是任何一种专利布局的基础要素结构，技术具有延续性、关联性和应用性等特点，延续性主要体现为技术的纵深发展延续，关联性则体现为不同技术之间的横向关联，而应用性则体现为各种不同的应用场景。因此，在专利布局的时候基于上述三个方面进行考量。而应用场景、技术的关联、发展延续在专利数据中的体现为技术要素、时间要素等的结合。

（2）产品结构。产品是技术的应用，也是技术的直接体现，围绕产品专利布局时要考虑不同产品交叉公用技术或者同一产品中不同层级之间的技术交叉点，而且产品的某一性能的获取通常会和不同层级的技术，例如制造工艺等相互影响，因此布局的专利需要覆盖各个层级，例如产品的结构设计、工艺制造、调试安装。可见产品结构主要体现技术要素的组合。

（3）地域结构。由于专利申请制度的地域性，任何一件专利都只能在某一特定地域范围内有效，并且因为技术受众、商业布局、国家政策等造成的地域差异，很多技术的成功往往是和地域特点紧密结合在一起的，因此从专

---

① 马天旗，等. 专利布局 [M]. 北京：知识产权出版社，2016：18—40.

利布局的实际效果来看，地域结构是实现专利价值的一个重要因素，地域结构包括企业独占区域、企业与对手共享区域、竞争对手独占区域以及未来可能进入的区域，可见地域结构主要体现为地域要素、主体要素等的结合。

（4）类型结构。专利技术可以采用多种不同的保护形式，例如发明专利、实用新型专利，具体选择哪种形式对于专利布局设计具有重要的作用，发明和实用新型的保护期限、审查周期都不同，因此可以根据技术领域当前的发展阶段选择适合的类型。可见，类型结构主要体现为技术要素、时间要素等。

（5）权利结构。专利布局最终形成的都是以权利要求确定的保护范围，保护范围完全取决于权利要求中技术特征的组合以及权利要求之间的组合，而权利要求的技术特征组合方式和权利要求之间的组合形成了权利结构。权利结构设计可以反映出布局的意图；独立权利要求和从属权利要求的组合搭配，从保护主题、引用关系、保护范围等因素实现权利结构。此外，对于说明书中出现的未纳入权利要求的技术特征组合可能会阻碍竞争对手关于专利的获得。因此，权利结构主要考虑因素包括权利要求的主题、引用关系、关键特征，可见权利结构主要体现为技术要素。

（6）时间结构。由于专利申请本身和保护具有限定期限，而技术也会随时间发展、演进，因而在专利布局时需要考虑时间结构，在技术发展的初期、上升期以及成熟期，企业的布局策略都会不同，因此需要对布局时间结构进行设计，选择专利布局介入的时机，可见时间结构主要体现为技术要素、时间要素等。表5-13显示了各种布局数据结构类型与对应数据要素的关系。

表5-13 布局数据结构与数据要素的对应关系

数据结构类型	数据要素	数据要素	数据要素
地域结构	主体	技术	地域
时间结构	时间	技术	—
技术结构	技术	时间	—
类型结构	技术	时间	—
产品结构	技术	—	—
权利结构	技术	—	—

在专利布局时结合上述各种布局要素结构进行灵活应用，首先基于技术结构、产品结构和地域结构进行总体规划，其次在权利要求层面具体落实体现在类型结构和权利结构上，最后在实施层面结合时间结构选择合适的时机，并通过数据挖掘以及许可等手段扩充专利来源，筛选出有价值的专利，具体如图5-7所示。

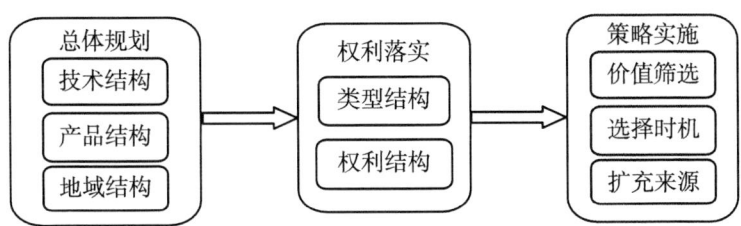

图5-7　布局流程与布局数据结构的关系

2. 专利布局分析数据

在提取了各个数据要素之后，需要利用专利分析工具从宏观层面、微观层面了解技术发展趋势、技术热点、区域分布以及竞争态势等。

表5-14　行业趋势分析与要素对照表

分析类型	子类型	统计对象	要素	要素	说明
行业趋势分析	技术领域全球申请趋势分析	申请量	技术	—	分析全球行业整体变化趋势
	不同技术分支趋势分析	申请量	技术	—	分析各个细分技术领域的技术演进
	技术领域不同申请人比较分析	申请量	主体	技术	分析申请人不同的技术实力
	技术领域不同国家/地区	申请量	技术	地域	分析不同技术的市场占有

（1）行业申请趋势分析。行业申请趋势分析可以包括技术领域全球申请趋势分析、不同技术分支趋势分析、技术领域不同申请人比较分析以及技术领域不同国家/地区分析。如表5-14所示，对于每种分析类型需要考虑不同的数据要素。技术发展的冷热程度可以用专利的产出量，即专利申请量来定性衡量，因此，通过对历年或一段时期内专利申请量进行统计，得出各年份

如何玩转专利大数据

与申请量的统计数据，可以绘制该技术领域的发展趋势，观察趋势线的变化得出蕴含在趋势线后的信息，从而对技术发展态势有一个宏观的把握。从技术层面分析主要是针对某个技术领域内的多个技术分支进行统计分析，得出不同技术分支的发展趋势以及相关申请人在各个技术分支下的布局策略。通过对分析标的数据进行统计分析，得出该领域主要申请人，绘制各申请人专利申请总量图，或者各申请人在各年份的专利申请趋势图，从而直观清楚地知晓各竞争对手的技术实力及其发展现状。将不同国别或地区的专利申请量与年份进行统计，得出该地区或国家在某一领域的技术发展趋势。通过分析技术领域全球专利申请趋势，在一定程度上反映出技术的发展历程、技术生命周期的具体阶段，以及预测未来一段时间的发展趋势。

表 5-15 竞争对手的专利分析与要素对照表

分析类型	子类型	统计对象	要素	要素	说明
竞争对手的专利分析	竞争对手专利申请趋势分析	申请量	主体	—	分析竞争对手的宏观专利产出规律
	竞争对手专利技术分布分析	申请量	主体	技术	分析竞争对手布局的技术重点
	竞争对手专利地域分布分析	申请量	主体	地域	分析竞争对手重点关注的市场区域

（2）针对竞争对手的分析。基于现有的市场相关情报信息，例如竞争对手的产品、销售数据、市场营销、研发能力、生产以及资金等数据，在此基础上叠加专利信息分析方法来分析竞争对手。竞争对手的产品实力主要从重点产品的产量、销量、市场份额等情况来分析；竞争对手的技术实力主要从产品的高价值专利的数量、重点产品的研发投入，具体包括投入资金、年投入资金与年收入的占比、研发人员等。对竞争对手的技术和产品进行分析之后，可以基本定位竞争对手在行业中的位置，从而可以针对性地进行后续的专利布局。利用专利分析方法针对竞争对手的分析主要包括用于评价某申请人在一段时间内的整体申请趋势，以及其在某一技术领域的专利申请趋势分析以及在特定区域的专利申请分布分析，如表 5-15 所示，对每种分析类型需要考虑不同的数据要素。

5.4.2.2 数据的可行性分析

互联网大数据技术的发展与应用,使得人们收集、存储、管理及分析远远超过传统数据库软件工具能力范围的数据集合成为可能。它的战略意义不仅在于掌握庞大的数据信息,更多的是在于对这些大数据背后所代表的深层意义进行挖掘、加工、分析甚至利用等专业化处理。对于专利布局而言,目前的数据资源具备充分的条件支撑,包括国家知识产权局对外公开发布的专利数据资源,美国、欧洲、世界知识产权组织等官方对外发布的专利数据资源,此外各种企业开发的专利分析工具比如 Patentics 等,以及现有专利服务咨询平台提供的大量分析研究报告等。

上述专利数据资源中的专利文献的基础数据主要包括申请人、申请人地址、国别、优先权信息、申请日、公开日、代理人、代理人地址、分类号、专利类型、权利要求书、说明书、说明书摘要、法律状态、同族信息、引证信息等内容,对于上述专利基础数据进行清洗、处理可以提取得到技术要素、主体要素、地域要素以及时间要素。表 5 – 16 显示了专利基础数据与数据要素的对应关系。

表 5 – 16　专利基础数据与数据要素的对应关系

数据要素	专利基础数据	说明
技术	IPC 分类号、摘要、权利要求书、说明书	可以对摘要、权利要求书、说明书中的关键词进行标引,提取对应的技术要素
主体	申请人、发明人	—
地域	国别、申请人地址	—
时间	申请日、公开日	—

目前的专利分析领域主要通过对专利的申请时间、公开时间、申请人、申请人地址、发明人、国别、IPC 分类号、同族专利使用各种定义的技术分类指标进行统计分析,以把握专利技术的分布概况和发展趋势。在基础数据的基础上,根据分析指标的不同,通过对不同维度基础数据的关联分析获得相应的分析指标。专利分析的指标较多,利用不同的指标可以从不同角度客观评价专利数据。

从专利基础数据中按照布局分析的类型,例如行业趋势分析或竞争对手分析，提取需要的数据要素，然后进行数据统计分析，并给予一定辅助手段，例如可视化的显示，可以得到专利布局分析所需要的各种类型的基础分析数据。

5.4.3 专利容器与专利布局的结合与应用

5.4.3.1 专利布局影响因素的选取与分析

由前述内容可知，通过对专利申请趋势的分析、竞争对手的专利分析等，可以得到各种定量的数据和图表，但是在专利布局的时候需要考虑哪些因素以及如何考虑？针对不同领域、不同类型的布局，需要考虑的因素会大不相同。对于针对竞争对手的专利布局，主要需要考虑到竞争对手的特点，包括其技术实力、专利布局结构等，寻找其专利布局的薄弱环节和漏洞，避开其强势领域。因此，从竞争对手所处领域的申请量占比、技术布局重点、重点地域等维度分析竞争对手，竞争对手的技术实力主要通过专利布局总量、重点产品研发投入等进行分析，而专利布局结构则可以通过前面所述的有关竞争对手的专利布局分析方法得到，根据其技术和产品实力可将竞争对手分为不同类型，根据不同的对手类型从而采取相应的布局策略。

针对 IT 领域专利布局的考虑维度包括专利申请时机、布局地域、申请类型等。因为 IT 领域的技术更新迭代迅速，而专利申请授权需要一定的周期，所以选择恰当的时机显得非常重要；同时，由于不同国家专利保护制度的不同，以及不同国家地区的经济发展、风俗习惯等会影响到技术的发展进程，因而需要结合自身情况对于区域进行合理考虑；此外，IT 领域技术形态较多，有些技术创新难度大、周期长，而有些创新周期短、较为容易，因此针对不同的技术特点，可以选择发明或实用新型。

综合上述不同布局类型，对布局需要考虑的维度进行归类得到表 5-17 的内容，该表中的要素为在分析每个维度、每个子指标时需要考虑的基础数据，其与专利基础数据的对应关系可参考表 5-16。由于专利布局涉及影响因素较多，表 5-17 中指标未能穷举，本领域技术人员可根据需要将布局考虑的维度进行丰富。

表 5-17 布局考虑的维度分析表

布局考虑的维度	子指标	要素	要素	要素
企业技术实力	专利申请总量，在行业内申请量占比	主体	—	—
企业发展活跃度	年度申请量	主体	时间	—
企业技术复杂度	IPC 分类、技术分支数量	主体	技术	时间
对手相对研发实力	对手申请量与本企业申请量比值	主体	时间	—
技术潜力	某一技术领域内各技术分支对应的申请量	技术	—	—
对手竞争空白地域/热点区域	对手在各技术领域对应的各国的申请量、区域密度	主体	技术	—
对手重点技术领域/弱势技术领域	对手在行业内各技术分支的申请量	主体	技术	—
行业发展阶段	技术领域整体申请量趋势分析	技术	时间	—

5.4.3.2 基于容器思想建立的专利布局项目的容器模型

基于第三章介绍的容器思想可复用、可扩展、智能学习挖掘的优点，本节提出为专利布局建立基于容器思想的布局模型。由于专利布局参考因素的多样性，本节将布局考虑的维度进行归纳得到三类基本考虑维度，包括企业态势类、技术潜力类、竞争对手类，企业态势类主要用于分析企业的整体技术态势，技术潜力类用于分析技术盲点以及有潜力发展的技术领域，竞争对手类主要分析对手的重点技术领域、布局区域以及对手技术实力等，从而有效避免与对手进行直接碰撞。基于容器思想的专利布局项目从流程上主要分为以下几个阶段：首先，建立加工专利数据的专利分析容器，在此基础上针对布局项目的特点建立布局应用模型，包括企业态势容器、技术潜力容器、竞争对手容器，然后综合上述三种应用容器的权重从布局策略容器中匹配得到布局策略。下面将详细介绍各容器的建立过程以及构成内容。

针对专利数据进行加工处理的专利分析容器模型，首先从数据立方体的概念出发，采用多维度分层模型的方式，以分层子容器通过多层融合汇聚形成基础容器的方式实现。基础容器模型的具体建立阶段同第 4.2.3.2 节类似。

对于位于底层的子容器，可分别由第5.4.2节中涉及的数据元素构成，包括技术元素、主体元素、时间元素和地域元素，其中每种数据元素与专利申请基础数据存在对应关系，详细参考表5-17，技术元素包括IPC分类号、技术分支和从权利要求书、说明书以及摘要中提取出的关键词标引；将底层子容器根据各底层子容器中存储的数据之间的关联关系融合汇聚形成所示的二级容器，二级容器详细可参考第5.4.2节中的布局数据结构；最后，由各二级容器融合汇聚成专利分析容器模型。

然后基于专利分析容器，不同的布局考虑因素形成各个布局容器的不同维度，企业态势容器通过分析企业在该行业内整体申请量状态，以及其在所处行业内的地位。技术潜力容器则是针对某一技术领域，对其各技术分支类别分别进行分析，通过各技术分支专利申请数量的分布，判断研发的重点、后续的发展空间等。竞争对手容器主要对竞争对手的专利进行分析，分析竞争对手的相对研发实力、重点技术领域以及重点发展区域等，从而可以有效避开专利布局风险并制定有效的竞争策略。

基于企业态势容器、竞争对手容器以及技术潜力容器的分析结果分别计算得到的分值，再综合各个容器的权值进行计算，并根据分值匹配最终的布局策略，具体思路如图5-8所示。

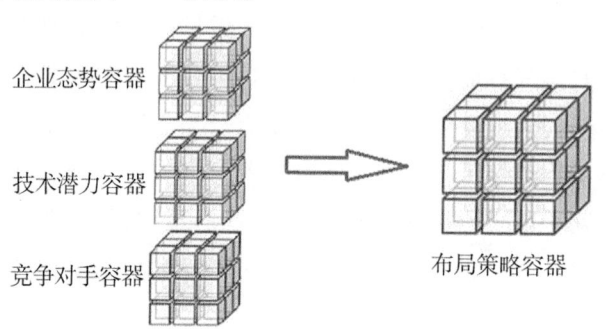

图5-8 基于容器的专利布局思路

5.4.3.3 容器与专利布局的具体结合

1. 企业态势容器

通过企业态势容器可以正确认清自身在行业中的实力状况。企业态势容器的构建如图5-9所示，其包括企业活跃度容器和技术实力容器。

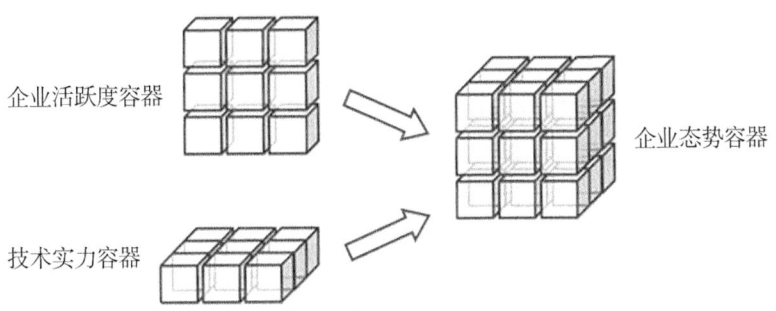

图 5-9　企业态势容器的构建

在企业态势容器中，采用如下专利分析指标进行纵向和横向的分析，具体通过专利分析容器获取下列指标。

（1）纵向分析：该企业在整个行业中的技术实力

①企业专利申请量——同一技术领域、相同时间段、不同企业的专利申请量。该指标可以反映不同企业的技术实力。

②专利相对产出率——该企业在该领域申请的专利数量占整个领域专利数量的百分比。该指标反映企业在某一技术领域中的相对地位。

（2）横向分析：该企业自身发展活跃度

历年专利申请量——该企业每年申请的专利数量。该指标通过申请量曲线的斜率变化情况反映企业的发展活跃度。

企业活跃度指标可以通过专利分析容器得到该企业历年申请量，技术实力包含的两个指标企业专利申请量和专利相对产出率也可以通过专利分析容器获取，然后企业活跃度和技术实力指标构成企业态势容器的二个维度，如表 5-18 所示。

表 5-18　企业态势容器的构成

容器名	分析指标	专利分析	子容器	子容器
企业态势容器	企业活跃度	历年申请量	主体	时间
	技术实力	专利申请量	主体	—
		相对产出率	主体	技术

以横向即企业自身活跃度为横坐标，以纵向即企业在该技术领域中的技术实力为纵坐标，建立企业态势容器。容器将企业目前所处的发展状态分成

四个阶段，企业可以针对其所处的不同时期采取不同的专利布局策略。领先期：企业应继续加强核心技术的研发投入，巩固核心技术的领先地位；增加外围专利的申请，形成技术壁垒，增强技术实力。困难阶段：企业虽然具有相对较强的实力，但是自身的发展力正在下滑，需要寻找滑坡原因，改变现状。上升期：企业实力相对较弱，但是自身的发展力正在增强，需要加大研发投入，缩短与领先企业的差距；采取抢先申请战略，对领先企业进行专利规避，寻找技术空白点，加速发展。下降期：企业的实力相对较弱，且自身的发展比较迟缓，处于衰退阶段，采取跟随型专利战略，进行专利战略联盟，以交叉许可、专利共享等方式提高研发力。认真分析行业主导核心技术的专利资料，找到专利技术存在的问题或有待改善之处，在比较分析的基础上找到适合提高自身企业实力的创新点，将有限的资源应用在创新成果的实现上，不至于在新一轮的市场竞争中被淘汰。

2. 竞争对手容器

在激烈的市场竞争中，一个企业若想取得永久性发展不能仅局限于对自身发展状况的了解，对竞争对手的分析也是不能忽略的。分析竞争对手的竞争力可以取长补短，同时增强自身的危机意识，加快企业更好更快的发展。针对竞争对手的布局首先需要从识别竞争对手开始，然后进行对手的技术实力、布局，结合容器思想将竞争对手容器分为竞争对手识别子容器、竞争对手定位子容器以及竞争对手布局区域子容器，具体如图5-10所示。

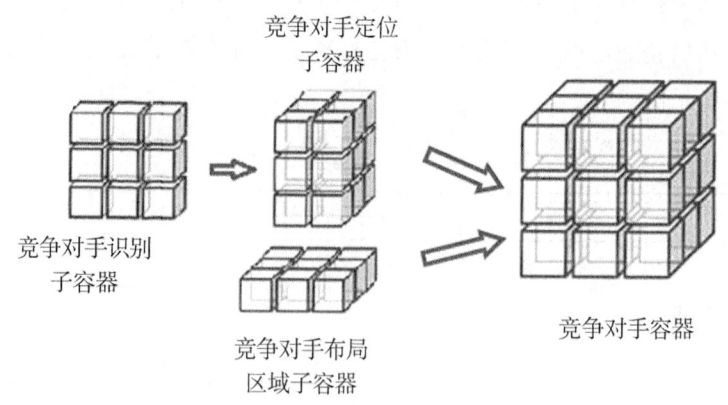

图5-10　竞争对手容器的构建

（1）竞争对手识别子容器

竞争对手识别子容器主要用于识别出某一领域内各种竞争对手；具体通过某一时间段的具体领域的各申请人的专利申请量排行，并根据各个申请人的申请量变化趋势以及与自身企业的比较，确定可能的竞争对手，具体参考如下几个方面分析。

①哪些企业为新进入者，其发展态势如何？
②哪些企业正在衰退，哪些企业为领先者？
③哪些企业与自身实力相当？

下面将结合广东省××具体技术的专利申请量的变化分析竞争对手识别子容器的形成过程。

首先选定专利数据库，将该技术针对的关键词以及地址信息进行检索得到所有涉及的专利文献，然后其后台按照容器的思想将涉及的文献按照统一的标准进行分解、提取得到各个子容器，如申请人、申请日、申请量、技术，之后将各相关子容器进行关联组合得到专利分析容器，通过该容器可以展示如图5-11所示的结果，广东省的申请量自2011年开始爆发增长，这与2010年政府国家重点扶持的战略性新兴产业的政策刺激有关。通过该图标我们可以明显地看出中兴和华为则是分别在2003年、2006年就开始进行少量的专利布局，自2011年后也加大了申请量，说明作为国内龙头企业的华为和中兴也看到了该技术的发展前景，加大了研发投入。京华科讯属于后起之秀大有赶超之势，无疑在该领域京华科讯、华为和中兴技术实力最强。通过该分析我们将华为、中兴以及京华科讯加入了竞争对手定位子容器。

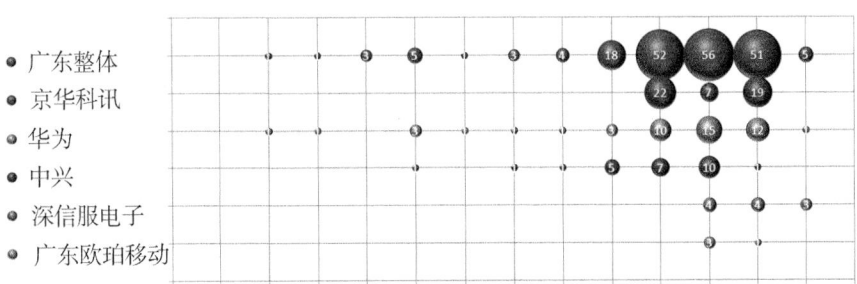

图5-11　申请人申请量分布

（2）竞争对手定位子容器

识别出竞争对手之后，将其传递给竞争对手定位子容器，由该子容器对各个竞争对手进行竞争力定位分析时，主要涉及三个专利维度。[①]

①技术复杂度——企业研发技术范围的大小。

计算方法：计算竞争对手专利涉及的 IPC 种类/本企业专利涉及的 IPC 数量，涉及同一层级的技术分支的数量。

将专利按照涉及的技术领域进行聚类统计，分析竞争对手的技术分布情况，其结果呈现的是专利在技术和申请人两个维度的分布情况，根据该分析维度的分析结果，分析者可以熟悉特定主体在不同技术分支上的专利布局密度，使自身的专利布局策略可以有效地避开技术密集区，规避竞争对手的技术优势，寻找技术突破口以及预测未来的技术投入方向。

②相对研发实力——竞争对手相对该企业的研发能力。

计算方法：某一具体时间段内，某一竞争对手的专利数量/本企业的专利数量的数值。

③对研发趋势——竞争对手相对研发实力的变化情况。

计算方法：设各个时间段的相对研发实力为 b_1，b_2，…，b_n，以 b_2/b_1，…，$b_n/b_{(n-1)}$ 的大小变化衡量研发变化趋势。

竞争对手定位子容器具体涉及数据元素子容器包括技术、主体和时间子容器，具体如表 5-19 所示。

表 5-19　竞争对手定位子容器的构成

容器名	分析指标	专利分析	子容器	子容器
竞争对手定位子容器	技术复杂度	各申请人的 IPC 数量、技术分支数量	技术	主体
	相对研发实力	各申请人的专利数量	主体	时间
	相对研发趋势	各申请人的专利数量变化趋势	主体	时间

基于以上指标，竞争对手定位子容器按照竞争对手的竞争力不同，将竞争对手分为四个类型即种子对手、黑马对手、后进对手和弱小对手。针对竞

[①] 贾丽臻，等．基于专利地图的企业专利布局设计研究 [J]．工程设计学报，2013（3）：173—179．

争对手类型的不同,可采取不同的专利布局策略,具体如图 5-12 所示。

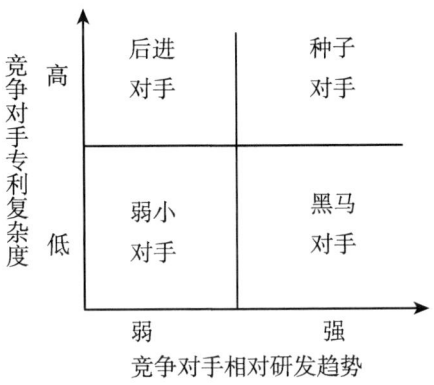

图 5-12　竞争对手的定位类型

种子对手的技术实力最强,威胁最大。本企业要认真研究该类对手的核心技术,进行专利规避,抢先进行外围专利的申请,以防其形成技术壁垒。

黑马对手虽然技术比较单一,但是其研发力较强,威胁较大。本企业要借鉴其研究的深度,在研究的广度上,寻找该类对手的技术空白点,抢先申请专利,占据主动权。

后进对手其研发力相对较弱,但研究领域范围宽,有一定威胁。这时本企业要利用自身研发力较强的优势,在其超出本企业技术范围的领域中抢先发展,进行专利网战略,以防在新一轮市场竞争中被对手包围。

弱小对手的研发实力较弱,研究领域小,威胁较弱。

(3) 竞争对手布局区域子容器

竞争对手布局区域子容器主要通过各申请人在某一技术领域内在各地域的申请数量分析,其结果呈现的是各个申请人在某一领域内的地域分布图。从而用户能够熟悉专利权人在特定空间的专利布局密度,了解不同专利权人关注的市场,把握竞争对手的专利布局区域,避免与较强的竞争对手直接竞争并为制定自身的专利布局策略提供依据,竞争对手布局区域子容器的构成如表 5-20 所示。

表 5-20 竞争对手布局区域子容器的构成

容器名	分析指标	专利分析	子容器	子容器
竞争对手布局区域子容器	空白区域/热点区域	各国申请量分布	技术	区域

图 5-13 展示出了广东省××技术重点申请人进行专利申请的目标区域，可以看出，华为相比于其他公司其在全球布局最广，其 PCT 申请量最大，也是唯一的在欧洲进行布局的企业，可见华为对专利体系的运作和自身专利的管理也较为专业。除了华为之外，中兴也有一定量的 PCT 申请，因此在海外布局的时候需要对华为和中兴专利申请进行格外关注，尤其在欧洲注意避开华为的专利申请保护范围。

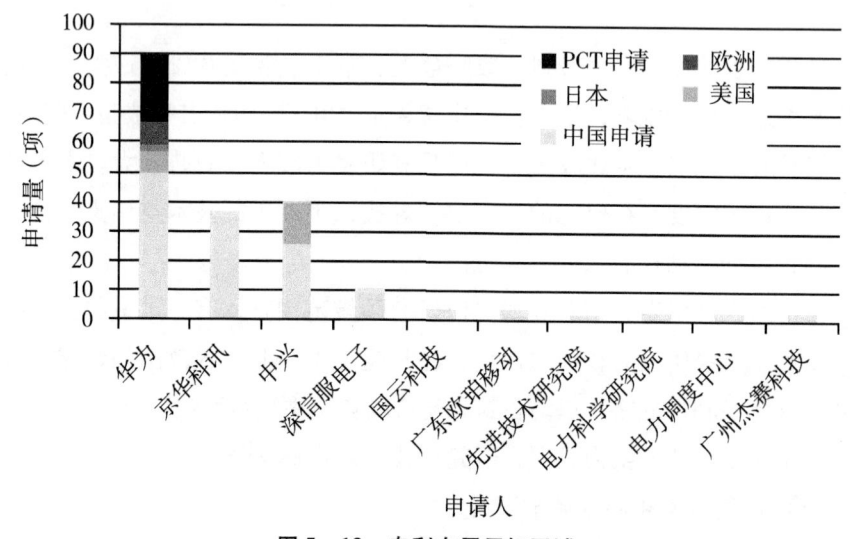

图 5-13 专利布局目标区域

3. 技术潜力容器

针对企业而言，从长远发展角度来看，专利分析的目的就是为企业发展寻求新的技术机会，进行专利布局，在未来的竞争中争取话语权。本部分主要利用专利分析容器进行技术潜力的挖掘。通过专利分析容器获取某一技术领域内该技术所能实现的所有技术分支与专利申请数量的对应关系。将两者结合，研发者可以挖掘出具有一定潜力的技术类别集合，找到研发点，增加研发投入，抢先占领市场。

技术潜力容器为企业提供两方面的技术信息。一是纵观全局，找到本行业的技术薄弱区，抢先进行专利布局，增强自身技术实力；二是结合企业本身与某个竞争对手的实力对比情况，通过合理的专利布局设计，拉大（或缩小）两者的差距，从而全方位提高自身技术实力，技术潜力容器的构成如表5-21所示。

表 5-21　技术潜力容器的构成

容器名	分析指标	专利分析	子容器	子容器
技术潜力容器	技术潜力大小	不同技术分支的申请量	技术	时间

4. 制定布局策略

通过对企业态势容器和竞争对手容器的综合考量，企业可以采取表5-22的专利布局策略。

表 5-22　布局策略匹配

企业自身	竞争对手			
	种子对手	黑马对手	后进对手	弱小对手
领跑期	进攻为主，防御为辅			进攻为主
上升期	^ ^ ^	^
下滑期	跟随为主，改进为辅			合作为主
困难期	^ ^ ^	^

进攻：对竞争对手进行专利规避，申请外围专利；寻找技术空白点，抢先申请，形成专利壁垒。防御：对本企业进行专利布局的分析，形成专利网，防止专利被竞争对手规避。跟随：研究本领域核心技术的研究现状，保持技术的先进性。

改进：在研究核心技术的同时，寻找改进点和创新点。合作：与相关企业进行战略联盟，专利共享，共同进步。

虽然专利布局需要考虑的因素层出不穷，除了上述的专利因素还有政策因素等，但是基于容器思想汇聚的专利布局系统，为专利布局的适用领域的扩展、需要考虑因素的复用提供了便捷的接口，用户可以在上述的专利布局容器中扩展 N 个子容器，也可以对上述各子容器进行排列组合，同时根据该系统得到的布局数据可以作为将来专利布局的训练样本，对其进行大数据算法优化学习，从而调整专利布局的各项指标，以提高待布局的准确性和合理性。

第六章 容器的实现

容器思想是针对专利大数据如何重复利用的问题而提出的一种大数据建模思路。容器思想的内涵包括以下两方面。

（1）容器使用二维表来封装常见数据类型、自定义对象及其列表；容器通过组合嵌套（嵌套容器）来分解存储复杂数据。常见的容器如树容器。

（2）容器兼容的算法涵盖"数据获取""数据分析""可视化""数据输出"的全流程。全流程各个节点的中间数据都存储在容器之中，各个节点之间通过容器的联动模式来连接。当容器数据更新时，容器可以通过更新操作来自动地更新算法处理的结果，也可以对关联的其他容器进行自动更新。

本书第三章在介绍容器思想时对容器思想的外延进行了提纲挈领的概括。本章将针对现实中遇到的各种需求，从容器实现的角度对容器外延的各个方面进行进一步地阐述。

本章将从数据结构实现、大数据处理系统设计、应用部署等多个方面进行阐述。其中，面向专利分析项目二期的系统设计描述了容器大数据处理网站的设计方法；基于设计模式、使用 Python 语言的代码实现描述了容器数据结构的核心机制；基于微服务和 Docker 的应用实现则描述了容器应用的部署方式。

容器思想可以认为是一种标准或者一种规范，其实现并不是唯一的，任何遵从这些规范的实现方式都可以称为符合容器思想。本章仅给出了三个方面的各一种实现方式，期望能够达到抛砖引玉的效果。

第六章 容器的实现

6.1 专利大数据容器系统的设计

我们根据容器思想设计一个专利大数据容器系统（以下简称专利容器），以网站的形式为使用者提供专利分析项目的创建、检索和复用，以及在原有项目的基础上创建基于增量数据的二期项目。所谓二期项目，是指在原有项目的基础上，利用原有项目的数据，并获取原有项目结束之后的增量数据，再次进行的与原项目主题一致的新项目。

本节将从功能设计、流程设计、UI 设计等方面对该专利容器进行研究与设计。

6.1.1 容器在专利大数据系统中的作用

从容器在网站设计中的作用来看，专利容器网站能够承载多源、多领域的专利大数据。具体功能包括接口通用化、容器标准化、输出定制化、算法模块化、专利指纹打卡、智慧传承，如图 6-1 所示。

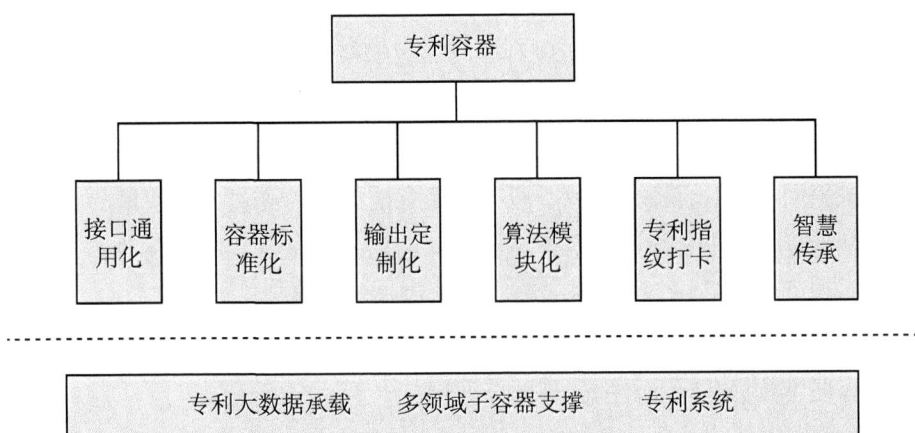

图 6-1 容器在专利大数据系统中的作用

1. 接口通用化

作为一个网站系统，接口包括面向数据库的接口（前端）和面向使用者的接口（后端）。

容器思想在实现为一种数据结构时，将容器内数据设置为二维表的形式，

如何玩转专利大数据

即多行表示多条数据，多列表示数据的多个字段。该形式与关系型数据库中数据表的形式是一致的。虽然第三章容器思想没有阐述容器的存储机制，但可想而知，容器天然地支持"容器—数据库""容器—电子表格""容器—格式化文本"等各种形式的存储机制。

因此，容器思想指导下的大数据网站设计，在与后台数据库的对接上，必然需要借助容器。以 PHP 编程语言的网站后台为例，可以用 PHP 语言实现一个容器对象，该对象通过 PHP 语言来从数据库中提取数据，将数据纳入容器对象之后，向前台 HTML 页面提供数据。此时，容器对象表现为后台和前台之间的中间层，即"后台数据库接口—后台容器对象—前台"。

容器思想指导下的大数据网站设计，在与前台的对接上，也需要借助容器。特别是专利分析时经常从用户本地导入电子表格文件。这些电子表格一般承载着专利数据。如何将这些电子表格文件导入数据库，可以借助容器对象对数据封装的能力，将电子表格中的数据载入容器对象内。而如果电子表格中的表头与数据库中的字段不对应，容器对象可以在导入电子表格文件时，进行相应的转换。此时，容器对象表现为前台和后台之间的中间层，即"前台—后台容器对象—后台数据库接口"。

接口的通用化设计可以实现对不同的数据格式、不同的技术领域、多种类型的数据文件的兼容。

2. 容器标准化

根据第三章对容器思想的介绍，容器标准化的内涵包括对数据的封装和对算法的复用。上文中导入电子表格数据的例子也是对数据封装的例子。同样的，网站编程语言实现的任意算法也可以得到复用。

进入到专利容器的数据，均可以通过统一的流程实现统一的处理。从而实现容器中数据存储和数据处理的标准化。

3. 输出定制化

容器中的数据输出时可以根据用户的需求定制输出。因此，可以将这些定制化的数据输出到前端页面，呈现给用户。同时，容器的存储机制支持容器数据存储为电子表格文件，也可以直接导出到用户本地。

4. 算法模块化

通过对数据和算法的模块化、固定化，实现算法和图表的重复利用，从而节省专利分析人员的时间。

5. 专利指纹打卡（二期项目）

第三章容器思想的一大重要功能是实现了对增量数据的自动更新。也就是说，当数据有增量时，容器可以自动调用原数据对接的算法，计算得到增量数据条件下的结果。

容器思想指导下的大数据网站设计，在实现了对现有项目的增删改查功能之后，将允许用户通过检索、浏览等手段定位到现有项目之后，在现有项目的基础上"复制—粘贴"为一个新项目。容器对象需要定义一个用来标识"项目时间"的字段，例如申请日、公开日等专利特有的日期。那么，将现有项目的所有数据导入容器之后，容器对象会定义一个现有项目的"项目截止时间"，例如使用现有项目所有数据的最晚申请日。我们将这个过程称之为"专利指纹打卡"。

那么，在这个现有项目的"项目截止时间"之后的所有数据，都应当作为"二期项目"的数据。容器对象在导入二期项目的数据时，将根据该时间对导入的数据进行筛选。

通过容器对增量数据的自动更新，二期项目可以很方便地在原有项目数据的基础上增加新数据，并更新相关的图表。由此实现专利分析二期数据对一期数据的使用和借鉴。

6. 智慧传承

可以通过查询和检索，借鉴和自己目前项目相关的已有项目的内容，包括分析数据和分析流程，从而实现智慧的传承。

6.1.2 专利大数据容器系统的结构

本节从页面结构方面介绍专利容器网站的设计。我们要建立的专利容器主要包括四个大方面的模块，主要包括已有项目的查询和借鉴、根据需要定制自己的项目、标准化后续项目、项目管理监控。

已有项目的查询和借鉴包括模版的查询借鉴、项目报告的查询借鉴、技术分解表的查询借鉴、图表的查询借鉴、检索式的查询借鉴、检索结果的查询借鉴几个部分；根据需要定制自己的项目包括重新建立新项目、以往项目的增加、以往项目的修改、以往项目的变动；标准化后续项目包括输入多样化、流程标准化、输出定制化、算法固化与模块化；项目管理监控包括各个级别的项目管理人员对专利分析项目的多级管理权限配置、整体项目管理、项目人员管理、项目组长自我管理几个部分，如图6-2所示。

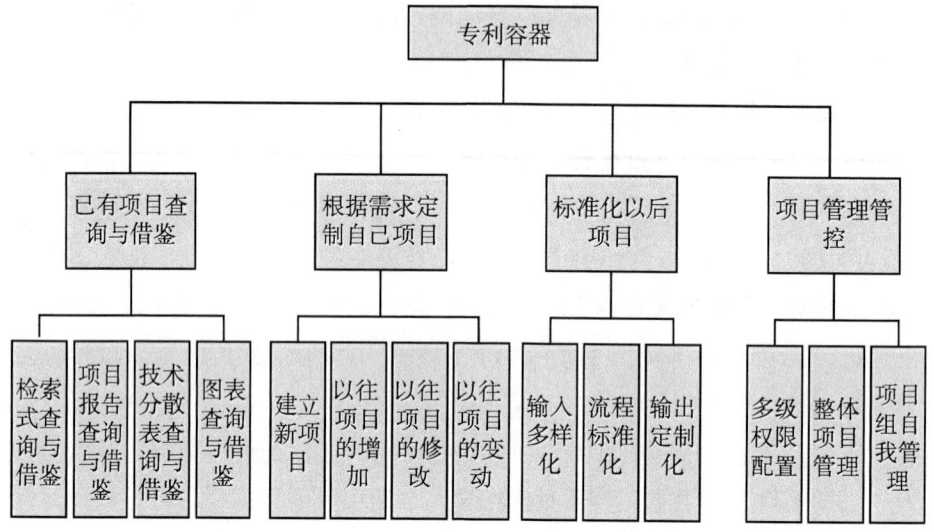

图6-2 专利容器网站结构图

其中，专利分析项目二期项目即图6-2中"标准化以后的项目"模块。该模块也是专利容器网站的重点设计内容。二期项目的生命周期与一期项目大致相同，根据客户的不同需求，我们将二期项目分为如下几种类型：（1）增量的同类型数据分析；（2）不同地域的同类型分析；（3）不同公司的同类型分析；（4）同地域的不同类型分析（例如，前一阶段为对现有专利的统计，后一阶段为技术发展趋势的分析等）；（5）同公司的不同类型分析（例如，根据公司技术的发展进行更新）；（6）不同数据库分析（例如，原分析结果基于中文库，新需求为根据英文库进行分析）。

尽管二期项目的种类多种多样，但不同二期项目中有着相同的数据复用需求：（1）检索式，（2）检索时间，（3）检索结果，（4）表格，（5）图表，（6）报告，（7）技术分解表以及技术资料。这些内容中，检索结果可以放入容器中进行存储和复用。而其他内容则可以作为相关的文本和图表内容，使用常规的网站存储方法存储。

专利容器网站的各个系统模块可以共用类似的界面，界面一般包括导航条区域（顶部）、快捷方式区域（左侧）、主区域（右下侧）。导航条区域是所有模块共享的，快捷方式区域是跟每个模块而变化的。主区域则只属于每个模块，当前的区域是一个现有项目检索的结果列表，对检索到的各个项目可以进行一系列的操作。

6.1.3 项目检索设计

本项目检索设计部分包括两大功能：项目检索功能和项目浏览功能。

项目检索功能是根据用户给定的检索条件，列出符合检索条件的项目列表。项目列表中的每个项目只显示少数关键信息，因而可以在项目列表的一行中显示。

项目浏览功能是针对某个具体的项目，给出该项目的详细信息。项目的详细信息一般包括存储在项目数据库中的所有信息，包括数据库本身存储的信息，以及通过索引可以访问到的、存储在服务器上的图片、表格、PDF、Word 等文件。

项目检索模块具体包括检索条件输入模块，以及检索结果列表模块。检索条件输入模块可以根据检索模式的不同分为简单检索模块和专业检索模块。项目浏览模块可以分为基本信息、技术分解表、收藏夹、项目附件等模块，如图 6-3 所示。

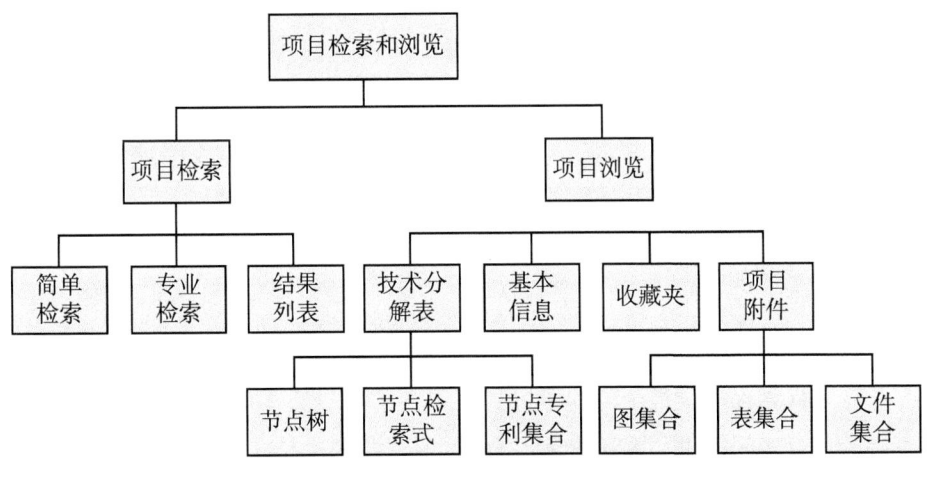

图 6-3 检索功能分解

项目检索和浏览模块的流程图如图6-4所示。

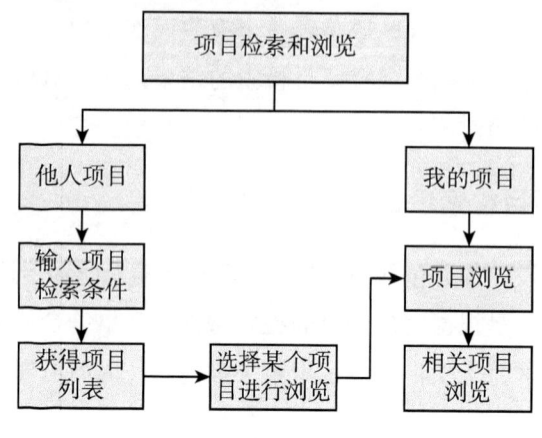

图6-4 检索—浏览流程

1. 项目检索

用户在使用项目数据库时，通常是从对他人项目的检索开始的。在页面的导航部分通常会提供上导航条和左导航条。上导航条提供了系统最上位的功能划分。选择上导航条的每个条目，都有与之对应的左导航条。

用户对他人项目的检索可以通过点击上导航条的"项目检索"来打开相应页面。

（1）简单检索

简单检索提供了"最简单的检索方式"，也就是在一个输入框中兼容多种内容。

输入框兼容"单关键词"（无空格）和"多关键词"（空格隔开）。这种方式与通常的搜索引擎相同，为用户提供简单熟悉的使用界面。

为了便于用户在"项目名称"和"全文"两个范围内进行检索，提供了两个输入框。

（2）专业检索

专业检索提供了最全的检索方式，包含了项目数据库中的所有字段。在不同的项目之间提供"AND"和"OR"的连接词。

（3）项目列表

项目列表提供了所有项目信息的简洁表示，其中每一行对应一个项目。

点击项目的某个字段（如名称）就可以展开项目的浏览页面。

2. 项目浏览

项目浏览分为基本信息、技术分解表、检索式、相关专利集合、项目附件、收藏夹等部分。

(1) 基本信息

基本信息提供了项目数据库中的所有字段。

(2) 技术分解表

技术分解表提供了与项目相关的技术分支树。

其中，节点树（技术分支树）的每一个节点都是一个嵌套结构，节点的子节点是其下位的技术分支。叶子节点不包含子节点。叶子节点对应着某项目的最小的技术单位。

每个节点都有一个收藏按钮，该按钮将该节点及其子孙构成的树发送到收藏夹。

(3) 节点检索式

节点检索式与一个叶子节点对应，当点击不同的节点时，节点检索式的内容随之而变。

(4) 专利集合

专利集合与一个叶子节点对应，当点击不同的节点时，专利集合的内容随之而变。

专利集合的界面与搜索结果页面类似，每一行对应一个专利，每一个专利后面具有相应的操作按钮。操作按钮可以展开该条目，以提供更多的属性。专利集合提供翻页功能。

专利集合上方具有两个按钮"推送 S 系统"和"图表生成"。推送 S 系统可以将当前的专利集合导出到文本文件，通过检索篮子可以推送到 S 系统浏览。而图表生成按钮则可以对当前专利集合进行分析。

(5) 项目附件

项目附件提供了非数据库信息的展示。分为附图区域、表格区域和文件区域。文件的下载也可以在项目浏览页面的其他部分展示。

(6) 收藏夹

收藏夹提供了对于感兴趣"技术分支"的临时存储，通过收藏夹将现有项目的技术分支暂时存储，到新建项目时可以从收藏夹中直接复用。

收藏夹提供了所收藏的技术分支的信息：项目名和节点名。以及对于技术分支的操作：删除、复用和二期。

在"新项目建立"页面也可以看到收藏夹，点击收藏夹中某个条目的复用按钮就可以将该条目插入新项目。也可以支持拖动操作，将收藏夹中某个条目直接拖动到新项目的技术分解表中。

对于二期项目来说，想把某技术分支节点加入当前的二期项目，应该点击"二期"按钮，通过该按钮可以将该技术分支条目添加到新项目。

6.1.4 新项目建立设计

该部分用于二期项目的新项目建立，包括二期项目类型的选择、二期项目相关基本信息的输入以及技术分解表的新建。其中项目类型可根据项目实际需要进行选择；基本信息包括项目名称、项目组人员以及该新建项目的访问权限；技术分解表囊括了树状的技术分支节点分布以及每个节点相对应的检索式。通过上述内容可以帮助实现对二期新项目的整体管理。

该部分包括以下模块：项目类型选择模块、项目基本信息输入模块和技术分解表的新建模块、分支节点管理子模块、检索式输入子模块，各模块的功能如下。

（1）项目类型选择模块。本模块用于根据实际需要进行类型的选择，不同的二期项目类型可分为："增量的同类型数据分析""不同地域的同类型分析""不同公司的同类型分析""同地域的不同类型分析""同公司的不同类型分析""不同数据库分析""其他类型"。对于上述各类型，在建立二期新项目时默认会将一期对应项目的技术分解表以及对应各分支的检索式都导入进来。

（2）项目基本信息输入模块。本模块主要用于项目基本信息的输入管理，其中包括项目名称输入子模块、项目人员信息输入子模块、项目自我管理子模块。其中项目人员输入子模块用于项目负责人、项目组其他成员以及项目组成立时间的输入/编辑。

项目自我管理子模块可以对该新项目的访问权限进行设置，可分为管理员、项目成员和访客三种权限等级。管理员可以对该项目的所有信息进行查询、修改或删除等操作；项目组成员可以对除了项目自我管理以外的所有信息进行查询、修改或删除等操作；访客仅可以查询该项目的所有信息。通过多种等级的权限设置管理可以提高新项目信息的安全性和可靠性。

（3）技术分解表的新建模块。本模块用于新建/管理各个技术分支，以及对各个分支进行相应的检索式的输入以及管理。其中包括分支节点管理子模块、检索式输入子模块。

（4）分支节点管理子模块。该模块主要用于增加当前节点的子节点、当前节点的兄弟节点、删除选中的节点、移动节点、给节点更名以及导入新的节点分支。通过该子模块可以灵活地管理各分支节点，通过对现有的可参考引用的技术分解表的快速导入，使得技术分支的创建更为便捷有效。

（5）检索式输入子模块。该模块可以针对选中的某个节点分支进行检索式的导入，检索式的输入后进行编辑并保存，同时可以针对上述检索式进行说明文档的输入。其中检索式的导入可以将已有的检索式导入到该界面中以便参考和进一步的编辑。在说明文档输入部分可以针对检索式附加说明信息，便于后续参考查阅。通过该子模块可以将各个技术分支对应的检索式进行输入/编辑/保存，从而极大地方便项目的管理以及后续的参考。

根据功能设计，对该部分的流程设计如图6-5所示。

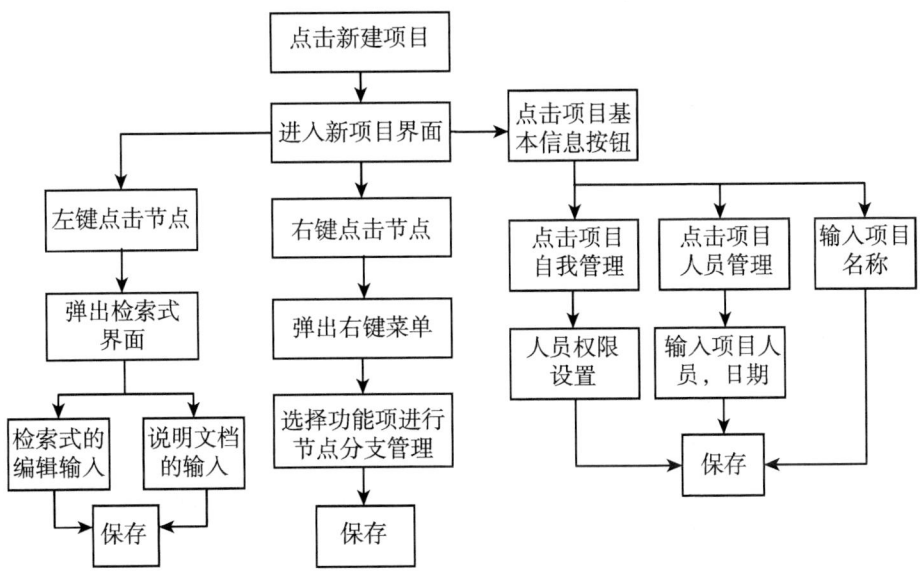

图6-5 总体流程

如何玩转专利大数据

点击项目二期按钮进入项目类型选择界面，根据项目实际情形选择好对应的项目类型后跳转至新项目界面，在该界面中点击项目基本信息按钮可以进入下一步包括项目自我管理、项目人员管理以及输入项目名称；在设置完上述信息后可以选择技术分解表中的一个节点右键点击弹出右键菜单，并进一步对该节点进行管理设置，在该过程中也可以左键点击节点对该节点对应的检索式进行编辑输入同时对检索式进行说明书文档的编辑。

通过点击页面上方导航条中"我的项目"可进入"我的项目"页面。在"我的项目"页面中，主要包括上导航条，左侧导航栏，项目列表内容。

S1：点击"我的项目"，在项目列表显示框中显示当前登录用户参与的所有项目列表，展示项目名称以及项目负责人。

S2：点击"编辑""删除"，可对对应的项目进行编辑或删除操作，其中"删除"操作只对该项目的管理员可见，通过点击"编辑"可进入对项目的编辑页面（与新建项目页面相同）。

S3：点击"项目二期"，可建立对应项目的二期项目，进入"新建二期项目—项目类型选择"页面。

在"项目类型选择"页面中，主要包括七种类型。

S1：点击"增量的同类型数据分析"，进入"新建二期项目"页面，默认将一期项目中检索式、检索结果、表格、图表、报告、技术分解表、时间戳全部导入该二期项目。

S2：点击"不同地域的同类型分析"，进入"新建二期项目"页面，默认将一期项目中检索式、表格、图表、报告、技术分解表、时间戳全部导入该二期项目。

S3：点击"不同公司的同类型分析"，进入"新建二期项目"页面，默认将一期项目中检索式、表格、图表、报告、技术分解表、时间戳全部导入该二期项目。

S4：点击"同地域的不同类型分析"，进入"新建二期项目"页面，默认将一期项目中检索式、检索结果、报告、技术分解表、时间戳全部导入该二期项目。

S5：点击"同公司的不同类型分析"，进入"新建二期项目"页面，默认将一期项目中表格、图表、报告、技术分解表、时间戳全部导入该二期项目。

S6：点击"不同数据库分析"，进入"新建二期项目"页面，默认将一期项目中检索式、检索结果、表格、图表、报告、技术分解表、时间戳全部导入该二期项目。

S7：点击"其他类型"，进入"新建二期项目"页面，与新建项目相同，不导入一期项目的任何内容。

在"新建二期项目"页面中，主要包括上导航条，左侧导航栏，以及项目内容。

S1：在"项目名称"输入框中输入新建项目的名称。

S2：在"技术分解表"中默认显示三级树形节点的形式，每一个节点对应一条技术分支，对于技术分解表中节点的操作包括导入、更改、删除、增加子节点、增加兄弟节点，该技术分支可通过手动填写、导入操作进行写入。

S3：在"检索式—说明文档"中默认为空，显示内容为某一技术分支对应的检索式和说明文档，可通过手动填写、导入操作进行写入；若技术分支为导入获取，则默认将其对应的检索式和说明文档也导入。

S4：点击技术分解表或检索式—说明文档下的"导入"，可进入"项目导入"界面，实现相关内容的导入操作。

S5：点击"项目权限信息"可进入"新建项目—项目权限信息"页面。

在"新建二期项目—项目权限信息"页面中，同样包括上导航条，左侧导航栏，以及项目人员信息栏和项目权限管理栏。

S1：点击"项目名称"字段显示对应的项目名称；

S2：项目人员信息框中显示参与该项目的人员，包括负责人、组员以及该项目的创建时间（默认为当前服务器时间）；

S3：项目权限管理框中显示该项目的角色，包括项目管理员、维护和访客，其中项目管理员不能为空，默认为新建项目的用户，项目维护可以设置多个，例如，组员、访客默认为全部人。

需要注意的是，对于上述两栏显示信息的修改和保存，可设置只允许项目管理员操作。

6.1.5　项目导入设计

项目导入模块用于将现有项目导入系统，以实现对项目的统一管理和对

如何玩转专利大数据

项目的搜索查询。同时，在项目导入时将项目二期与系统中的项目一期进行关联，使得项目二期的参与人员能够更便捷地获取项目一期的资料进行参考和引用，同时其他人员在搜索项目时，能够直接获取与该项目相关联的其他项目。针对正在进行中或者已完成的项目，为了能对其进行统一的管理，通过在项目导入模块中，将项目的相关信息进行导入。主要导入的内容包括执行项目关联、项目报告、技术分解表以及技术分解表中每个技术分支对应的检索式、检索结果以及统计图的导入。

1. 项目报告文档导入

项目报告导入模块主要用于导入已有的撰写中或者已完成的项目报告，通过在计算机系统中搜索项目报告，确认待导入的文档以将文档导入至专利容器系统中，在导入时选择相关项目以在系统中进行项目及其关联项目的关联操作，并将导入的文档显示在项目文档显示栏中。在导入后使用者可以对导入的文档中的内容进行拷贝、编辑操作，并在完成后点击保存实现项目报告的导入。

2. 技术分解表相关内容导入

对于项目相关的技术分解表的导入，主要包括技术分解表的导入，以及技术分解表中每个技术分支对应的检索式、检索结果以及相关图的导入。

技术分解表的导入可以通过从项目文档内容显示栏中拷贝、从计算机系统中搜索以及直接通过编辑录入这三种方式进行导入。导入的技术分解表将显示在项目导入界面中，可选择技术分解表中的任一分支并对该分支对应的检索式、检索结果以及相关图进行导入。

检索式的导入具有两种方式：一种是从计算机系统中搜索检索式的相关文件进行导入，另一种是直接从检索式的相关文件中复制拷贝进行导入。对于导入的检索式可以对其进行编辑和保存，完成检索式的导入。

检索结果的导入主要通过从计算机系统中搜索检索结果的相关文件进行导入。导入后，在项目导入界面的检索结果导入栏中显示相应的检索结果文件的连接。

图的导入可以通过搜索图片或其他文件，对于搜索的图片，可以直接导入，对于搜索的其他文件，可以通过打开文件并选择所需的图片进行导入。同时，可以浏览已导入的图片进行删除。

在专利容器系统的项目检索界面中，选择项目导入的功能按键，将进入项目导入界面。项目导入界面中包括了项目导入中的各个导入项的导入子模块。使用者可以在导入文档栏中基于文档名搜索项目报告进行导入并显示在项目文档内容显示栏，并可以对其进行拷贝、编辑、保存和清空的操作处理。

（1）项目导入界面

①项目文档的导入

S1：在导入文档对应的搜索栏中输入搜索的项目名，点击"搜索"按键，弹出文档选择界面。

S2：在文档选择界面中选择文档，并点击"确认"按键，则执行 S3；点击"返回"按键，则返回导入界面；

S3：显示项目关联界面，提示是否进行项目关联，选择"是"按键，则执行步骤 S4；选择"否"按键，则执行步骤 S7。

S4：显示项目搜索界面，搜索相关的项目。

S5：显示项目选择界面，将项目搜索结果进行显示，并选择需要关联的相关项目。

S6：选择"确认"按键，将系统中对当前项目和所选择的项目进行关联。

S7：在项目文档中显示所选项目的 Word 文档，文档处于只读模式。

S8：在文档中选择所需内容，并点击"拷贝"按键，可对所选内容进行拷贝。

S9：点击"编辑"按键，文档切换为读写模式，可对文档进行编辑。

S10：点击"保存"按键，对文档进行保存。

S11：点击"清空"按键，清空当前显示的 Word 内容。

②技术分解表的导入

导入方式包括以下三种：在 Word 文档中定位至技术分解表，在文档中选择技术分解表并点击"拷贝"按键，将所选内容拷贝并复制在技术分解表的输入框中；点击选择"导入"键，跳转至资料搜索界面并确认技术分解表以进行导入；直接通过"编辑"建立技术分解表。

在导入完成后，点击"保存"键，完成技术分解表的导入。

③检索式相关内容的导入

a. 检索式的导入

S1：在技术分解表中选择技术分支，检索式、检索结果和图的显示栏和操作按键由不可编辑状态切换为可编辑状态。

S2：点击检索式输入框下方的"导入"键，跳转至资料搜索界面选择检索式文件以进行导入；或者通过直接复制的方式将检索式复制输入至检索式输入框。

S3：点击检索式输入框下方的"保存"键，将输入的检索式进行保存，在保存完成后，检索式输入框切换为不可编辑状态。

S4：如果需要编辑，可选择"编辑"按键使得检索式输入框切换为可编辑状态，以进行编辑。

b. 检索结果的导入

S1：点击检索结果右侧的"导入"键，跳转至资料搜索界面选择检索结果以进行导入。

S2：将选定的检索结果的文件名和链接显示于检索结果右侧的显示栏中。

c. 图的导入

S1：点击图编辑栏右侧"导入"键，跳转至资料搜索界面选择图或其他文件并确认待导入的图片以进行导入。

S2：点击图编辑栏右侧"浏览"键，浏览当前已导入的图片并可以根据需要进行删除。

S3：点击图编辑栏右侧"保存"键，保存导入的图。

（2）文档选择界面

S1：在搜索结果中选择所需的文档。

S2：点击"确认"键，文档选择界面自动关闭，并将所选择的文档在 Word 文档内容的显示区域中显示所选择的文档。

S3：点击"返回"键，文档选择界面自动关闭返回项目导入界面。

（3）资料搜索界面

S1：输入搜索的资料名，并点击"搜索"键。

S2：在搜索结果显示栏中显示搜索结果项。

S3：选择搜索结果项，点击"打开"键执行步骤 S5，点击"确定"键执行步骤 S4，点击"返回"键直接返回项目导入界面。

S4：将选择的结果项的内容按照预先设定的形式显示在项目导入界面中。

S5：将选择的搜索结果项的内容显示在界面右侧的打开内容显示栏。

S6：点击打开内容显示栏下方的"编辑"键，可对打开内容显示栏中的内容进行编辑。

S7：打开内容显示栏中选择所需的内容，点击打开内容显示栏下方的"选择"键，高亮选择的内容。

S8：点击打开内容显示栏下方的"确定"键，将打开内容显示栏中所选择的内容按照预先设定的形式显示在项目导入界面。

（4）图浏览界面

S1：在图浏览界面中选择待删除图，点击"删除"键，删除所选择的图。

S2：点击"保存"键，保存删除后的所有图。

S3：点击"返回"键，以返回项目导入界面。

（5）项目关联界面

S1：显示项目关联界面，提示是否进行项目关联。

S2：选择"是"按键，则执行项目关联的相关操作。

S3：选择"否"按键，则不执行项目关联的相关操作。

6.1.6　图表生成及算法复用设计

该部分主要是针对检索得到的数据和对已有导入项目的数据，通过利用已有项目的算法或设计新算法，生成项目报告的全部图表。

该部分的总体功能包括数据获取、算法选择、图表生成三部分。

数据获取主要来源有两个：一是检索新数据来源，二是对系统已有项目的数据的复用。新数据来源，一是直接利用系统中存储的新项目的各技术分支的检索数据，或者上传本地数据表；二是系统已有项目的数据的存储。

算法在本部分所指的是对获得的数据进行处理的规则和步骤，由于专利分析获得了多个字段的数据，并且该多个字段的数据处理的目标是得到符合一定要求的可图表化显示的矩阵数据组。因此，本部分所指的算法是指对获得的专利分析的字段数据表中的数据进行筛选和处理的规则和步骤。

算法选择包括三部分：一是选择新的数据筛选处理规则；二是利用已有数据的筛选处理规则进行处理；三是混合规则，包括对复用算法的选择和调整。

图表生成部分主要包括：一是新生成图表，选择类型；二是对已生成图表的编辑和修改，该修改包括图表类型的修改和算法的修改，不包括数据来源的修改，其中对算法的修改包括算法的复用和新算法的制定。

1. 数据获取

首先是确定项目名称，通过选择项目名称下拉菜单，进入待选项目的图标生成数据库，后续生成图表和生成过程中的全部数据、算法均保留在该项目数据库中。

界面上显示选中项目的技术分解表，通过选择其中的技术分支，显示相应的技术分支的数据表；或者上传本地数据，选择上传路径，点击上传，即可将本地路径的数据表上传至服务器。上述两种数据表均显示在界面上的数据列表详情中。

2. 算法选择

算法选择流程首先由用户选择是否"复用算法"，若选择"是"，则接下来用户选择"待复用的算法列表"，选择后系统自动将复用的算法加载到行规则列表和列规则列表；若用户选择"不服用算法列表"，则系统的行、列规则下拉菜单或输入框由用户输入进行图表数据处理的预定条件选择项。

然后，系统提示是否进行行列规则改变，若用户选择改变，则重回行列规则表的条件选择；若用户选择不变，则由用户选择数据表中待处理的列字段，由系统自动执行，得到待生成图表的数据列表。

3. 图表生成

用户选中待生成的图表数据，并选择图表类型，系统生成预定样式的图标并保存至图表列表；若用户选中图表列表中的一个图表名称，系统显示该图表预览，用户选择"保存"即将该图表再次保存；若选择"修改"，则返回待生成的图表数据。

UI界面上对应本部分功能图的三大功能，主要分为三个区域：其中左侧为数据来源选择区；中间为数据加工及算法复用区；右侧为生成图表区域和已生成的图表列表区。用户的操作如下。

(1) 用户点击项目名称下拉菜单，选择一个项目名称。

①页面根据用户选择的项目名称展示该项目后台数据库中的存储的技术分解表。

②用户选择技术分解表中的技术分支。

③前端页面将该技术分支对应的后台检索数据传递至前端页面的中部的检索结果列表中。

（2）用户选择本地数据路径，将本地数据上传至后端数据库。后端数据库将上传的本地数据传递至前端页面的中部的检索结果列表中。

（3）用户输入待生成的图表名称，并点击算法列表下拉菜单，在后面的"是""否"复选框中确认是否复用选中的算法。

①若用户选择"是"，则系统将选中的算法直接填入行规则和列规则中。

②若用户选择"否"，则由用户根据需要选择相应的行规则和列规则。

S1. 用户选择"列选择1"，自动弹出待选择的全部列字段1由用户选择确认；然后选择"列选择2"，自动弹出已选择的列字段以外的其他列字段。

S2. 用户选择对选择的列字段进行排序，排序方式由系统事先列举，如由大到小，由小到大。

S3. 用户选择列字段的数据范围，在上下两个输入框中输入相应的端点值。

S4. 用户点击"统计"按钮，对上述列字段的数据进行处理并保存到统计结果列表中。

S5. 用户对统计结果列表中的行数据进行选择，点击"行合并"或"行编辑"按钮进行处理，并点击"保存"按钮将最终处理的统计结果数据表保存至后台数据库。

（4）用户选择图表类型下拉菜单，选择图表类型，点击图表生成，生成图表。

①生成的图表位于图表查看区，用户可以点击查看，并进行图表区域的文字编辑。

②生成的图表名称位于已生成的图表列表区。

③用户可选择已生成的图表列表，点击"编辑"按钮，系统将后台数据列表传送至前端页面中的"检索结果列表"中，并可按照（3）中的步骤进行算法和图表类型的选择，重新生成新的图表，点击"保存"按钮，进行保存。

具体到图表类型，除了柱状图、折线图等基础图形，还引入了地域分布图、占比图、气泡图等具有动态展示效果的图形。

6.1.7 生成报告流程设计

报告生成模块用于为每个项目基于定制化需求而半自动化生成报告，所谓的半自动化即其能够根据项目的技术分解表为项目报告生成相关的章或节，并将与技术分解表相关的数据自动导入到项目报告中，无须用户手动为报告导入该项目的相关数据，以节约用户撰写项目报告的时间和操作。基于该思想，该模块既可以实现空白报告的自动生成，也可以实现对已有报告的数据更新。该模块在功能上可以实现默认的报告生成方式，以及定制的报告生成方式，同时，也可以实现报告的更新，所谓的更新指的是用户可以选择更新的项目数据导入到已有项目报告中。

在该部分中主要包括三个功能，即默认生成方式、定制生成方式、报告更新。这三个功能，主要针对用户生成报告中的三种类别的需求，即默认生成方式主要针对没有过多参考内容，需要进行大量报告编辑工作的情况，在这种情况下，可以参考系统的默认报告结构、技术分解表等内容，并进行编辑、修改；定制生成方式，主要针对有部分内容参考，需要在原有内容基础上进行修改或重新调整的情况，此时用户可以以定制方式对报告整体结构、技术分解表与报告内容之间的映射关系等涉及的内容进行编辑、调整；报告更新则可以针对在途的报告进行调整，或者对参考的报告内容进行微调等情况。

虽然在模块结构上，该部分分成了三种类型，但是在实际操作中，三种方式之间是相互关联的，用户可以根据具体报告进行的不同程度、中途参考的内容等，进行快速的编辑，从而在三种方式之中实现无缝衔接操作，减少不必要的操作或者修改。因此，在该部分的流程图中，将三种类型进行了汇总，基于不同的输入需求，均可获得用户自由编辑的最终报告结果。

该模块的主体流程包括以下七步。

（1）用户选择项目的技术分解表。该步骤中，提供两种选择方式，一种是默认的来源项目的技术分解表，一种是用户进入技术分解表查询界面，选择满足其需求的技术分解表。

（2）用户选择模板。该步骤中，用户直接进入模板查询界面，模板查询界面包括两个入口，一个是系统提供的默认模板，另一个是项目查询界面，该入口可以让用户选择感兴趣的项目报告作为模板，也可以让用户更新选择的报告中的部分数据。

（3）提供给用户三种按钮操作。生成报告、定制映射关系和取消。

（4）如果用户直接点击生成报告，则系统根据用户选择的技术分支按照默认目录映射方式增加到选择的模板中，默认映射方式是将选中的技术分支的相关数据按照树结构导入报告的子节点中，并在新窗口产生一个更新后的 Word，以便于用户在本地继续进行编辑。

（5）如果用户直接点击定制映射关系，则界面显示的映射关系表将会变为可编辑状态，以便于用户修改默认的映射关系，修改结束，用户点击"生成报告"按钮，即系统根据用户定制的映射关系，将选中的技术分支的数据按照用户设置的映射关系增加到选择的模板中，并在新窗口产生一个更新后的 Word，以便于用户在本地继续进行编辑。

（6）用户将打开的新 Word 报告保存到本地系统里。

（7）用户将本地保存的报告上传到对应的项目中。

为简化用户的操作，提高操作效率，该模块的 UI 界面仅设置一个。用户可以通过上一级界面菜单中"我的项目"里左侧栏的子菜单"生成报告"按钮进入具体的报告生成页面。

初始状态下，页面的技术分解表显示来源项目的技术分解数据，并处于可勾选状态，报告模板装载一默认 A.doc 模板的目录，映射表显示区域为空，且处于不可编辑状态。

（1）如果用户需要更改技术分解表，则点击"选择技术分解表"按钮，弹出技术分解表查询界面，用户可以从收藏夹下选择技术分解表，也可以通过项目查询界面查询感兴趣的项目，并将感兴趣的项目的技术分解数据导入技术分解表框中。然后更新该生成报告页面的技术分解表显示框信息。

（2）如果用户需要更改模板，则用户点击"选择模板"按钮，弹出模板查询界面，用户可以通过模板查询界面查询选择的模板，还可以通过项目查询界面查询感兴趣的项目报告，确认后，更新该生成报告页面的模板显示框，模板显示框仅显示选择的 Word 中的目录结构。

（3）用户勾选技术分解表的分支，以选择报告需要的技术分支内容。当用户勾选一个节点时，映射表以默认方式更新。

①若用户想为某个项目生成新的项目报告,其选择技术分解表中所需树结构的根节点,此时"映射表"将所勾选的树结构"ADD"到映射表的左栏,映射表的右栏显示默认的映射方式,系统将选择的技术分支映射到模板中,表结构如表 6-1 所示。

表 6-1 技术分解表的结构

·存储芯片	2
··技术分析	2.1
···存储单元	2.1.1
···外围电路	2.1.2
··地域	2.2

注:默认映射方式是将所有分支映射。

②如果用户想要更新该映射关系,用户可点击该生成报告页面的"修改映射关系"按钮,此时,映射表变为可编辑状态,用户可以手动修改映射关系表的目录信息。通常情况下,对于新报告的生成,仅需要(3)—①步骤完成,然后直接点击"生成报告"按钮即可,无须进入(3)—②步骤。该步骤作为开放接口以提供用户基于新数据来更新已有的报告数据内容。映射表的 add、delete 可以通过用户勾选节点来完成,勾选,则增加,不勾选,则删除。

(4)用户点击"生成报告"按钮,打开一个 Word 新窗口,使用映射表中的映射关系更新选择的 Word 中的目录结构以及在正文中产生对应的目录节点,并将勾选的技术分解中的检索式、检索图表插入对应的目录正文内容。

(5)用户在本地对新窗口的 Word 进行进一步的编辑操作,最后保存到本地系统。

(6)用户通过"我的项目"左侧栏子菜单"报告上传"按钮或者"项目导入"设计中的"报告导入"功能,将本地报告的终稿上传到对应的项目中。

6.1.8 项目管理设计

项目管理主要是为部门、中心的项目管理人员方便管理各个级别的专利分析项目,包括多级权限配置、整体项目管理、项目人员管理、项目组自我管理。

项目管理设计包括新项目的建立、人员信息管理、项目信息管理三部分功能，可以做到各个级别的项目管理者对专利分析项目的管理，人员信息管理还包括人员信息的导入、人员信息的查询；项目信息管理包括人员信息导入、人员信息查询。

项目管理流程包括：首先，点击进入项目管理界面，其又包括三个子界面，分别为新项目的建立、人员信息管理、项目信息管理。其次，根据实际的需要选择进入目标界面。如果进入新项目管理流程，则根据界面的要求录入信息；如果选择进入人员管理流程，包括选择人员信息导入流程和选择人员信息查询流程，人员信息管理查询后进入结果浏览流程。如果选择项目管理流程，则进入选择人员信息导入流程和选择人员信息查询流程，查询后进入结果浏览流程。

项目管理流程的 UI 界面主要包括新项目的建立界面、人员信息管理界面、项目信息查询界面。

项目信息查询包括项目信息导入界面和项目信息查询界面，在项目信息查询到结果后进入结果浏览界面。

6.1.9 角色设计

根据实际的管理需要，可以设置系统管理员；中心级专利管理人员、部门级专利管理人员；项目自我管理人员、组员、访客。

1. 系统管理员

（1）可以设置对各级人员的权限进行配置，增加、删除、修改人员权限，例如，可以设置中心级专利管理人员、部门级专利管理人员。

（2）可以查看系统日志。

2. 中心/部门专利管理人员

（1）各级管理人员可以对所管理部门的所有专利分析项目进行管理，例如，可以对项目、人员、项目进度、项目经费进行数据导入、查询管理。

（2）可以对成立的分析项目的项目组里的组长、组员进行权限配置。

（3）可将该项目设置保密项目，方便特定的人员查看项目资料。

3. 各项目组组长/组员

（1）某一个专利分析项目成立后，该项目的组长、组员已经设置完成，组长可以对组员的情况进行查看，方便进行组内任务的分配。

（2）针对项目内部的资料，组内成员可以进行多成员资料共享、项目资料查询、成员编辑。

（3）非项目组成员无权查看该项目的资料，除项目完成后。

4. 访客

（1）可以对容器中的项目进行查询和检索。

（2）可以查看某一个非保密的项目资料、项目信息，方便掌握项目资料，没有开放权限的项目资料无权查看。

以上我们根据容器思想设计了一个专利大数据容器系统，以网站的形式为使用者提供专利分析项目的创建、检索和复用，以及在原有项目的基础上创建基于增量数据的二期项目。该网站在普通的专利分析网站的基础上，重点引入了容器数据结构和算法，具体可用各种编程语言实现，例如，PHP、Java、Python。

容器在该专利大数据网站中的作用，主要是作为前台和后台的一个中间件，组成一个"前台—容器对象—后台"的结构，引入了容器对数据的封装和对算法的复用。通过对数据和算法的模块化、固定化，实现算法和图表的重复利用，为专利分析项目的复用（二期项目）提供了快捷实现的方式。通过容器对增量数据的自动更新，二期项目可以很方便地在原有项目数据的基础上增加新数据，并更新相关的图表。由此实现了专利分析二期数据对一期数据的使用和借鉴，从而节省专利分析人员的时间。

6.2 容器数据结构的实现

由于容器本质上是一种数据承载的标准，是可以编码实现的一种规范，本节将把容器思想落实到数据结构的伪代码实现上，并给出实现容器核心功能的伪代码，包括支撑容器实现上述功能的一些底层机制，例如，容器的高维数据模型、存储机制。

本节将采用一些软件设计模式来阐明容器的内部实现机制。由于 Python 语言的流行程度，本节在部分内容中（主要是基础内容）给出 Python 语言描述的代码。

为了方便读者在实际专利分析中使用容器,我们使用 Python 语言实现了容器数据建模的一个示例性代码,并按照 GNU GPL v3.0 协议共享在 GitHub 网站上,网址为 https://github.com/yangdongbjcn/patent-container。[①]

容器很重要的一个特点就是其封装性和可扩展性,这就要求容器能适应各种需求的变化,面对专利数据处理需求的多样性特点,需要对可确定性范围的专利数据进行兼容,同时也要考虑可能出现的未知需求。

容器中存储的数据可以有多重视角。从维度空间的角度看,单个容器中存储的数据表现为高维空间中的若干数据点,每个数据点就是一条记录也就是一个对象。从面向对象的角度看,单个容器中存储的是一个或多个同类的对象,每个对象都拥有若干属性。从数据库的角度看,容器的数据表现为一张二维表。在数据库中表现为一条记录包含各种字段。

6.2.1 容器的高维数据模型

容器(conatainer)是一种嵌套定义的数据结构。既可以容纳子容器,也可以直接容纳相同类型的多个数据。

```
class Container (object):
    def__init__(self, name):
        self.name = name
        self.data = None
        self.children = {}
```

上述 Python 代码定义了一个基本的容器。该容器具有一个字符串类型的成员变量 name,用来表示该容器的名称。成员变量 data 定义了容器数据,成员变量 children 定义了子容器。

容器本身与一个唯一的名字(name)相关联,这也体现了一种"索引"的设计理念。在嵌套容器中查找某一个容器,就可以通过名字来唯一定位该容器。

容器数据的类型是 Frame,可以存储同样类型的数据,在逻辑上是一个

[①] 杨栋. 容器数据结构的 Python 示例 [OL] [2019-09-19]. https://github.com/yangdongbjcn/patent-container.

如何玩转专利大数据

二维表。为了不对外暴露容器内部存储的数据，容器对外提供了访问数据的接口，例如，增加数据（addData）、删除数据（delData）和获取数据（getData），以及获取包含嵌套子容器数据的所有数据（getAllData）。

容器数据类（Frame）用来承载高维数据。

高维数据结构可以从多个角度进行理解。

（1）从高维数据空间的角度看，高维数据表现为一个高维数据空间的若干数据点。形象的例子是三维空间＜性别，年龄，身高＞中的一个点，每个点都对应着三维空间中的值，例如，性别维度具有三个值：男，女，保密，年龄维度和身高维度则各对应着一个数值。高维数据空间的维度一般远大于3，几百甚至几千维的高维数据在大数据处理中也是常见的。

（2）从面向对象的角度看，高维数据表现为一个对象的多个属性。上面的例子中，＜性别，年龄，身高＞是一个表示某对象的三元组，该对象的第一个元素的属性名是"性别"，属性值是三元组的第一个值，该对象的第二个元素的属性名是"年龄"，属性值是三元组的第二个值，该对象的第三个元素的属性名是"身高"，属性值是三元组的第三个值。同样地，真实大数据的属性值也是非常多的。

（3）从数据库二维表的角度看，容器的高维数据模型表现为一张二维表中的一条记录。上面的例子中，＜性别，年龄，身高＞是表示某数据表中的一条记录的三元组，该记录的第一个字段的名称是"性别"，字段的值是三元组的第一个值，该记录的第二个字段的名称是"年龄"，字段的值是三元组的第二个值，该记录的第三个字段的名称是"身高"，字段的值是三元组的第三个值。同样地，真实大数据的数据表中的字段值也是远多于三个的。

我们定义的容器数据类型 Frame，主要是从面向对象和数据库记录的角度出发进行定义，因此使用了 Pandas 的 DataFrame 的数据结构来存储。Python 语言中的 Numpy 使用了 ndarray 来定义一个 d 维 n 个数据的二维表，而 Pandas 则在 Numpy 的基础上定义了一维数据结构 Series 和二维数据结构 DataFrame。[1]

---

[1] Jeff Reback. Pandas DataFrame 数据结构［OL］［2019 - 09 - 19］. https://pandas.pydata.org/pandas-docs/stable/reference/api/pandas.DataFrame.html.

```
class Frame (object):
    def_ _ init_ _ (self, table = DataFrame (), name = '):
        self. name = name
        self. table = None
```

上述代码定义了一个基本的容器数据结构 Frame，该数据结构的 table 类型是 DataFrame，作为容器内部存储数据的类型，用来存放多个属性（维度）的数据。

6.2.2 容器的分层结构和组合结构

正如上文所言，容器思想在数据模型复用方面的主张是：容器封装"同类"数据，同类数据可是单个数据，也可以是数据的集合或列表。同时，容器"组合"封装数据，用简单的容器进行组合嵌套来处理复杂数据。如果复杂数据本身的组成部分有可能被单独访问，则复杂数据应当分解之后放入多个子容器之中。

因此，容器是可以分层的（嵌套的），即在容器当中可以包含子容器，在 Container 类中使用成员变量 children 来存储子容器。

子容器可以是 Container 类型，也可以是 Container 的子类。为了便于查找，每个子容器对应一个 name。为了不对外暴露容器内部存储的子容器，容器对外提供了访问子容器的接口，例如增加子容器（addChild）、删除子容器（delChild）和获取子容器（getChild）。

Container 仅定义了一种容器的基本类型，而容器还可以衍生出如下分类：表格容器（form container）、集合容器（list container）、树容器（tree container）、图容器（graphic container）、文本容器（text container）、用户自定义结构容器（custom structure container），这些类型都应当作为 Container 的子类。其中，表格容器类似于 Numpy 中的 ndarray，d 维 n 个数据，所有数据在同一维度上的数据字段是一致的。集合容器也是 n 个数据的集合，但每个数据的数据维度可以不同。树容器的每个节点只能有一个父容器，而图容器的一个节点则可以有多个父容器。文本容器提供了文本处理的很多算法。用户自定义容器则可以兼容用户自定义的数据结构和算法。

每一个容器都可以具体化为上述六种不同的容器，而每种容器又可以处在一个更大的容器中，这相当于容器和子容器的嵌套。上述的容器变量是一种较为简单的实现方式。

另一种较为复杂的实现方式采用设计模式中的 Composite 组合模式。CompositeContainer 将遍历 Iterator 整个树形结构，寻找同样包含这个方法的对象并实现调用执行，达到牵一动百的效果。基于每个 Container 还可以嵌套另一个 Container，每个 Container 也是一个组合体。

6.2.3 容器的构建机制

6.2.3.1 工厂模式

可以想象，工厂是一个大熔炉，需要包括以上种种容器集合，才能支持各种专利数据的处理。面对多种容器，我们可以采用工厂模式建立上述各容器。将上述各容器相同的部分用抽象类进行实现，将共同部分封装在抽象类中，不同部分使用子类实现。Java 语言的示例代码如下。

```
public abstract class ContainerProducer {
}
public class ListContainerProducer extends ContainerProducer {}
public class TreeContainerProducer extends ContainerProducer {}
public class FormContainerProducer extends ContainerProducer {}
public class GraphicContainerProducer extends ContainerProducer {}
public class TextContainerProducer extends ContainerProducer {}
```

当建立好上述各容器的数据结构之后，集中创建上述各个容器。

```
public class ContainerFactory {
    public int containerTypeNum;  //容器种类数目
    public static ContainerProducer producer;
      public ArrayList < Container > containerlist;
    public create (string className) {
      for (int i = 0; i < containerTypeNum; i++) {
        Class c = Class.forName (className);
        producer = (ContainerProducer) c.newInstance ();
```

```
            Container cnr = producer. create ();
            containerlist. add (cnr);
        }
    }
}
```

6.2.3.2 原型模式

容器除了数据封装性、接口标准化以外，还需要具备扩展性。在上述各种容器类型中，当某种类型的容器容量达到上限时，需要重复创建该类型的容器，这从本质上来说就是基于自身的容器对象来创建一个新的对象，我们可以采用设计模式中的原型模式（prototype）进行创建。

原型模式的定义为用原型实例指定创建对象的种类，并且通过拷贝这些原型创建新的对象，原型模式允许一个对象再创建另一个可定制的对象，其工作原理是：通过将一个原型对象传给那个要发动创建的对象，这个要发动创建的对象通过请求原型对象拷贝它们自己来实施创建。

从这一点上讲，原型模式其实和容器思想不谋而合。

下面以表格容器、图容器为例进行说明，Java 语言的伪码如下：

```
public abstract class AbstarctContainer implements Cloneable
{
    String contanierName;
    public Object clone ()
    {
            object = super. clone ();
    }
}
    public class FromContainer extends AbstarctContainer {}
    public class GraphicContainer extends Container {}
```

调用 Prototype 模式方法如下：

Container container = new FormContainer ();

Container container = new GraphicContainer ()。

6.2.4 容器的安全机制

在以上的篇章中,我们用了大量笔墨来描述容器内部的种种实现机制,充分利用不同设计模式的特点来实现容器的内部运转。各种设计模式错综复杂、互相交织,构成了容器的底层实现,以此来支持容器模型的上层计算。底层实现属于原子操作,直接涉及容器的创建、初始化、运算、更新等操作,这些从外界看来都是以标准化接口来实现的。但仅这样还是不够的,因为若直接访问底层操作会涉及安全问题,从理论上来讲容器的底层实现应该只能允许具有特定权限的人来实现,这样才能保证容器的安全机制,代理模式(Proxy)是个不错的选择。

在使用 Proxy 模式中,主要需要满足两个客观条件:

(1)不同级别的用户对同一容器拥有不同的访问权利。

(2)客户端不能直接操作某个子容器,但又必须和那个子容器有所互动。

基于上述思想,我们可以在容器的使用者和容器之间构建一道 Proxy,就像一道墙,客户端只能和 Proxy 进行交互操作。

下面是 Java 语言的伪代码实现过程:

```
public class ContainerProxy implementsContainer {
    private ContainerPermissions permissions;
    private Container container;
    public ContainerProxy (Container container, Authorizationauthorization, ForumPermissions permissions) {}
```

6.2.5 容器的存储机制

容器的存储机制是支持容器数据"序列化(Serialization)"的机制。容器的存储机制的特点是尽量实现原始数据的无损存储,除了必要的数据清洗和处理之外,尽量不损失原始数据的精度。

容器的实现涉及存储形式和表现形式。存储形式是指容器保存(save)和读取(load)。而表现形式是指容器提供给访问者的接口。不管容器采用何种存储形式,容器的表现形式可以是不变的。理论上容器可以采用任意的存储形式,只要这种存储形式能够实现上述接口的表现形式即可。

容器的存储机制具有如下特点：

（1）容器进行存储时，不仅可以存储容器本身的数据，还可以将嵌套的子容器同时存储下来。

（2）容器进行存储时，要求支持常见的多种存储方式。例如，常见的电子表格存储、格式化字符串存储、数据库存储。

（3）容器存储相关的类应与容器本身的类弱耦合。

可以对如下几种情况分别设计容器以存储数据的功能。

首先，是对电子表格格式的存储。

（1）CSV 文件格式。CSV（Comma Separated Values，逗号分隔值）是一种文本数据的表示方式，CSV 文件通常是纯文本文件。CSV 文件常被表示二维表格数据。当使用 CSV 文件表示容器数据时，容器数据的一条记录对应于 CSV 文件的一行。CSV 文件的各行之间用换行符进行分割，CSV 文件行内的数据使用逗号进行分割，每个分割后的数据对应着容器数据对象的一个属性（或者容器数据表的一条记录）。

（2）XLS 文件格式。XLS 就是 Microsoft Excel 保存的电子表格文件。得益于 Microsoft Excel 在电子表格软件领域的地位，XLS 文件称为电子表格数据一种通用文件格式。XLS 得到了很多同类办公软件的支持，例如 Open Office、WPS Office。值得注意的是，Microsoft Excel 的高级版本也支持 XLSX 文件格式，然而这种格式由于种种原因并没有得到业界的广泛支持，通用性不如 XLS 文件格式。

XLS 文件作为数据存储使用时，可以不考虑其公式计算等附加功能。XLS 文件具有行和列的区别，每行对应于容器数据的一个对象（或者容器数据表的一条记录），每行包含若干单元格，可以存储任意字符串数据，单元格对应于容器数据对象的一个手续（或者容器数据表的一个字段）。XLS 文件与 CSV 文件的最大不同在于单个 XLS 文件可以包含多个表格（sheet）。容器在使用 XLS 时，一般只在单个 XLS 文件中包含一张表格。

值得注意的是，CSV 文件和 XLS 文件的存储方式可以包括表头（字段名称行），也可以不包括表头。容器从数据表中读取数据时，可以根据情况自动适应这两种情况。当属于第一种情况时，容器从数据表中的第一行直接读取字段名称，从数据表的第二行开始读取记录。当属于第二种情况时，容器从数据表的第一行开始直接读取记录。而各个字段的名称可以另外提供给容器。

其次，是对格式化字符串格式的支持。

（1）JSON 格式。JSON（JavaScript Object Notation）是一种轻量级的数据表示方法，主要包括对象和数组两种结构，通过这两种结构就可以表示各种复杂的数据。JSON 将各种 JavaScript 对象中表示为字符串。随着 JSON 格式的流行，很多编程语言（包括 C、C++、C#、Java、Perl、Python 等）都支持 JSON，其对象可以很方便的转换为 JSON 字符串。这些特性使 JSON 成为理想的数据交换格式，也是容器数据存储的理想格式之一。

（2）XML 格式。XML（Extensible Markup Language，可扩展标记语言）是一种用于标记电子文件的结构的标记语言。XML 最早应用于 Internet 环境中跨平台的技术，早在 1998 年，W3C 就发布了 XML1.0 规范，使用它来规范化 Internet 上传输的文档信息。XML 被各种操作系统平台的程序广泛支持，包括 Windows，Mac OS，Linux 等操作系统平台，这使得 XML 成为数据交换的通用公共语言，也是容器数据存储的理想格式之一。

（3）SQL 数据库格式。SQL（Structured Query Language，结构化查询语言）一种特殊目的的编程语言，主要用于数据库的增删改查和管理等操作。目前，最广泛使用的是关系型数据库，关系型数据库借助于集合代数等概念来处理数据库中的数据，通常被组织成一组数据表格。SQL 数据库的每个数据表中包含多行数据（多条记录），每行包含多个字段。借助 SQL 编程语言，容器数据表可以非常方便地存储在关系型数据库中。

最后，是对数据库存储的支持。

容器中存储的数据可以有多重视角。从维度空间的角度看，单个容器中存储的数据表现为高维空间中的若干数据点，每个数据点就是一条记录，也就是一个对象。从数据库的角度看，单个容器中存储的数据表现为一张二维表，二维表的每一行是一条记录，也就是一个对象。

6.2.6 容器的封装机制

容器的封装机制是指将复杂数据载入容器的嵌套结构中并进行相应操作的机制。容器具有数据封装性，数据封装性不仅是对容器本身的数据进行容纳，也是对子容器中的数据进行容纳。

1. 容器对复杂数据的封装机制

容器的封装机制提供了将复杂数据输入和输出容器的机制。按照容器的类型划分，复杂数据可以分为表格类型数据（对应表格容器）、集合类型数据（对应集合容器）、树类型数据（对应树容器）、图类型数据（对应图容器）。

（1）容器的封装机制在载入复杂数据时，通过适应复杂数据的结构特点，自动地将数据放入容器的子容器。

（2）容器的封装机制在输出复杂数据时，自动地将该容器包含的所有子容器的数据提取到当前容器输出。

在实际的实现过程中，容器类的变量（children）用来存放嵌套子容器。为了与容器直接包含的数据（data）进行区分，为容器的所有子容器的所有数据增加了成员变量（all_data）。

外部使用者并不关心容器内部具体是如何实现的，外部使用者知道容器可以表现为高维数据模型，也可以表现为二维数据表模型。因此，外部使用者对容器内部组织结构不清楚时，可以直接获取二维数据表。外部使用者知晓容器内部组织结构时，可以获取容器的子容器。综上，容器的封装机制具有如下特点。

（1）当从父容器查找嵌套包含的所有数据时，可以直接获取到所有数据。使用者不必关心数据究竟存储在哪一个子容器中。

（2）当具有分层结构的数据存入容器的时候，在实现上会自动使用多个容器分别存储数据。使用者不必关心数据究竟存储在哪一个子容器中。

容器的封装机制确保了可以将分层结构的复杂数据直接存储进容器，自动地构建相应结构的子容器来存储相应的数据节点。

以专利分析常用的技术分解表数据结构为例，技术分解表一般表示为如下结构。

（1）技术分解表将技术的分支表示为一种树结构。每个技术分支对应着一个专利集合，一般由该技术分支的关键词和分类号检索而来。

例如，对于"输入设备"技术分解表来说。技术分解表的根节点是"输入设备"，从根节点发散出多个树节点，这些树节点都要存储在同一个树类型容器中。"输入设备"根节点的一个子节点为"鼠标"，另一个子节点为

"触摸屏"。而这些子节点也可以再次扩展，例如"触摸屏"可以再次扩展子节点"电容触摸屏"。

某个节点包含着与该节点有关的专利数据。例如，对于"电容触摸屏"节点来说，该专利集合是与"电容触摸屏"相关的专利集合，而不包括"电阻触摸屏"的专利集合，也不包括"鼠标"的专利集合。而对于"触摸屏"节点来说，其对应的专利集合是所有触摸屏相关的专利集合，不仅应当包括电容触摸屏，也包括电阻触摸屏、电磁触摸屏等专利。

（2）每个技术分支的专利集合存储在一个单独的电子表格文件中。该电子表格文件的文件名表示为该技术分支的路径。电子表格文件是以二维表的形式存储专利数据，一般一行是一条专利，多行是多个专利。为了更加直观，可以将电子表格文件的名称命名为该树节点的路径名称，例如，树节点"电容触摸屏"对应的电子表格文件的名称可以是"输入设备—触摸屏—电容触摸屏.xls"。举例来说，该技术分解表对应的电子表格文件可有如下名称："输入设备.xls""输入设备—鼠标.xls""输入设备—触摸屏.xls""输入设备—触摸屏—电容触摸屏.xls"。也就构建了一个树结构的技术分支树，其中根节点是"输入设备"，一级子节点是"鼠标""触摸屏"，二级子节点是"电容触摸屏"。

容器的封装机制提供了读取技术分解表电子表格文件集合的函数addTreeData。为便于管理，可以将整个技术分解表的全部电子表格文件放在同一个文件夹中，将该文件夹作为参数提供给该函数。

```
def addTreeData (self, path):
    sheet_files = self.getSheetFiles (path)
    for file in sheet_files:
        file_name = self.getFileName (file)
        tree_path = self.transTreePath (file_name)
        self.findMember (tree_path, create = True)
    for file in sheet_files:
        file_name = self.getFileName (file)
        tree_path = self.transTreePath (file_name)
        leaf = self.findMember (tree_path)
```

```
        file_path = path + '\\' + file
        leaf.data.loadSheet ( file_path )
    return
```

首先，通过 getSheetFiles 读取路径文件夹中的所有电子表格文件。使用容器存储上述技术分解表时，实际输入的是上述 4 个电子表格文件。为方便起见，我们可以约定将所有的电子表格文件都放置在同一个文件夹中，该文件夹的路径为参数 path。

其次，容器从 4 个电子表格文件的文件名中，识别出该技术分解表的结构。即：

（1）该技术分解表一共具有 4 个节点，其名称分别是"输入设备""鼠标""触摸屏""电容触摸屏"。为此，分别建立 4 个容器存储这 4 个节点。

（2）该技术分解表的结构关系，分别存储在这 4 个容器的嵌套关系上。例如，"输入设备"容器位于树结构的根部，"输入设备"容器中嵌套着 2 个子容器，"鼠标"子容器和"触摸屏"子容器。而"触摸屏"子容器又嵌套着 1 个子容器，"电容触摸屏"子容器。

上述函数通过 transTreePath 函数对每个电子表格文件的文件名进行解析，来获取容器的嵌套关系 treepath。

最终，函数 findMember 使用容器的嵌套关系来建立容器节点。

```
    def transTreePath ( self, file_name ):
        tree_path = file_name.replace ( '-', ' ' )
        return tree_path
```

上述函数 transTreePath 的作用是从容器名称中解析出容器的嵌套关系。在我们的实施方式中，容器的嵌套关系是这样来约定的，上下级节点之间通过空格连接，容器名称包含其所有父节点的名称，例如"电容触摸屏"的容器节点的嵌套关系是"输入设备—触摸屏—电容触摸屏"。在创建容器节点的时候，需要输入完整的容器嵌套关系。

```
    def findMember ( self, path, create = False ):
        path = path if isinstance ( path, list ) else path.split ( )
        cur = self
        for sub in path:
```

如何玩转专利大数据

```
        obj = cur.getMember (sub)
        if obj is None and create：
            # create new node if need
            obj = cur.addMember (sub)
        if obj is None：
            break
        cur = obj
    return obj
```

上述函数 findMember 的作用是利用输入的容器嵌套关系路径来建立容器。该函数首先分解容器嵌套关系中的每个层级，例如，path 的输入值是"输入设备—触摸屏—电容触摸屏"时，首先将其分解为数组["输入设备""触摸屏""电容触摸屏"]，数组的第一个元素是根节点"输入设备"，最后一个元素是本节点"电容触摸屏"。该函数会根据名称查找该节点是否存在，如果不存在才建立新的节点。例如，当容器树结构中已经有了"输入设备"和"触摸屏"节点，那么我们此次输入"输入设备—触摸屏—电容触摸屏"，不会重复建立"输入设备"和"触摸屏"节点，而是会访问之前已经建立的节点，在"触摸屏"节点之下建立新的子容器"电容触摸屏"。

为了实现查找嵌套包含的所有数据的需求，为容器设计了遍历所有节点的接口 getRecursiveMember ()。以树结构为例：

```
def getRecursiveMember (self)：
    node = self
    if node == None：[a40]
        return
    queue = []
    queue.append (node)
    nodes = []
    while queue：
        node = queue.pop (0)
        nodes.append (node)
        for name, child in node.getMembers ()：
```

queue. append（child）

nodes. append（child）

return nodes

该函数设置了一个队列（queue），对于每个容器节点（node），通过函数 getMembers 获取其所有子容器，然后将这些子容器都加入队列（queue）中。只要该队列不空，就会不断迭代。这实际上是一种树结构的广度优先遍历算法。

无论一个容器嵌套着多少子容器，容器的封装机制可以确保所有嵌套存储的数据都被提取到当前容器的接口中。为了与获取容器本身数据的接口 getData 区分开，为容器设计了获取容器嵌套存储的所有数据的接口［a41］。

2. 容器的切片、上卷、下钻

切片、上卷、下钻是数据挖掘中的概念，是对数据进行细分和聚合的操作。而容器的封装机制也支持切片、上卷、下钻，不仅可以作用于容器数据本身，也可以作用于嵌套子容器中的数据。

首先，容器支持"切片"。外部访问者在得知了容器具有的所有可访问的字段之后，会想直接获取容器的各个字段对应的列。在高维数据处理的语境中，这就是一个"切片"（slicing）的操作，即跨越容器定义的数据组织方式，直接把每个字段对应的所有元素组成一列提取出来。因此，容器向外部访问者提供另一个成员函数 slice，该函数接收输入为字符串数据类型的参数，即指定想要获取的列（字段）的名称。

其次，容器实现了"下钻"。外部访问者会想把容器的某一个字段进行拆分，将拆分得到的多组数据分别放入多个子容器。在高维数据处理的语境中，这就是一个"下钻"的操作，把该字段作为分组依据，将容器拆分为不重复的多个组。因此，容器向外部访问者提供另一个成员函数 drillDown（），该函数接收输入为字符串数据类型的参数，即指定想要下钻的列（字段）的名称。

最后，容器实现了"上卷"。该操作是"下钻"操作的逆操作。外部访问者会想将拆分的各个子容器的数据收集起来，重新收集到父容器之中。在高维数据处理的语境中，这就是一个"上卷"（roll up）的操作。因此，容器向外部访问者提供另一个成员函数 rollUp（），该函数处理的对象是容器的所有子容器，于是不必接受字段参数，直接将所有的子容器的数据上卷到一起即可。

3. 容器的分组操作

由于容器思想提出时其针对的数据是专利数据,专利数据经常按照各种属性进行分组操作,例如,专利的申请时间、公开时间、申请地域等属性。容器的封装机制也支持分组不仅可以作用于容器数据本身,也可以作用于嵌套子容器中的数据。

容器数据类型 Frame 可以按照各个列进行分组。

成员函数 getGroups 对于给定的列名 key,直接按照该列进行分组。例如,某专利数据库的专利申请时间为 "apd",可以将 "apd" 作为输入的 key 值,从而按照申请时间进行分组。值得注意的是,申请时间往往精确到天,有时候需要按年进行分组,此时就需要先把 "apd" 列进行转换,生成一列只包含申请年份的新列,再将该新列作为参数输入函数 getGroups。

容器在分组的基础上还提供了进一步处理的功能,例如,获取直方图的成员函数 getHistogram,该函数将直接返回一个包含行索引和各分组中元素数量的 DataFrame。

4. 容器的时间操作

容器最重要的索引就是时间索引,对于外部访问者来说,容器可以表现出只包含某个时间段的数据,而实际上所有时间的数据仍然存在于容器内;当外部访问者需要时,容器可以表现出另一个时间段的数据,此时从外部看来,容器好像就在时间轴上移动。容器的封装机制也支持时间操作,不仅可以作用于容器数据本身,也可以作用于嵌套子容器中的数据。

容器的时间索引可以接受一个时间点参数,则此时限定的时间段是从无穷远之前到当前时间点;也可以接受两个时间点参数,则此时限定的时间段是在两个时间点之间。

我们将时间索引形象地称为"时间打卡"或者"时间戳"。这对于专利分析来说是特别有用的,当专利检索完成后,时间打卡可以让容器保持该检索时间之前的状态。而在未来进行第二次专利检索时,则可以只检索该时间段之后的数据,以节省时间。

6.2.7 容器的接口适配机制

前文提到过容器嵌套的概念,大容器嵌套若干平级的小容器。但在实际应用场景中还会出现以下情形：平级的容器之间需要结合在一起使用，例如，树容器和图容器相结合。我们知道，这两个容器之间的内部数据结构不同，并且接口也不尽相同。这时当产生这种需求时，有一种解决方法就是修改各自类的接口，但这样其实也就违反了软件设计中的"开闭原则"，我们很多时候不愿意为了一个组合应用而修改各自的接口，这样也不符合软件设计模式的原理和初衷。幸好在经典的设计模式理论中，给我们提供了很好的解决方案：适配器模式。

所谓适配器，就是在两个接口之间创建一个混合接口。既然有适配器（adapter），就自然会有被适配者（adaptee），我们以图容器、树容器为例进行说明，我们需要创建一个树容器适配器 TreeContainerAdapter，将图容器 GraphicContainer 作为被适配者，由 TreeContainerAdapter 将被适配者 GraphicContainer 和 TreeContainer 进行适配。

进一步地，上述适配只是进行单一适配，如果既需要继承树容器，又需要继承图容器的，可以用接口来实现，如下：

  public interface ITreeContanier {}

public interface IGraphicContainer {}

public class TreeContainer implements ITreeContainer {}

public class GraphicContainer implements IGraphicContanier {}

由于树容器和图容器本质上均属于一种层级容器，我们创建一个新的层级容器适配器 HierarchyContainerAdapter，叫作 two-way adapter：

public class HierarchyContainerAdapter implements ITree Container, IGraphicContanier
{

  privateTreeContainer treeContainer;

  private GraphicContainer graphicContainer;

}

由此我们可以看到，通过适配器的模式可以将两种接口不同的容器进行结合，从而完成功能上的兼容，并且不会修改原来的接口实现。

6.2.8 容器的性能提升机制

我们之前提到过所有容器采用 Composite 的方式进行处理，这是最外层的

如何玩转专利大数据

容器相当于维护了一个超大的容器池，这时会存在内存消耗的问题，如何避免大量拥有相同内容的小类的开销？设计模式给出了享元（Flyweight）模式的启示，将此模式应用于容器的实现机制中，试想当各种子容器同时运行时，需要消耗大量的CPU、内存等资源，该模式能够提高容器底层程序效率和性能，大大加快程序的运行速度。

首先，我们先从Flyweight抽象接口开始：

```
public interface Flyweight {
    public void operation (ExtrinsicState state);
}
//用于本模式的抽象数据类型（自行设计）
public interface ExtrinsicState {}
```

下面是接口的具体实现（ConcreteFlyweight），并为内部状态增加内存空间，ConcreteFlyweight必须是可共享的，它保存的任何状态都必须是内部的（intrinsic），也就是说，ConcreteFlyweight必须和它的应用环境场合无关。

```
public class ConcreteFlyweight implements Flyweight {
    private IntrinsicState state;
    public void operation (ExtrinsicState state) {}
}
```

接下来，我们运用Flyweight factory负责维护一个Flyweight池（存放内部状态），当客户端请求共享Flyweight时，这个factory首先搜索池中是否已经有可适用的，如果有，factory只是简单返回送出这个对象，否则，创建一个新的对象，加入到池中，再返回送出这个对象池。

```
public class FlyweightFactory {
    private Hashtable flyweights = new Hashtable ();
    public Flyweight getFlyweight (Object key) {
        Flyweight flyweight = (Flyweight) flyweights. get (key);
        if (flyweight = null) {
            flyweight = new ConcreteFlyweight ();
            flyweights. put (key, flyweight);
        }
```

        return flyweight;
    }
}

虽然看起来只是简单的工厂方法调用，但其精妙之处在于 Factory 的内部设计上，这种设计可以提高容器池的资源利用率，提高程序运行效率。

6.2.9 容器的联动更新机制

容器是一个嵌套结构，容器内部嵌套了若干子容器，对容器的多种操作都可以自动应用到嵌套子容器上，而容器之间也需要通过协同工作实现容器的数据加工处理。因此，如何在嵌套容器之间、在相关容器之间实现联动，是一个需要解决的问题。

1. 嵌套容器之间的联动

嵌套容器的数据结构是通过容器类的成员变量 children 来定义的。成员变量 children 指定了该容器的子容器。

当某一个容器发生了数据更新之后，可以触发一个更新操作。可想而知，该更新既可能影响子容器，也可能影响父容器。

首先，对于受其影响的所有子容器来说，不必迭代调用每个子容器的更新操作，只要获取全部子孙容器的集合，就可以对每个子孙容器都进行更新。也就是调用 getAllChildren 函数，并对所有节点都进行某种更新操作即可。

此时可以用一个设计模式中的观察者（observer）模式来实现。

[a42] 对于某容器来说，其自身是发布者（被观察者），其子孙容器是订阅者（观察者）。该容器有了更新之后，通过调用某个成员函数来通知所有订阅者。

```
def addMember (self, name, obj = None):
    if obj and not isinstance (obj, TreeContainer):    # YDBJ
        raise ValueError ('member is not a Container')
    if obj is None:
        obj = TreeContainer (name)    # YDBJ
    obj.superior = self
    self.members [name] = obj
```

return obj

其中函数 addMember 的作用是为容器增加子容器，子容器作为该容器的观察者，当该容器的状态发生变化时，子容器会得到通知，根据该容器的状态同步子容器的状态。

def syncMembers（self, type, *a, **kw）:
    members = self. getMembers（）
    for key, child in members:
        child. syncBySupervisor（type, self. frame, *a, **kw）
        child. syncMembers（type, *a, **kw）

其中函数 syncMembers 的作用是通知所有的子容器。该函数首先通过函数 getMembers 获取容器的所有子容器，然后对每个子容器，分别调用子容器的特定函数（在本例中该函数为 syncBySupervisor），来达到通知的目的。进一步讲，通过子容器的函数 syncMembers 递归地通知子容器的子容器。

def syncBySupervisor（self, type, frame, *a, **kw）:
    key = a［0］
    if（type = = 'histogram'）:
        self. histo_ name = 'histo'
        histo_ table = self. getHistogramFrom（frame, key）
        histo_ data = Frame（name = self. histo_ name, table = histo_ table）
        self. setFrame（self. histo_ name, histo_ data）

其中函数 syncBySupervisor 的作用是观察者采取的动作。该函数的执行是由父容器（Supervisor）来启动的。正如上一个函数 syncMember，父容器调用了子容器的 syncBySupervisor 函数，来达到通知子容器采取相应操作的目的。在上述实施方式中，子容器可以采取的操作被划分为各种类型，例如，当操作是"histogram"类型时，会调用容器的成员函数 getHistogrramFrom 来计算直方图。

2. 容器之间的联动

为了实现容器之间的联动，需要保存发布者和订阅者的列表。不同于嵌套容器本身已经有成员变量 children 用来保存被通知的对象，容器之间的联动需要设计单独的订阅机制。

为了实现上述容器的实时更新，设计模式中为我们提供了一种非常适用于上述场景的模式——发布订阅（publish subscribe）模式。发布订阅模式的核心思想就是设计一个中间代理人，订阅者把感兴趣的主题告诉它，而发布者的信息将通过它路由到各个订阅者处。

该中间代理人一般应当采用设计模式中的单例模式。即全局范围内只有一个代理人存在。对于 Python 语言来说，通过 Python 的包机制，可以通过独立文件的形式来非常简便地实现单例模式。

```
fromcollections import defaultdict
sync_ table = defaultdict（list）
def init（topic）:
    return sync_ table [topic]
def sub（topic, subscriber）:
    if not（subscriber in sync_ table [topic]）:
        return sync_ table [topic] . append（subscriber）
def pub（topic, type, *a, **kw）:
    for subscriber in sync_ table [topic]:
        subscriber. receiveSync（topic, type, *a, **kw）
def unsub（topic, subscriber）:
    sync_ table [topic] . remove（subscriber）
```

上述代码实现了发布订阅模式的"中间代理人"。上述代码被放置在一个单独的 Python 文件中，命名为 ContainerSync.py。具体使用时，通过 ContainerSync 的前缀来调用其中定义的函数，就可以实现单例模式。

上述代码定义了四个函数，来实现上述中间代理人的各个功能。其中 init 函数用来定义"发布订阅"的主题。该主题可以理解为"一块留言板"，发布者将某些信息发布到某个特定名称的留言板上，而订阅者从该特定名称的留言板上来阅读信息。其中参数 topic 定义了该留言板的名称，而 sub 函数则实现了"订阅"功能，其作用是将某个订阅者 subscriber 加入名称为 topic 的留言板中。而函数 pub 则实现了"发布"功能，其作用是向名称为 topic 的留言板上发布信息，发布的信息包括：信息类型 topic，参数列表 *a 和字典参数列表 **kw。而 unsub 函数则提供了"取消订阅"的功能，其作用是将某

如何玩转专利大数据

个订阅者从名称为 topic 的留言板的订阅列表中删除。

```
defnameSync (self):
    ContainerSync. init (self. name)
def publishSync (self, type, key):
    ContainerSync. pub (self. name, type, self. frame, key)
def connectSync (self, topic):
    ContainerSync. sub (topic, self)
def receiveSync (self, topic, type, *a, **kw):
    frame = a [0]
    key = a [1]
    if (type == 'histogram'):
        histo_ table = self. getHistogramFrom (frame, key)
        t_ frame = Frame (table = histo_ table)
        self. setDefaultFrame (t_ frame)
```

上述代码实现了发布订阅模式中的"发布者"和"订阅者",其中 nameSync 函数和 publish 函数是"发布者"相关的函数,而 connectSync 和 receiveSync 则是"订阅者"相关的函数。由于容器本身既可以是"发布者",也可以是"订阅者",因而上述函数一般同时实现在一个容器类型中。

其中函数 nameSync 的作用是"发布者"发布一个主题,该函数调用了单例模式 ContainerSync 的 init 函数,用来建立一个新的主题。而函数 connectSync 则是"订阅者"将自身订阅到名称为 topic 的主题。函数 nameSync 和 connectSync 一般搭配使用,通过这两个函数来建立"发布者"容器和"订阅者"容器之间的关联,该关联也就是发布者和订阅者之间共同访问某个名称为 topic 的主题。

其中函数 publishSync 的作用是"发布者"向某个名称为 topic 的主题发布内容,该函数发布的内容可以自由定义,在上述实施方式中该函数发布了一个信息类型 type 和信息内容 key。而函数 receiveSync 的作用是"订阅者"从某个名称为 topic 的主题接收内容,接收的内容可以是任意数据类型,因此使用了参数列表 *a 和字典参数列表 **kw 来代表。函数 publishSync 和 receiveSync 一般搭配使用。通过这两个函数来在"发布者"和"订阅者"之间传递信息，传递的信息可以是"发布者"本身的任意信息，而"订阅者"接收到该信息后，可以根据该信息进行任意操作。

由上述的实现方式，当某容器出现更新时，我们能够及时通知其他关联容器进行联动更新。

6.2.10 容器的接口路径机制

针对接口各异、流程多变的大数据算法特点，容器思想提出"算法兼容"和"算法复用"这两个需求，将容器构建成可以附着任意算法的事物。对于容器上附着的算法来说，一个清晰的引用路径是非常重要的。容器的接口路径具有如下特点。

（1）具有唯一的算法引用路径。如果容器引用了多个算法，那么多个算法都可以体现在该引用路径上。

（2）能够自动兼容各种接口。容器上的算法可以方便地转用到容器组合而成的父容器上，也可以方便的转用到子容器上。

针对上述特点，我们使用 RESTful 来描述容器的算法接口的特点。RESTful 中，-ful 是一个典型的形容词尾，因此 RESTful 是一个形容词，形容一个事物是 REST 的。REST（representational state transfer），可以被翻译为表述性状态转移。REST 是一种设计风格，来源于网络应用的开发，目的是降低开发的复杂度，提高网络应用的可伸缩性。REST 的六个特点是：客户端—服务器、无状态、可缓存、统一接口、分层系统和按需编码。

网络应用包含各种资源数据。而 REST 中资源数据的某个瞬间被定义为一种表述（representation）。表述包括资源数据的内容、格式（如 xml、json）等信息。REST 的所有资源都是可寻址的，通过 HTTP 协议定义的通用动词方法（如 GET、PUT、DELETE、POST）来实现。换句话说，REST 中的表述都有 ID 来唯一标识，也就是具有唯一的寻址方式，被称为 URI（uniform resource identifier）。

容器具有接口标准化的特点。标准化要求尽量使用统一的形式来提供接口。接口的形式最好是外在的、可理解的，符合人们的逻辑认知。使用统一的 URI 的形式是外在可见的，可以以字符串的形式为用户阅读，而不是通过隐藏或分散的多个变量组成。使用统一的 URI 是分层次的，类似文件夹的分层结构，符合人们对于事物从总到分的理解方式。

6.2.11 专利容器的实现

容器可以存储各种类型的数据。在专利分析项目中的数据包括集合、树、表、图、文本以及用户自定义数据，都可以放入相应容器。这些具体的容器继承自前面定义的容器 Container。容器 Container 定义了各种容器的共性，而本节将探讨各种具体容器的个性。

集合类型的容器，在此简称为集合容器，是指容器内的数据以集合的状态呈现。虽然集合内部元素本身没有顺序，但在编程实践中往往用列表来存储集合，而列表的内部元素是有顺序的。容器父类 Container 内的数据实际上是一个列表，即容器中的数据二维表的每一行是一个数据记录，而二维表本身表现为一个列表。集合容器在数据的存储上与父类容器是基本一致的，略有不同的是对于集合数据的处理上。

首先，如果使用集合容器时恰好需要其内部元素无序，则应当使用随机函数来表现这种无序性。与之相关的容器的操作一般是在从集合中取数据的函数，返回的迭代器应当体现这种无序性。

其次，集合容器一般还包括一些与集合相关的操作。例如，统计算法和画图算法。举例来说，在一个专利集合上施加直方图提取的操作，仍会得到另一个集合容器，该集合容器的字段可能仅包含"year""number"，代表按照年份进行统计，得到每年的申请量。

树类型数据的容器，在此简称为树容器，是指容器内的数据以集合的状态呈现。树结构是一种基本的计算机数据结构，在很多教科书上都有经典的实现，在此树容器不再进行重复的实现。而是假设已经实现了树容器，也就是树中的节点容器 TreeContainer。节点容器 TreeContainer 中包含了本节点的父节点 parent 以及本节点的子节点 children，注意在该示例中全部定义为 public，在实际编码过程中不应当直接将成员变量暴漏为 public。

```
public class TreeContainer extends Container {
    public TreeContainer parent;
    public List < TreeContainer > children;
}
```

树容器还包括另一类特殊的容器,就是树根节点。在本示例中,树根节点作为一种特殊的节点,不再另外定义。因此,与树节点相关的函数如增加节点、搜索等也都定义在普通节点容器 TreeContainer 上。

树实际上是一种特殊的组合容器 CompositeContainer,但与组合容器存在如下异同:(1)普通的组合容器中可以包含任意类型的子容器,而树容器中只能包含父节点的引用以及子节点的引用。(2)对于嵌套容器的遍历,普通的组合容器对内涵的任意容器都将进行遍历,而树容器只对子节点进行遍历。因此,如果将树容器定义为组合容器的子类,则应当单独规定父节点,而利用原有的成员函数 list 作为子节点的引用。

```
public class TreeContainer extends CompositeContainer {
    public TreeContainer parent;
    public List < TreeContainer > list;
}
```

统计画图容器,在此简称为图容器,主要封装了一些画图相关的数据和算法。图容器要画图,就要涉及画图相关数据的存储,例如,直方图的数据需要存储在集合容器中,引用关系图的数据需要存储在树容器中。因此,图容器其实也算是组合容器 CompositeContainer 的一个子类。

```
public class GraphicContainer extends CompositeContainer {
    /* 容器的相关算法,如统计、画图算法 */
    public Container histogram ();
    public void chart ();
}
```

之前的集合容器、树容器都可以定义统计画图算法,而图容器中也定义了同样的算法。这些容器都符合接口路径机制,因此可以在各个容器之间便捷地复用算法。

文本类型数据的容器,在此简称为文本容器,主要封装了一些文本处理相关的算法。专利文档的主体部分是文本,因此对于文本的处理是非常关键的,文本容器也为专利相似度的计算提供了强有力的支持,而专利相似度计算是专利检索、专利分析等的基础技术。

```
public class TextContainerr extends Container {
```

```
/*文本相关算法，如分词、关键词提取、语义建模、相似度计算*/
public void wordDivide ();
public void semanticModel ();
}
```

这些各种类型的容器将直接应用于专利分析报告容器当中。集合类型的容器主要用于专利分析报告附带的各种专利集合，包括技术分解表上的某一个节点对应的专利集合。树类型的容器主要用于技术分解表的存储。统计画图容器主要涉及对专利集合进行统计，然后将统计得到的数据绘制为图形。文本容器主要集成了多种对大文本进行处理的算法。这些各种类型的容器为后面的章节提供了理论和技术的支撑。

本节具体探讨了容器数据结构和核心库实现的各个层次、侧面的内容。(1) 建立了容器的高维数据模型，用具有行和列的索引二维表的形式存储容器数据。(2) 建立了容器的分层和组合结构。复杂数据分解之后存储嵌套容器之中，常见的组合结构例如集合容器、树容器。(3) 建立了容器的构建机制、复用机制和安全机制。通过工厂类方法来建立容器，通过原型模式来进行容器的复用，通过代理模式将容器的底层实现进行封装，保证了容器的安全。(4) 建立了容器的存储机制和封装机制。存储机制支持容器与 JSON 字符串、电子表格、数据之间的载入与保存。封装机制使得容器自动读入复杂数据成为可能，例如批量读入技术分解表的多个电子表格文件。(5) 描述了容器的接口适配机制、接口路径机制、性能提升机制和联动更新机制。

6.3 基于微服务的专利容器实现

6.3.1 为什么使用微服务

6.3.1.1 什么是微服务

微服务最早由 Martin Fowler 与 James Lewis 于 2014 年共同提出，微服务架构是一种使用一系列微服务来开发软件的方法，每个微服务运行在自己的进程中，一般通过轻量级的通信机制（如 Http Restful 接口）保持通信，这些服务基于业务能力构建，并能够通过自动化部署机制来独立部署，这些微服务一般可以使用不同的编程语言以及不同数据存储技术实现，并保持最低限度的集中式管理。[1][2]

6.3.1.2 为什么使用微服务

在介绍专利大数据容器系统为什么使用微服务之前，首先得先理解什么是单体应用业务系统（多数中小型软件应用的架构方式），B/S 架构的单体应用一般是由三个部分组成：客户端浏览器、数据库、服务端。服务端处理客户端发来的 HTTP 请求、执行后台逻辑、查询并更新数据库中的数据、将 HTML 界面发至浏览器客户端显示。单体应用业务系统如果需要改动什么功能，一般都需要重新编译发布打包新版本的运行程序（除非仅修改网页代码），然后发布到服务器端。

以前的一般小系统为代表的单体应用在规模比较小的情况下运行良好，但是如果系统规模达到一定程度，单体应用业务系统面临的问题也越来越明显，主要表现在以下几个方面。

1. 代码维护难度上升

公司的员工离职之前，可能由于疏于代码质量的自我管束，导致留下来很多隐藏的坑，有时候由于单体应用项目代码量庞大的惊人，留下的坑很难被发现，这就给新来的员工带来很大的烦恼，而且人员流动越大所留下的坑越多，也就越难以维护。导致很多复杂的系统更新换代十分困难，且系统功能修改十分麻烦。

2. 项目部署效率变低

如今的云时代，如果软件变更发布周期被绑定了，即使只是小的需求变更，也需要统一的进行编译和发布。单体应用业务系统由于系统功能复杂之后，都在同一个工程下，单个 Eclipse 工程代码量上百万都很有可能，工程打包发布需要更多时间，甚至项目启动就要几十分钟，有时候因为小的 bug、小的代码逻辑的调整，就需要重启整个项目，这样开发者的效率十分低下。

---

[1] Susan J. Fowler. 生产微服务 [M]. 薛命灯, 译. 北京：电子工业出版社, 2017：1—19.
[2] 周立, 等. Spring Cloud 与 Docker 微服务架构实战 [M]. 北京：电子工业出版社, 2017：1—26.

3. 技术架构更新困难

随着时间的推移，开发的过程越难保持原有好的模块架构，因为使得一个功能模块的逻辑调整很难不影响其他的功能模块。如果一个用 Struts2 + hibernate4 写的代码量巨大的工程，在逻辑不是特别清楚，模块之间耦合程度高的情况下，如果现在想用 Spring MVC 来重构这个项目将是非常困难的，付出的成本将非常大，所以更多的时候公司不得不硬着头皮继续使用老架构，这就阻碍了技术的创新。

4. 功能扩展困难

软件的功能扩展只能进行整体的扩展，而不能根据需求进行部分功能的扩展。后面虽然引入了 SOA 技术，但是 SOA 的总线模式是与某种技术线强绑定的，如 J2EE 技术栈。这导致很多企业的旧系统很难对接，开发时间太长，成本太高。

至少由于上述几个因素，业界根据业务扩展的需要，逐步演化出微服务架构来解决各种数据爆炸、团队协作开发带来的问题。而对于专利领域而言，全世界各国已存在 1 亿多专利数据，而每个专利带来一系列申请、审查、授权、转让等复杂的数据，因此本书中专利容器这个系统的数据量是爆炸的，更需要很多微服务划分好业务边界，每个微服务其编程语言、开发团队、安装、部署、横向扩展乃至后期维护都是可以相对独立的。

6.3.2 Spring Cloud 微服务框架

6.3.2.1 为什么选择 Spring Cloud

微服务的核心思想是，按照业务将传统的系统划分成很多个相对独立的微服务，彻底去掉原有功能模块之间的耦合，数据库采用分布式并且可快速扩展的数据库设计方案，一般不仅使用 ESB 服务总线，开发理念尊崇 DevOps 和快速迭代。而 Spring Cloud 技术就是在原有广泛使用的 Spring 技术线的基础上出现的完整的微服务架构的解决方案。[1]

DevOps 是英文 Development 和 Operations 的合体，它要求开发、测试、运

---

[1] 龚正,吴治辉,王伟,等. Kubernetes 权威指南 [M]. 北京：电子工业出版社，2017：45—208.

维进行一体化的合作，进行更小、更频繁、更自动化的应用发布，以及围绕应用架构来构建基础设施的架构。这一开发与运维紧密结合的理念，与微服务体系架构非常契合。

下面从服务化主流架构演进过程简单阐述本书中的专利大数据容器系统为什么选择 Spring Cloud 来作为本系统的微服务架构。

1. 单体应用的负载均衡

单体应用对外一般使用域名提供服务，服务调用者或使用者向这个域名发送 HTTP 请求，由 Nginx 负载均衡来将这些请求分发给服务提供者。

这种架构存在很多问题。

（1）Nginx 应用服务器，通过配置文件进行域名跳转的配置来转发请求，这使得本来轻量级的 Nginx 服务器反而变成了一个重量级的 ESB。

（2）服务的信息分散在各个系统，无法统一管理和维护。每一次的服务调用都是一次尝试，服务使用者并不知道有哪些实例在给他们提供服务。无法直观的看到服务提供者和服务使用者当前的运行状况和通信频率。这些问题加大了运维的难度。

（3）消费者的失败重发、负载均衡等都没有统一策略，这加大了开发每个服务的难度，不利于快速演化。

在系统架构的演化过程，基于阿里巴巴 Dubbo 的分布式服务，Java RPC 架构出现了，其解决了一些单体应用的缺陷，它通过 Registry 服务注册中心整合微服务资源。服务消费者调用服务时最开始通过 Registry 服务注册中心获取服务提供者的信息，再通过设置好的策略访问调用相应的服务提供者。

2. 基于 Dubbo 实现微服务

Dubbo 是阿里巴巴公司开出的一个基于 SOA 的高性能服务框架，国内中小型企业使用度非常高。

使用 Dubbo 构建的微服务，已经可以比较好地解决上面提到的问题。

调用中间层变成了可选组件，服务消费者可以直接访问服务提供者。服务提供者信息注册到 Registry 服务注册中心，形成了微服务治理的主要服务。通过 Monitor 服务监控中心，统计服务的调用次数、时间等日志信息。Consumer 服务消费者可以进行负载均衡、服务降级的选择。

但 Dubbo 也并不是尽善尽美的：Registry 服务注册中心严重依赖第三方组

件（如 Zookeeper），如果这些第三方组件出现故障，服务注册中心也会有问题。Dubbo 是 RPC 调用，虽然性能会不错，但是服务提供者与服务消费者之间的耦合还是会很高的，服务提供者需要持续将包含公共代码的 jar 包打包出来供服务消费者调用。当打包有问题时，服务调用也会有问题。Dubbo 虽然最近一年又恢复开源代码的更新，但是其许多短板已经成为微服务架构所摒弃的东西，其架构的先进性已经是一个大的问题。

3. 新的微服务架构——Spring Cloud

作为新一代的服务框架，Spring Cloud 提出的口号是开发"面向云环境的应用程序"，它为微服务架构提供了更加全面的技术支持。根据 Spring Cloud 与 Dubbo 自身特性的不同，其差异性对比如表 6-2 所示。

表 6-2 Dubbo 服务和 Spring Cloud 区别

微服务需要的功能	Dubbo	Spring Cloud
服务注册和发现	Zookeeper	Eureka
服务调用方式	RPC	RESTful API
断路器	有	有
负载均衡	有	有
服务路由和过滤	有	有
分布式配置	无	有
分布式锁	无	计划开发
集群选主	无	有
分布式消息	无	有

Spring Cloud 的微服务之间的调用更推崇基于 HTTP 的 Restful 规范。其服务调用的性能没有 Dubbo 的 RPC 调用高，但其微服务之间的耦合程度大大降低，在大多数的场景下，Restful 调用的方式的性能是可以满足用户需求的。而且 REST 相比 RPC 更为灵活，服务提供方和调用方的依赖只依靠一纸契约，不存在代码级别的强依赖，这在强调快速演化的微服务环境下，显得更加合适。

Spring Cloud 体系支撑范围更广，功能比 Dubbo 完善和强大，天然整合了 Spring 体系的所有优秀的被众多项目验证过的许多框架，如 SpringMVC、Spring Boot、Spring Data、Spring Security。本书中专利大数据容器系统从扩展性方面使用 Dubbo 架构应该说也可以达到部分功能目标，但是好的微服务架构应该是一个分布式、快速迭代开发、快速交付、便于扩展、监控方便的体系，而 Spring Cloud 就是这样把各种微服务架构的技术集合到一起且更有效率的架构，其社区开源的力量比 Dubbo 目前会有更好的支持。

6.3.2.2　Spring Cloud 快速入门

1. 什么是 Spring Boot，其用途是什么

Spring Boot 通过少量的配置实现了原来 Spring 框架同样功能的应用快速开发，Spring Boot 的设计思想就是简化 J2EE 应用的工程搭建及开发过程。使得开发人员使用很少量代码就能快速创建一个应用，并且可以大大提高产品的发布效率。几乎所有 Java 开发人员常见的好用框架，Spring Boot 都做了兼容，只需要简单配置相关 yml 或 properties 文件就可做到配置几乎所有组件。

我们利用 Spring Boot 来快速构建专利大数据容器中的按照业务划分好的检索、项目导入、图表生成、报告生成、项目管理等独立的业务微服务工程。

2. 什么是 Spring Cloud，其用途是什么

Spring Cloud 是基于 Spring Boot 的一系列微服务构架组件的有序集合。实现了完备的分布式系统基础组件沟通，如服务发现注册中心、微服务网关、配置管理中心、轻量级消息总线、分布式消息队列、负载均衡、断路器、数据监控中心等，一般只需要通过注解的方式配置 Spring Boot 的应用来启动和部署。Spring Cloud 不是重复造轮子，它是将一些相对成熟、经实践验证过的微服务框架组装在一起，利用 Spring Boot 屏蔽掉了复杂的配置过程，为广大软件开发者提供了一系列简单、易用的分布式系统实现服务框架。

Spring Cloud 微服务框架可能管理非常多各不相同的微服务，Spring Cloud 也提供一套分布式服务治理的框架，具体的软件功能开发是由开发者自行开发完成，Spring Cloud 是提供这些软件业务服务之间的调用、通信、熔断、监控等治理功能。

利用 Spring Cloud 的微服务治理组件来管理上文中指出的检索、项目导入、图表生成、报告生成、项目管理等业务微服务，管理其权限、安全、监控、配置等。

3. Spring Boot 与 Spring Cloud 及 Spring 其他组件关系

Spring Boot 本质上仍是 Spring 框架的一种应用形式，它的目标是简化

Spring 框架的已有技术的快速使用。Spring Boot 仍是以 Spring MVC 等 Spring 基础组件为依赖，而 Spring Cloud 又是以 Spring Boot 为基础，快速构建出分布式系统的一套解决方案。总而言之，Spring Boot 是单体应用的框架的基础，而 Spring Cloud 是分布式的微服务集合，也就是说 Spring Cloud 可以是一系列 Spring Boot 单体应用的服务集合。正是利用了 Spring 体系里面成熟的组件，本书中的专利大数据容器系统才能把开发的专注力放在业务本身上，对于分布式、扩展性、数据一致性等指标主要利用成熟的框架来完成。

6.3.3 专利容器的微服务实现

6.3.3.1 快速创建专利容器项目的准备

本书中的 Spring Boot 版本为 Spring Boot 2.0.3.RELEASE，即 Finchley.RELEASE。Finchley 版本的官方文档为：http://cloud.spring.io/spring-cloud-static/Finchley.RELEASE/single/spring-cloud.html。

以下是一些软件开发运行的准备工作。

（1）安装 JDK

在 Java 官网 http://www.oracle.com/technetwork/java/javase/downloads/index.html 上下载。安装 JDK1.8，具体安装配置过程参考 JDK 通用安装方式。

（2）下载 Maven

下载链接：https://maven.apache.org/download.cgi。

如果开发用 Windows 系统，选择上图中的 bin.zip 文件并下载，解压至 D:\apache-maven-3.5.4。

（3）修改 Window 系统中高级系统设置中的环境变量

（4）修改编辑系统环境变量 Path 的值

在系统变量 path 的变量值中追加 %MAVEN_HOME%\bin\，如果是 Windows 10 系统可以直接追加 D:\apache-maven-3.5.4\bin。

（5）安装成功提示

使用 win+R 快捷键打开运行窗口，输入 cmd 并回车进入 Window 的命令行窗口，然后再窗口中输入 mvn-version。

(6) 配置 Maven 本地仓库及国内镜像

在 D:\apache-maven-3.5.4 下新建文件夹 Repository。

打开 D:\apache-maven-3.5.4\conf\settings.xml 文件，Ctrl+F 搜索以下代码：

\<localRepository\>/path/to/local/repo\</localRepository\>

localRepository 这个节点一般默认是注释掉的，将它移到注释之外，然后将 localRepository 这个节点的默认值/path/to/local/repo 修改创建的文件夹 D:\apache-maven-3.5.4\Repository。

找到\<mirrors\>节点，以在\<mirrors\>与\</mirrors\>之间增加\<mirror\>\</mirror\>常见的国内镜像，这样可以明显改善 Spring Boot 和 Spring Cloud 等 Java 依赖 jar 包获取的速度。请注意一个细节，如果您是初学者，有时候使用别人的 pom 文件中的版本有可能是中央库中已经不适用的，无法下载部分 Jar 是有可能的，一般找该依赖中央库中的版本，然后将 pom.xml 文件中的版本号换成中央库的新版本号才能使用。最简单的 setting 文件（去掉暂时不用的注释之后）如下：

```
<? xml version = " 1.0" encoding = " UTF-8"? >
<settings xmlns = " http://maven.apache.org/SETTINGS/1.0.0"
        xmlns:xsi = " http://www.w3.org/2001/XMLSchema-instance"
        xsi:schemaLocation = " http://maven.apache.org/SETTINGS/1.0.0 http://maven.apache.org/xsd/settings-1.0.0.xsd" >
    <localRepository> D:\apache-maven-3.5.4\Repository</localRepository>
    <pluginGroups>
    </pluginGroups>
    <proxies>
    </proxies>
    <servers>
    </servers>
    <mirrors>
        <mirror>
```

```
            <id>alimaven</id>
            <mirrorOf>central</mirrorOf>
            <name>aliyun maven</name>
<url>http://maven.aliyun.com/nexus/content/repositories/central/</url>
        </mirror>
        <!--中央仓库1-->
        <mirror>
            <id>repo1</id>
            <mirrorOf>central</mirrorOf>
            <name>Human Readable Name for this Mirror.</name>
            <url>http://repo1.maven.org/maven2/</url>
        </mirror>
        <!--阿里云镜像-->
        <mirror>
            <id>nexus-aliyun</id>
            <mirrorOf>central</mirrorOf>
            <name>Nexus aliyun</name>
<url>http://maven.aliyun.com/nexus/content/groups/public/</url>
        </mirror>
    </mirrors>
    <profiles>
    </profiles>
</settings>
```

在 Windows 命令窗口中运行一下 DOS 命令：

mvn help：system

如果 Maven 配置成功，D:\apache-maven-3.5.4\Repository 文件夹下面会出现一些通过上述命令产生的文件。

(7) 开发工具 IDE 中的 Maven 配置

本书中采用 Intelij IDEA 2017 作为 IDE 开发工具，其 Maven 配置方法非常简单，在完成上述所有 Maven 安装配置过程后，找到 Intelij IDEA 中的

Setting 按钮，并搜索 maven，其可以很快找到 Maven 的配置页，只需配置目录、配置文件路径、本地仓库路径即可使用，既可以使用与之前相同的配置文件和仓库路径，也可以定义自己的新配置文件和仓库路径。

（8）微服务架构的常用组件

本书中的专利容器作为一系列微服务通过 Spring boot 快速构建，利用 Spring Cloud 的一些工具，包括服务注册发现、负载均衡、配置管理、微服务网关、熔断器、服务监控等微服务组件构建一个简单的微服务应用系统。

6.3.3.2 专利容器微服务注册与发现

本书中采用微服务架构实现专利容器，我们将一个复杂的业务系统划分成很多个相对独立的微服务后，一般至少包括服务提供者、服务消费者、服务发现注册中心，一般这三者的关系如下。

每个微服务在启动服务时，自动注册 IP 等信息到服务发现注册中心，服务发现注册中心记录这些服务的信息。

服务消费者可从服务发现注册中心查询服务提供者的 IP 地址，并通过 IP 地址构成相应的 Restful 请求调用服务提供者的接口。

服务发现注册中心一般通过心跳机制来监控所有其他已注册的微服务监控，如果服务发现注册中心发现在一段比较长的时间监控不到某一微服务的心跳，就会自动注销某微服务的实例。

微服务 IP 有变化时，会自动重新注册到服务发现注册中心。这样的话，服务消费者就再也不用人工修改服务提供者的 IP 地址了。

综上，服务发现注册中心应具备以下功能。

（1）服务 Registry：是服务发现注册中心的核心组件，用来记录所有微服务的基本信息。

（2）服务注册发现组件：服务注册过程一般是指每个微服务启动时，会将各自 IP 信息等注册到服务发现注册中心并由其监控心跳。服务发现过程一般是指查询所有被监控心跳的微服务清单及其 IP 地址等信息的机制。

（3）服务检查：服务发现注册中心使用一定机制定时检测已注册的服务，如发现某实例长时间无法访问，就会从服务 Registry 中移除该实例。

1. SpringCloud 微服务发现注册中心 Eureka 简介

Eureka 是 Netflix 开源的服务发现注册中心，实质是一个基于 Restful 的微服务组件。它包含服务器 Server 和客户端 Client 两部分。

Eureka Server 作为服务发现注册中心，每个 Spring Cloud 系列微服务或者用户自行开发的业务相关的微服务启动时，都会向 Eureka Server 服务发现注册中心注册自己的信息（名称、IP、端口等），Eureka Server 服务发现注册中心记录这些信息并监控每个微服务的心跳。

Eureka Client 客户端是一个 Java 的客户端，用于帮助其他微服务与 Eureka Server 服务器的交互，一般提供负载均衡的轮询功能，当某一服务出现故障时可以自动切换到其他备用微服务。

每个微服务定期（一般默认 30 秒）地向 Eureka Server 服务器发送心跳信息来更新自身的租期。如果 Eureka Server 服务器在一段时长内（一般默认 90 秒）没有监控到某一微服务的某一实例的心跳信息，Eureka Server 服务器将会自动注销该微服务的没有心跳的实例。

默认情况下，Eureka Server 服务器同时也是 Eureka Client 客户端。如果有多个 Eureka Server 服务器实例，各自之间通过复制的方式，来实现服务 Registry 中数据的更新同步。

Eureka Client 客户端还会缓存服务 Registry 中的信息。优点在于：（1）每个普通微服务不用每个请求都查询 Eureka Server 服务器，大大缓解了 Eureka Server 的服务压力；（2）如果 Eureka Server 服务器所有节点都宕机，服务消费者可以通过缓存信息找到服务提供者并继续调用服务。

综上所述，Eureka 服务发现注册中心利用心跳检查、客户端缓存等有效机制，大大提高了系统的灵活性、可伸缩性以及可用性。

2. 高可用 Eureka Server 微服务配置

（1）在 Intellij IDEA 2017 增加 Spring Cloud 的 Eureka Server 组件

File - >new module，选择 Spring Initializr 后点击 next。

填写相应的 Group、Artifact、Package 等信息后点击 next。

在 Core 中选择 DevTools，在 Cloud Discovery 中选择 Eureka Server，然后点击 next。

最后确认无误后点击 finish。

（2）Eureka Server 参数配置

Intellij IDEA 2017 将会自动生成相关的目录，且会自动生成一个 application.properties 空配置文件，Spring Cloud 支持 properties 及 yml 多种配置文件的方式，本书中一般都使用 yml 这种结构清晰且易于阅读的方式，因此配置后单机版的配置文件 application.yml 内容如下。

  server：

    port：8761

  spring：

    application：

      name：Eureka – Singleton

    profiles：

      active：singleton

  eureka：

    instance：

      hostname：localhost

      #服务续约时间，发送心跳检测证明客户端还存活

      lease – renewal – interval – in – seconds：10

      #server 从客户端上收到上次心跳检查之后，等待下次心跳检测超时时间，如果超过这个时间，判定服务失效，剔除服务列表

      #该参数一般配合客户端心跳检测频率，一般要大于客户端发送心跳频率的时间

      #剔除服务端，如果开启自我保护后，失效服务不会马上剔除，默认 15 分钟 85% 失效才剔除，否则保留，有可能网络延迟一些影响因素

      lease – expiration – duration – in – seconds：30

    client：

      #服务注册中心，false 代表不用向服务中心注册

      register – with – eureka：false

      #服务中心是维护服务实例，不需要检索服务

      fetch – registry：false

      service – url：

```yaml
        defaultZone: http://${eureka.instance.hostname}:${server.port}/eureka/
  server:
    #自我保护机制,当网络不稳定导致在要求时间内没有获得服务心跳,启动自我保护,默认15分钟内低于85%才会剔除服务
    #线上环境一般开启状态,开发时可以将其关闭
    enable-self-preservation: false
```

单机版直接运行 SpringCloudEurekaApplication 即可运行 Eureka Server 服务。如果配置高可用 Eureka Server 服务,可以配置例如三个配置 application-peer-one.yml、application-peer-two.yml、application-peer-three.yml。

application-peer-one.yml 内容如下。

```yaml
server:
  port: 8001
spring:
  application:
    name: eureka-server
  profiles:
    active: peer-one
eureka:
  instance:
    #服务续约时间,发送心跳检测证明客户端还存活
    lease-renewal-interval-in-seconds: 10
    #server 至上次收到心跳之后,等待下次心跳超时时间,如果超过这个时间还没收到心跳,则移除这个 instance
    lease-expiration-duration-in-seconds: 30
    hostname: peer-one
    #默认情况下选用 spring.application.name,若没则 UNKNOWN
    appname: eureka-server
    #是否优先使用 IP 作为主机名的表示
    prefer-ip-address: false
```

client：

　　register – with – eureka：true

　　fetch – registry：true

　　service – url：

　　　　defaultZone：http：//peer – two：8002/eureka/，http：//peer – three：8003/eureka/

　server：

　　#自我保护机制，当网络不稳定导致在要求时间内没有获得服务心跳，启动自我保护，默认15分钟内低于85%才会剔除服务

　　#线上环境一般开启状态，开发时可以将其关闭

　　enable – self – preservation：true

application – peer – two.yml 内容如下。

server：

　port：8002

spring：

　application：

　　name：eureka – server

　profiles：

　　active：peer – two

eureka：

　instance：

　　#服务续约时间，发送心跳检测证明客户端还存活

　　lease – renewal – interval – in – seconds：10

　　#server 至上次收到心跳之后，等待下次心跳超时时间，如果超过这个时间还没收到心跳，则移除这个 instance

　　lease – expiration – duration – in – seconds：30

　　hostname：peer – two

　　#默认情况下选用 spring.application.name，若没则 UNKNOWN

　　appname：eureka – server

　　#是否优先使用 IP 作为主机名的表示

```
        prefer-ip-address: false
      client:
        register-with-eureka: true
        fetch-registry: true
        service-url:
          defaultZone: http://peer-one:8001/eureka/, http://peer-three:8003/eureka/
      server:
        #自我保护机制，当网络不稳定导致在要求时间内没有获得服务心跳，启动自我保护，默认15分钟内低于85%才会剔除服务
        #线上环境一般开启状态，开发时可以将其关闭
        enable-self-preservation: true
```

application-peer-three.yml 内容如下。

```
server:
  port: 8003
spring:
  application:
    name: eureka-server
  profiles:
    active: peer-three
eureka:
  instance:
    #服务续约时间，发送心跳检测证明客户端还存活
    lease-renewal-interval-in-seconds: 10
    #server 至上次收到心跳之后，等待下次心跳超时时间，如果超过这个时间还没收到心跳，则移除这个 instance
    lease-expiration-duration-in-seconds: 30
    hostname: peer-three
    #默认情况下选用 spring.application.name，若没则 UNKNOWN
    appname: eureka-server
```

#是否优先使用 IP 作为主机名的表示

  prefer – ip – address：false

 client：

  register – with – eureka：true

  fetch – registry：true

  service – url：

   defaultZone：http：//peer – one：8001/eureka/，http：//peer – two：8002/eureka/

 server：

  #自我保护机制，当网络不稳定导致在要求时间内没有获得服务心跳，启动自我保护，默认 15 分钟内低于 85% 才会剔除服务

  #线上环境一般开启状态，开发时可以将其关闭

  enable – self – preservation：true

（3）修改 Host 文件

根据 Spring Cloud 官方文档的要求，需要改变操作系统 hosts 文件配置，linux 系统通过命令 vim/etc/hosts 修改；windows 系统在 c：/windows/systems/drivers/etc/hosts 修改。开发的 Host 文件配置如下：

127.0.0.1 peer – one

127.0.0.1 peer – two

127.0.0.1 peer – three

如果是生产环境，只需将 127.0.0.1 的 ip 修改成正式的即可。

（4）高可用 Eureka Server 启动方法

利用 maven 命令或者 Intellij IDEA 2017Maven 工具生成 spring – cloud – eureka – 0.0.1 – SNAPSHOT.jar 的 jar 包。

生产环境中可以依次例如使用以下命令：

 java – jar spring – cloud – eureka – 0.0.1 – SNAPSHOT.jar —— spring.profiles.active = peer – one

 java – jar spring – cloud – eureka – 0.0.1 – SNAPSHOT.jar —— spring.profiles.active = peer – two

 java – jar spring – cloud – eureka – 0.0.1 – SNAPSHOT.jar ——

spring. profiles. active = peer – three

如果开发环境可使用 Intellij IDEA 2017 多开同时运行不同配置文件的 Eureka Server 服务。

Step1：在 Intellij IDEA 2017 上点击 Application 右边的下三角，弹出选项后，点击 Edit Configuration；

Step2：点击左侧的绿色加号，在弹窗中选择 Spring Boot；

Step3：在新弹窗中配置好参数，注意去掉 Sing Instance only，复制并填写好 Main Class 名字，设置 Program arguments 为——spring. profiles. active = peer – one，选择好 Use classpath of module 为 spring – cloud – eureka（之前 new 出来的 module）这个 module 模块。

依次配置好 peer – one、peer – two、peer – three 三个服务，仅是 peer – one 名称和——spring. profiles. active = peer – one 这部分换成 peer – two、peer – three 即可。

然后依次运行 SpringCloudEurekaApplication – peer – one、SpringCloudEurekaApplication – peer – two、SpringCloudEurekaApplication – peer – three 三个服务便可以简单实现软件开发阶段的高可用 Eureka Server 的服务发现服务集群的测试搭建。

6.3.3.3 微服务之间相互调用及 Restful 接口实现

Spring Cloud 的微服务可使用 Feign 来实现基于 HTTP 的 Restful 调用服务方法，也可实现类似 Dubbo 架构中 RPC 远程调用方式，不过 Dubbo 是基于私有二进制协议的耦合度较高的方式。Feign 是一种声明式的伪 Http 的客户端，本质上仍是 HTTP 客户端。如果要使用 Feign，只需要创建一个接口并打上相关注解，而且这种注解是可插拔的，既可以用 Feign 注解，还可以用 JAX – RS 注解。Feign 默认集成 Ribbon 组件，并很容易和 Eureka 结合，默认实现了负载均衡的效果。

简而言之：

- Feign 采用的是基于接口的注解；
- Feign 整合了 ribbon，具有负载均衡的能力；
- 整合了 Hystrix，具有熔断的能力。

1. 搭建 Feign 模块 module

按照第 6.1.3.2 节中增加 Eureka 微服务类似的方法，增加 container - feign 的模块 module。

并在该 module 中的 pom.xml 保证有如下依赖：

<dependency>

  <groupId>org.springframework.cloud</groupId>

  <artifactId>spring - cloud - starter - netflix - eureka - client </artifactId>

</dependency>

<dependency>

  <groupId>org.springframework.boot</groupId>

  <artifactId>spring - boot - starter - web</artifactId>

</dependency>

<dependency>

  <groupId>org.springframework.cloud</groupId>

  <artifactId>spring - cloud - starter - openfeign</artifactId>

</dependency>

修改 application.yml 内容如下：

```
server:
  port: 9002
spring:
  application:
    name: container - feign
eureka:
  client:
    fetch - registry: true
    register - with - eureka: true
    #client 间隔多长时间去拉取 Server 服务信息
    registry - fetch - interval - seconds: 5
    service - url:
```

```yaml
        defaultZone: http://peer-one:8002/eureka/
ribbon:
    #连接超时时间
    ConnectionTimeout: 500
    #读取超时时间
    ReadTimeout: 5000
    #所有的动作都能触发重试机制
    OkToRetryOnAllOperations: true
    #在集群其他实例中重试次数
    MaxAutoRetiesNextServer: 2
    #本服务中重试次数
    MaxAutoRetries: 1
feign:
    #GZIP 压缩
    compression:
        request:
            enabled: true
            #压缩类型
            mime-types: text/xml, application/xml, application/json
            #达到最小容量进行压缩
            min-request-size: 2048
        response:
            enabled: true
```

对于 ContainerFeignApplication 这个入口 Java 类需要加上 Feign 组件的对应注解，其内容如下：

```java
@SpringBootApplication
@EnableEurekaClient
@EnableDiscoveryClient
@EnableFeignClients
public class ContainerFeignApplication {
```

```java
public static void main (String [ ] args) {
    SpringApplication.run (ContainerFeignApplication.class, args);
}
}
```

限于本书的篇幅，我们仅以一个简单用户服务接口为例，简单示例采用 Feign 组件来负载其他微服务。

在 src.main.java.com.bjzx.patent.container.feign 包中新建两个 package 包括 controller 及 service，在 controller 中新建 UserContrller 的 Java 类，在 service 中新建 UserService 接口。

UserContrller 内容如下：

```java
@RestController
public class UserController {
    @Autowired
    private UserService userService;
    @GetMapping ("/containerfeign/{username}")
    public String getUser (@PathVariable ("username") String username) {
        return userService.getUser (username);
    }
}
```

UserService 内容如下：

```java
@FeignClient (value = "usercenter")
public interface UserService {
    /**
     * 获取用户
     * @param username 用户名
     * @return 用户
     */
    @GetMapping ("/getUser/{username}")
    String getUser (@PathVariable ("username") String username);
}
```

2. 搭建用户中心 usercenter 模块 module

用上一节中的方法搭建 usercenter 模块，注意引入 Eureka 客户端的依赖，pom.xml 文件依赖至少包括以下内容：

＜dependency＞

　＜groupId＞org.springframework.cloud＜/groupId＞

　＜artifactId＞spring－cloud－starter－netflix－eureka－client＜/artifactId＞

＜/dependency＞

＜dependency＞

　＜groupId＞org.springframework.boot＜/groupId＞

　＜artifactId＞spring－boot－starter－web＜/artifactId＞

＜/dependency＞

＜dependency＞

　＜groupId＞org.springframework.boot＜/groupId＞

　＜artifactId＞spring－boot－devtools＜/artifactId＞

　＜scope＞runtime＜/scope＞

＜/dependency＞

在 UsercenterApplication 的 Java 启动类中增加 @EnableEurekaClient 和 @EnableDiscoveryClient 注解，以便于 Eureka Server 服务发现。

在 src.main.java.com.bjzx.patent.container.usercenter 包中新建一个 package 包括 controller，在 controller 中新建 UserContrller 的 Java 类。

UserContrller 内容如下：

@RestController
public class UserController {
　　@GetMapping("/getUser/{username}")
　　public String getUser(@PathVariable("username") String username) {
　　　　return "hello" + username;
　　}
}

getUser 方法的作用是返回用户请求中的 username 的输入。

配置 application. yml

spring：

 application：

  name：usercenter

 profiles：

  active：singleton

server：

 port：9001

eureka：

 client：

  fetch – registry：true

  register – with – eureka：true

  #client 间隔多长时间去拉取 Server 服务信息

  registry – fetch – interval – seconds：5

  service – url：

   defaultZone：http：//peer – one：8001/eureka/

3. 调用方法示例

依次运行 spring – cloud – eureka、usercenter、container – feign 三个服务，然后访问 container – feign 对外的接口 http：//127.0.0.1：9000/getUser? userName = xiaojingang 来访问 usercenter 中的 getUser 接口。这样就实现通过 Feign 服务来管理其他微服务之间调用的基本功能。

6.3.3.4　Hystrix 容错机制实现

Netflix 公司开源了 Hystrix 这个熔断器组件，实现了断路器模式，Spring Cloud 也支持并整合 Hystrix。目前流行的微服务架构，通过一个请求调用多个服务是很有可能的。

如果被调用的底层服务出现故障，有可能会导致连锁反应的故障。当对某个服务的调用的不可用的检测达到一个阈值（如 Hystrix 一般是 5 秒 20 次），Hystrix 断路器的机制将会被打开。

Hystrix 断路器的机制生效后，可有效避免连锁反应带来的故障，回调

fallback 方法将会返回一个默认值。

对 container – feign 模块 module 进行改造，如下：

Step 1，修改配置文件：Hystrix 熔断容错机制其实只需要加入参数 feign.hystrix.enabled：true 就可以实现，因为新版 Spring Cloud 默认是关闭的。因此，只需修改的 application.yml 最后一行加入 feign.hystrix.enabled：true。

Step 2，增加 UserService 的注入参数：将 UserService 注解修改为 @FeignClient（value = " usercenter"，fallback = UserServiceHystric.class）

Step 3，实现 UserService：在 Service 包增加 fallback 包并新建一个 UserServiceHystrix 类实现 UserService 接口并重写方法，UserServiceHystrix 大致内容如下：

@Component
public class UserServiceHystric implements UserService {
　　@Override
　　public String getUser（String username）{
　　　　return " 失败调用," + username；
　　}
}

如此配置后，如果 usercenter 服务挂掉，使用 Url：http：//127.0.0.1：9000/getUser? userName = xiaojingang。

访问时，将会返回"失败调用，ZhangSan"。这样证明熔断器起作用了。

6.3.3.5　使用 Zuul 微服务网关

在采用 Spring Cloud 框架构建的微服务系统中，可以采用 Zuul 微服务网关来管理外部普通用户请求，将用户请求通过负载均衡转发到相关的微服务集群。具体来说，用户请求先经过一般的负载均衡（可以是 Zuul 或 Ngnix），然后到 Spring Cloud 的 Zuul 服务网关集群，之后将请求通过 Zuul 转发到某一对应具体的微服务。

Zuul 微服务网关的主要作用是路由转发和过滤。路由功能是 Zuul 网关的主要功能，比如/api/user/＊＊转发到到 user 服务，/api/evaluate/＊＊转发到到 evaluate 服务。Zuul 微服务网关集成了 Ribbon，并实现了常见的负载均衡功能。

1. 建立 Zuul 微服务网关模块实现路由转发

仍是采用第 6.1.3.1 节中的方法继续创建 container – zuul 模块，注意至少选择 Eureka – client、zuul 相关模块，或者自己创建 pom.xml 文件包括下面的依赖。

< dependency >
    < groupId > org. springframework. boot </groupId >
    < artifactId > spring – boot – starter – web </artifactId >
</dependency >
< dependency >
    < groupId > org. springframework. cloud </groupId >
    < artifactId > spring – cloud – starter – netflix – eureka – client </artifactId >
</dependency >
< dependency >
    < groupId > org. springframework. cloud </groupId >
    < artifactId > spring – cloud – starter – netflix – zuul </artifactId >
</dependency >

修改配置文件 application. yml 内容如下：

```
eureka：
  client：
    serviceUrl：
      defaultZone：http：//localhost：8001/eureka/
server：
  port：8101
spring：
  application：
    name：container – zuul
zuul：
  routes：
    user – api：
      path：/user/ * *
```

```
      serviceId：usercenter
    evaluate-api：
      path：/evaluate/**
      serviceId：evaluate
#过滤服务实例，zuul 默认会为每个服务实例以 serviceId 建立路由映射
  ignored-services："*"
  retryable：true
hystrix：
  command：
    default：
      execution：
        isolation：
          thread：
            timeoutInMilliseconds：8000
ribbon：
  ConnectionTimeout：2000
  ReadTimeout：2000
```

依次启动上述所有服务的启动类，使用以下 Url 访问 zuul 服务：http：//127.0.0.1：8101/user/getUser？userName=xiaojingang。

将会返回 hello，ZhangSan；这就实现 Zuul 的负载均衡及路由转发功能。

2. 简单的安全验证过滤

在 src.main.java.com.bjzx.patent.container.zuul 的 java 包中新建 filter 包并新建 UserRequestFilter 类并继承父类 ZuulFilter，

UserRequestFilter 类的主要内容如下：

```
public class UserRequestFilter extends ZuulFilter {
    private static final Logger logger = LoggerFactory.getLogger(UserRequestFilter.class);
    @Override
    public String filterType（）{
        return PRE_TYPE；
```

```
}
/**
 * 过滤器中执行顺序，数值越小优先级越高
 * @return 执行顺序
 */
@Override
public int filterOrder(){
    return 0;
}
/**
 * 过滤器是否需要被执行，true 是对所有的请求都过滤，这里可以加入业务逻辑针对不同范围进行过滤
 * @return
 */
@Override
public boolean shouldFilter(){
    return true;
}
@Override
public Object run() throws ZuulException{
    RequestContext context = RequestContext.getCurrentContext();
    HttpServletRequest request = context.getRequest();
    logger.info(String.format("%s >>> %s", request.getMethod(), request.getRequestURL().toString()));
    String token = request.getParameter("token");
    if(null == token){
        logger.warn("token is empty");
        context.setSendZuulResponse(false);
        context.setResponseStatusCode(401);
        return null;
```

```
            }
            logger.info（"用户访问成功"）;
            return null;
        }
    }
```

重启启动上述 container – zuul 服务的启动类，使用以下 Url 访问 zuul 服务：http：//127.0.0.1：8101/user/getUser？ userName = xiaojingang。

将会返回 token is empty；

除非使用在 Url 中加入 token 参数，如下：http：//127.0.0.1：8101/user/getUser？ userName = xiaojingang&token = zhangsan。

将会返回 hello，ZhangSan。

6.3.3.6 专利容器其他基础组件

限于本章节的篇幅，本项目中还包括其他的基础组件，例如高可用配置中心、安全认证中心、分布式消息系统、服务监控中心、分布式数据中心等，以下简单介绍这些组件的基本特性。

1. 高可用分布式配置中心

服务的所有的配置文件由配置服务管理，配置服务的配置文件放在 git 仓库，方便开发人员随时改配置。

2. 安全认证中心

基于 Spring Security 组件进行安全认证，实现 OAuth2.0 认证功能，即对微服务、客户端、用户进行认证及授权。

3. 分布式消息系统

采用 Spring Cloud 体系中常用的 Rabbit MQ 的 AMQP 分布式消息组件，实现重要微服务的访问消峰，提高吞吐量。

4. 服务监控中心

Spring Cloud 体系是基于 Spring Boot，因此采用 Spring Boot Admin 来监控业务相关的微服务，对服务调用进行追踪和对 Hystrix 熔断机制进行监测；集成 Zipkin 分布式追踪服务，统计服务调用；对分布式消息进行监控。

5. 分布式数据中心

将所有对数据库逻辑进行封装，利用分库分表中间件来实现分布式业务数据库，并提供 Redis 分布式缓存功能。

6.3.3.7　专利容器业务组件实现

我们按照专利业务的特点划分为用户中心、查询统计、专利分析、专利稳定性分析、专利检索、专利导航、专利预警、专利价值评估、高价值专利挖掘、专利布局、核心算法、通用组件中心、文档中心等多个微服务模块。下面介绍几个主要业务的实现方法。

1. 专利检索

将专利原始数据进行清洗加工并按照规范导入关系型数据库，采用 Elasticsearch 检索引擎将数据库中的数据导入检索引擎的索引，并将文本索引载入大内存服务器。

2. 专利分析

建立在专利检索的数据库的基础上，将专利数据的申请时间、公开时间、申请人、申请人地址、发明人、国别、IPC 分类号、同族专利等字段进一步数据加工抽取专利数量、专利成长率等前文介绍的专利分析字段。采用美观的前端图表框架如 EChart 绘制相应的折线图、柱状图、散点图、饼图等多种统计图表。

3. 专利价值评估

利用之前的数据加工字段，结合技术、法律、市场、战略、经济多个维度，对不同技术领域分类数据，并结合技术内涵指标、创新趋势指标、法律状态指标等多种指标来排序专利，从而逐步挖掘出各个热门领域、各个申请人中的高价值专利。通过机器自动筛选的手段，大大提高了高价值专利挖掘的效率，也降低了挖掘难度。

6.4　基于 Docker 的专利容器分布式部署

本书中的专利容器是指针对多源、异构和高维的大数据特点而提出的"数据封装"和"便于处理高维"的概念。而 Docker 容器是一种源代码开源的虚拟化技术，它的一种作用是将开发好的一系列应用软件运行代码及相关的环境依赖包打包到可移植、可复制的容器中，实现应用软件的快速的部署、安装。因此，Docker 容器技术是支撑本书专利容器的实现的工具。

6.4.1 Docker 与虚拟机

传统虚拟化一般是在一台物理服务器主机操作系统上，虚拟出多个客户操作系统，然后在客户操作系统上建立相对独立的应用程序运行环境，而 Docker 是基于操作系统的虚拟技术，Docker 是相对轻量级的，资源占比、灵活性相比传统虚拟化有很大的进步，传统虚拟机慢的情况下需要数分钟启动，但是 Docker 容器的启动是毫秒级。

1. 什么是传统虚拟化

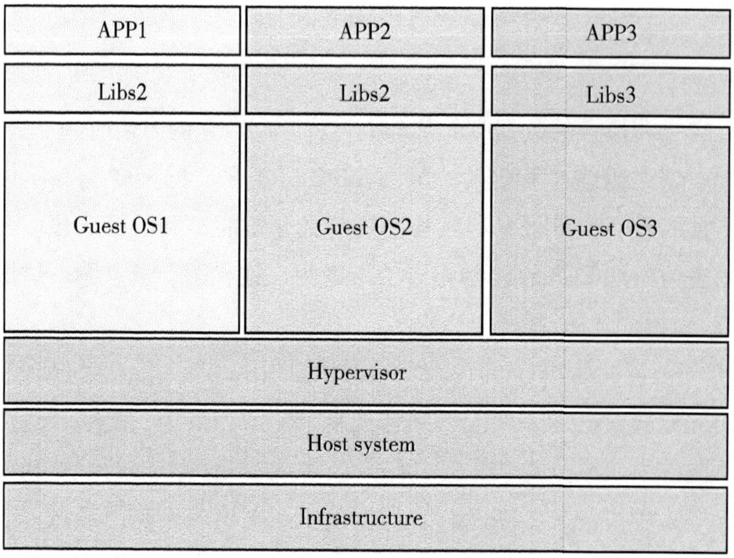

APP1	APP2	APP3
Libs2	Libs2	Libs3
Guest OS1	Guest OS2	Guest OS3
Hypervisor		
Host system		
Infrastructure		

图 6-6 传统虚拟化层级关系

图 6-6 中包括：Infrastructure 基础设施，一般是数据中心的物理服务器。

Host System 主操作系统，服务器上运行的可以是 Windows、Linux 或 Mac OS 等常见操作系统。

Hypervisor 虚拟机管理系统，利用 Hypervisor 技术，可以在 Host System 主操作系统之上运行多个不同的客户操作系统。

Guest Operating System 客户操作系统，如果你要运行 10 个相互隔离的应用软件比如数据库，则需要使用 Hypervisor 启动 10 个客户操作系统虚拟机。

这些操作系统一般都比较大，几百兆乃至上 G 的空间，这样会消耗大量存储空间，并且客户操作系统本身还会消耗很多 CPU、内存等资源。

运行相对独立的应用软件可能还需要安装很多依赖的运行环境，之后才可以在各个客户操作系统运行这些应用软件。大多数企业会将大量物理服务器集群虚拟化，形成统一的资源池，创建出 CPU、内存、硬盘等硬件配置各种不同的虚拟机来灵活部署不同类型的分布式应用。

2. Docker 与传统虚拟机对比

传统虚拟机需要安装客户操作系统才能安装部署不同的应用软件，但是 Docker 技术一般不需要安装操作系统就能安装部署应用软件。Docker 技术不是在客户操作系统外面来打造虚拟环境，而是可以理解为在 Host System 主操作系统基础上来打造虚拟机的技术，通过共享 Host System 主操作系统的方式，直接打造一个相对独立的应用软件。Docker 一般认为是操作系统层的虚拟化技术。

Docker 系统进程可以直接与 Host System 主操作系统进行通信，灵活地为所有 Docker 容器进程调度分配资源；它会将 Docker 容器进程与主操作系统隔离，并将各个 Docker 容器进程互相隔离。虚拟机启动可能需要数分钟，而 Docker 容器的启动一般在毫秒级。由于不需要运行客户操作系统，Docker 技术可以节省非常多的 CPU、内存、硬盘等许多资源。

其实 Docker 容器技术与传统虚拟机技术使用场景已有差异。传统虚拟机隔离不同应用更加彻底，一般阿里云等云服务提供商会提供传统虚拟机技术来隔离用户，Docker 技术目前可能在这方面还有些差距，在数据完全隔离方面的差距，安全性相对差，如表 6-3 所示。

表 6-3 Docker 与传统虚拟机对比

功能	传统虚拟机	Docker
启动	分钟级	毫秒级
硬盘占用	一般为 GB	一般为 MB
性能	比原生差不少	接近原生
系统支持量	一般数十个	单机支持 1000 以上

6.4.2 Docker 到底是什么

Docker 容器技术与传统虚拟机技术有所不同,传统虚拟机的基础是硬件及虚拟管理系统 Hypervisor 的支撑,在 Hypervisor 层开启不同的虚拟机业务,每个虚拟机启动客户机操作系统,非常消耗资源,如图 6-7 所示。

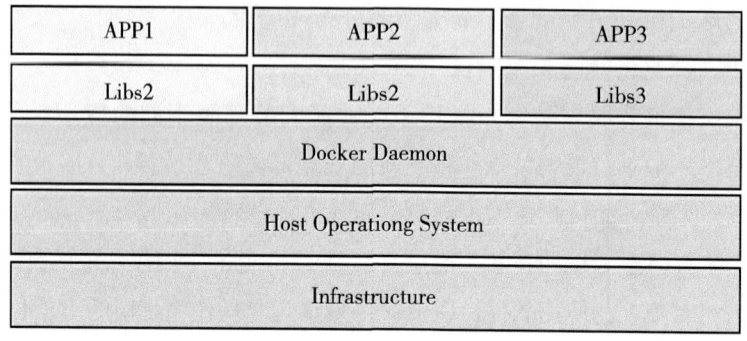

图 6-7 Docker 虚拟化层级关系

图 6-7 包括:

Host Operating System 主操作系统;所有主流的 Linux 发行版都可以运行 Docker。对于 MacOS 和 Windows,也有一些办法或逐渐官方支持运行 Docker。

Docker Daemon Docker 系统进程;Docker 系统进程代替 Hypervisor 的功能,它在 Host Operating System 主操作系统之上的后台工作,负责管理所有的 Docker 容器。

虚拟化技术创建相对独立的应用软件前一般都需要先创建新的客户操作系统,通过操作系统隔离应用,管理员监控操作系统内应用软件的运行情况比较麻烦;Docker 占用空间小,安装部署快,现在一般还支持灰度等优雅升级方式,管理员还能监控所有容器的运行情况。

Docker 容器中的应用软件的所有相关依赖都包含在 Docker 镜像中,而 Docker 容器应用软件一般都是基于 Docker 镜像创建的。应用软件的运行代码和相关依赖都包含在 Docker 镜像中,各种不同类型的应用软件对应各自不同的 Docker 镜像。应用软件运行时会在不同的相互隔离的 Docker 容器中。

举个例子,Docker 容器就是手机的不同 APP,通常系统可以安装想要的所有不同的应用,但是虚拟化技术相当于电脑上虚拟出不同手机系统,你需要虚拟出安卓系统、苹果系统等，每个系统再去安装应用。两者只是应用场景不同，Docker 容器还不能完全取代传统虚拟机。

Docker 可以通过 Dockerfile 文件来记录建立容器镜像文件的所有步骤，还可以完全记录应用软件运行环境的启动过程和运行配置参数。软件开发人员和系统维运人员可使用 Dockerfile 文件来讨论应用软件的运行环境的配置。还可以利用版本控制工具例如 GitHub 来实现版本控制功能。

6.4.3　Kubernetes 实践

6.4.3.1　Kubernetes 简介

Kubernetes 架构如图 6－8 所示。

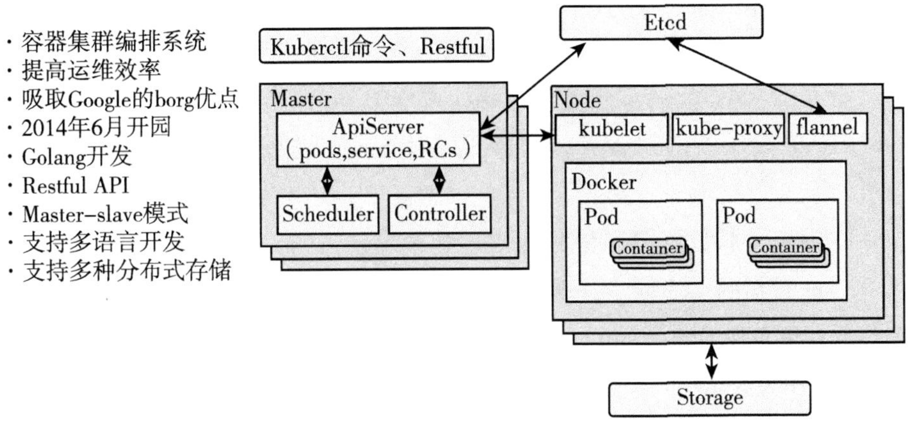
· 容器集群编排系统
· 提高运维效率
· 吸取Google的borg优点
· 2014年6月开园
· Golang开发
· Restful API
· Master-slave模式
· 支持多语言开发
· 支持多种分布式存储
Kuberctl命令、Restful
Etcd
Master
ApiServer
(pods,service,RCs)
Scheduler
Controller
Node
kubelet
kube-proxy
flannel
Docker
Pod
Container
Pod
Container
Storage

图 6－8　Kubernetes 架构

Kubernetes（俗称 K8S）是支持不同语言的应用软件 Docker 容器集群的编排服务。例如，1000 台服务器安装 Docker 容器集群，我们可以用 Kubernetes 把这些服务器的容器都编排起来，形成一个统一的集群来处理。[①②]

目前基于 Kubernetes 的许多系统已经是生产级别的了（如微博春节直播的系统就是采用 K8S 服务支持架构），Kubernetes 的前身基本可以认为是谷歌

---

① 闫建勇，龚正，吴治辉，刘晓红，等. Kubernetes 权威指南企业级容器云实战［M］. 北京：电子工业出版社，2018：98—139.

② 董微微. 专利分析方法对技术路线图制定的支撑作用研究［J］. 现代情报，2017，37（11）：44—50.

的 borg 系统，而这个系统已经在谷歌内部稳定秘密运行很多年了，而谷歌将其开源后，迅速占领市场，并大有一统天下的趋势。对于专利大数据容器系统采用 Kubernetes 是比较合理，也是节约人力成本的优选方案。

Kubernetes 是 2014 年 6 月开源的，采用 Golang（简称 go）的语言开发，每一个组件互相之间使用的是 Master API 的方式，Kubernetes 架构的工作模式是用 Master－slave 模式，并且支持几乎所有类型的联机网络以及多种语言的不同服务，也支持多种分布式的存储架构。

Master 的核心服务组件是 API Server，对外提供 Http Restful API 服务接口。Kubernetes 几乎所有的资源对象的数据都存储在 etcd 这个组件。Controller（Kubernetes Controller Manager）是一个自动化控制中心，用于管理节点注册以及容器的副本个数等控制功能。Scheduler 是 kubernetes 的调度器（相当于公司的调度室），用于调度集群的主机资源。

Node 是 kubernetes 集群除了 Master 以外的节点，在 Node 上的核心组件是 kubelet，它是任务的执行者，它会跟 API Server 进行交互，获取资源调度信息。

Kubelet 会根据资源和任务的信息和调度状态与 Docker 容器去交互，调用 Docker 容器的 API 创建、删除与管理容器，而 kube－Proxy 可以根据从 API 里获取的信息以及整体的 Pod 架构状态组成虚拟 NAT 网络。

Pod 作为 Kubernetes 最基本、最重要的概念，也是最小的可调度单元，一个 Pod 里可运行若干个容器，容器与容器之间可以用本地主机的形式来通信，他们之间共享网络和存储空间，也就是说 pod 内的是资源共享的。

Kubernetes 使用 label 来对 Pod、Node、Service 打标签，通过标签让不同层次的组件产生联系，例如版本、环境、架构、分区、质量控制等标签类型。可以利用某个选择器把需要的资源选出来，然后进行相关操作。

Pod 的控制器叫作 Replication Controller（RC），RC 是 Kubernetes 的核心概念，它负责控制 Pod 副本和运行状态，既可以进行手动的弹性伸缩，也可以使用 HPA（Horizontal Pod Autoscaler）来设置 CPU、内存等阈值来实现自动弹性伸缩。利用 RC 的机制，可以容易实现应用的滚动升级。

Service 定义了服务虚拟 IP 与容器实例间的映射关系，也定义了服务展现给用户的方式。因此，对于外界用户来说，Service 可以理解为本书中检索、分析报告生成等微服务，微服务本身服务形式之一就是对外服务的接口。

Daemon Set 可给每一个节点去分发容器应用，并以系统守护进程的方式运行，如果想监控节点的健康状态，可以用 Daemon Set 的方式来在对应节点上部署运行相应的监控组件。

Config Map 是一种非常灵活的配置管理方式，应用软件容器在运行时，不是很推荐修改容器里的各类文件，或者开 SSH 登陆相应端口，应用软件容器运行时，一般需要了解怎么连接数据库、访问配置文件。这样就可以把配置文件定义到 Kubernetes 的 Config Map 中，然后 Config Map 会帮助分配这些配置到相应的容器，一般是在 Pod 里挂载到指定的位置，应用软件容器只需要从指定位置获取。

6.4.3.2　Kubernetes 安装方式

Kubernetes 安装方式有多种，目前如需使用谷歌的官方源只能使用 VPN 等方式，一般采用非官方源方式进行安装。

1. 快速安装方法（官方源）

以 CentOS 7 为例。

yum 安装方法：yum install – y etcd kubernetes

Kubernetes 启动方法：

systemctl start etcd

systemctl start docker

systemctl start kube – apiserver

systemctl start kube – controller – manager

systemctl start kube – scheduler

systemctl start kubelet

systemctl start kube – proxy

这种方式安装容易，但是版本比较旧，并且官方源在国内默认不支持。

2. 国内获取镜像方法

由于国内网络原因，在配置 Kubernetes 服务时，一般都会出现常用镜像找不到的情况。国内一般通过 GitHub 和 DockerHub 搭建自己的仓库，可自行注册账号。

如何玩转专利大数据

Step 1：登录；

GitHub，创建代码仓库，比如：googlekubernetes

Step 2：克隆代码（地址换成你的）；

git clone https：//github.com/wuji0301cata/googlekubernetes.git

Step 3：编写 Dockerfile（以 dashboard 为例）；

输入命令：

cd googlekubernetes

mkdir dashboard

cd dashboard

vim Dockerfile

Dockerfile 文件内容如下：

FROM gcr.io/google_containers/kubernetes – dashboard – amd64：v1.7.1

MAINTAINER 44596711@qq.com

Step 4：提交代码；

cd ＜克隆代码根目录＞

git add.

git commit – m " kubernetes – dashboard – amd64：v1.7.1"

git push

Step 5：最后提交完成后的代码结构；

Step 6：登录 DockerHub，创建 Automated Build 项目；

如未关联账号，会提示绑定 github 账号，按提示操作即可。

如已绑定 github，则选择 github 方式的 Automated Build 项目；

接着按照提示，选择 github 上我们的项目 googlekubernetes 即可，仓库名设置为 dashboard；

Step 7：配置 Build Settings；

指定 Dockerfile 所在的目录（到目录级即可），设置镜像 tag，先点 Save Changes，再点 Trigger。

Step 8：在 Build Details 可以查看编译进度；

Step 9：编译完成后，我们就可以把镜像拉取到本地。

自己改一下 tag 就是 gcr.io/google_containers/kubernetes – dashboard –

amd64：v1.7.1 镜像了。

docker pull googlekubernetes/dashboard：v1.7.1

docker tag googlekubernetes/dashboard：v1.7.1 gcr.io/google_ containers/kubernetes-dashboard-amd64：v1.7.1

通过这种方式也可以获取新的 Kubernetes 镜像。

6.4.3.3　Kubernetes 应用实践

在专利大数据容器系统的部署运行时，关键节点应需要具备高可用性。在 kubernetes 中给 Master 设置多个实例（高可用应该有 3 台以上独立服务器），所有实例通过 Nginx 等负载均衡 load balancer 对外提供 API Server 的服务。Pod master 可以保证在同一时刻，仅有一对 Controller 和 Scheduler 存在集群内。当其中一个 Master 节点出现问题时，其他的节点通过负载均衡 load balancer 保证高可用，如果 Controller 或 Scheduler 出现故障，也会在其他可用的 master 节点上启动新的 Controller 或 Scheduler。Slave 在连接时，只与负载均衡 load balancer 通信。

Kubernetes 微服务架构服务平台是基于 IP 的，它为每个微服务都定义了一个 IP 地址，这个 IP 与服务名绑定，客户端只需通过服务名就可以进行服务调用。Kubernetes 服务平台一个重要优势就是自动化：升级可以自动化，副本数调整自动化以及配置自动化。

6.4.3.4　Kubernetes 管理与运维

1. 监控管理

监控与报警在企业云平台运行过程中是比较重要的环节，运维管理人员需要实时获知系统是否运行正常，API Server 是否健康，Node 节点应用是否出现问题，服务的 QPS 是否过载等。例如，在 Kubernetes 服务平台中，可通过 cAdvisor（Container Advisor）这个默认集成到 kubelet 开源组件中的页面查看容器的运行状态。Kubernetes 也推荐使用比较流行的 Fluentd、Elasticsearch、Kibana 组成的系统和容器日志采集、查询、显示的日志管理系统。

2. 操作工具

Kubernetes 的管理组件 kubectl 是一个方便的客户端 CLI 命令行工具，它可以对各种资源进行操命令行作，例如，资源对象的创建、删除、查看、修改、运行，通过更多命令参数得到指定的信息。

Docker 容器镜像运行环境，定制网络和存储设置，编写设计 Deployment、Configmap、Service 等 yaml 配置文件，然后部署安装，这些复杂的过程可以使用 Helm 应用包管理工具实现。

Kubernetes 官网地址：https://kubernetes.io/。

6.4.4　高可用及自动发现专利容器服务的远期架构规划

正如前文中所介绍，专利容器项目已经细分成大几十种微服务类型，而且随着业务类型的增加、访问量需求的提升导致某些服务需要运行大量的副本，而当服务超过数百时，传统的分布式架构已经力不从心，并且运营的成本是巨大的。Kubernetes 正是解决超大型服务集群管理的比较优秀方案。

如果目前缺乏人手搭建集群，开发人员暂时也没有精力学习 Kubernetes 架构。在架构选型上，可先选用 Spring Cloud 框架内的微服务基础组件，然后在阿里云或者企业内部的私有云主机上部署，也可解决中等规模的分布式架构，未来如相应的运维人员来管理 Kubernetes 集群，可以先直接使用如阿里云等云厂商的 Kubernete 集群服务，短期内也能满足需求；如果运维人员充足也可以在私有云上自行创建 Kubernetes 集群，用于管理应用软件容器集群。

目前，专利容器项目正处于中期建设阶段，可以考虑将外网的服务部分放置在阿里云集群，减少系统运维的成本。

第七章

应用前景分析与展望

7.1 容器思想进一步提升价值

正值专利大数据这一议题方兴未艾之时,合理和高效地运用专利大数据来挖掘数据中的价值日渐受到业界越来越多的关注,然而,提供一个普适的、多元的专利数据分析工具并非易事。正如本书开篇伊始所述,专利大数据不仅数据庞杂、数据形式和来源多种多样还具有高维度、数据格式难以统一且结构化非结构化内容众多的特点;同时,由于专利分析所针对的场景、应用以及需求各异,分析数据的方法需要根据专利大数据的特性,结合各种学科建模工具实现流程多变的处理和加工。正是由于专利大数据及其相关分析的特点,导致传统的专利数据分析处理平台配置和部署相对繁琐,组件间的相互依赖关系复杂,创新主体在开展专利分析工作时,怯于从零开始的部署和实施,更多的是采用一项目一框架的分析方式。但是,基于"容器"思想的专利分析运营,通过数据和算法的复用,以一种封装的"黑盒"的形式,使得专利分析变得更加高效,在政府机关、公益组织、研究机构、企业等创新主体进行专利分析运营时,可以更加快速准确地提取专利大数据中的价值。

7.1.1 容器思想提升专利分析运营

在信息迭代周期越来越短、产业升级转型加速的今天,创新主体要在竞争中生存,基于专利大数据挖掘的专利分析是必不可少的。这是因为专利具有前沿性和经济性的特点,而创新主体在制定自身发展战略的过程中,需要依托于专利分析的结果来了解市场的前沿动向和高附加值技术的演化趋势,从而更精准地找出适合其未来的发展路线,从而开展专利运营工作,实现市场价值的转化。瞬息万变、难以预测的市场为专利的运营提出了更高的要求,在容器思想的助力下,创新主体通过可靠快速的专利分析,准确高效的专利大数据挖掘,降低时间和劳动力成本,实现市场先机的掌握以及战略的及时调整。

7.1.1.1 容器助力专利大数据挖掘

随着专利制度的日益普及和完善,专利大数据的力量正在被越来越多的人重视,然而,海量、庞杂、无规律的数据本身并不会产生任何价值,只有从专利大数据中获取专利以及其相关活动中所产生的数据之间具有的普遍意义的联系、趋势和模式,专利大数据的价值才能得到真正的体现,而这一切都依赖于对专利大数据的挖掘。

专利大数据的采集收集、挖掘分析、结果输出是专利大数据挖掘的重要步骤,更是实现任何专利分析项目、专利运营工作的基石。容器思想通过采用数据封装的手段来整合高维度、结构复杂的各种专利数据,使创新主体无须了解数据是如何存储及交互,更无须考虑底层的实现手段,只需要通过专利容器所提供的接口,进行算法对于各类数据的取用,从而助力创新主体从专利大数据中更好地获得有意义的专利大数据信息的关联、更快地掌握专利大数据所具有的价值。在采集收集阶段,容器思想为各种源数据提供了丰富但又统一的数据存储形式,根据数据的维度划分出不同的容器类型,提供同样的数据接口方便多维数据的组合,从而使得创新主体可以方便快捷地实现数据的导入,而无须花费大量时间和精力去手动修改和组织不同来源的异构高维数据;在挖掘分析阶段,基于"数据立方体"概念的容器数据复用思想可以更加生动具体地表现出数据维度之间的关联性,创新主体可以直观地发现多维数据之间的引用关系,而无须借助其他分析工具重新寻找强关联的数据信息,此外,基于不同专利分析运营过程中的重叠流程和属性,容器的算法复用思想通过在不同的专利分析运营调用或重复的数据处理步骤和规则,实现智能化的高效清洗和挖掘,节省了专利服务工作者以往针对不同项目的重复劳动;在结果输出阶段,在已有的图表、演示文档的基础上,建立与输出数据类型具有弱耦合关系的展示模板、结合挖掘分析得到的封装数据，帮助创新主体实现更加快速高效的结果输出。基于容器思想的专利分析运营借助于数据和算法的复用思想，在基础的数据挖掘阶段就削弱了人为操作的必要性，提供了一种更加智能和通用的专利大数据挖掘策略，从而极大地解放了专利服务工作者的人力劳动，提高了整个挖掘的效率。

7.1.1.2 容器助力专利分析服务

容器思想不仅简单地降低了提升专利大数据挖掘过程中的效率，更能帮助创新主体快速落地实施专利分析项目，进一步减轻专利分析从业人员在现有专利项目中进行的重复劳动，从整体上提高分析的效率。创新主体通过在运作专利稳定性分析、专利主题检索、专利导航、专利预警项目的实践环节中总结经验，摸索不同的工作模式，积累了丰富的专利分析工作经验，针对常见的专利分析的服务类型形成一套完整的理论体系，并制定了专利分析的常规管理流程和质量控制标准，从而实现项目管理和运作的良性循环。这些丰富的经验和夯实的专业基础可以在专利容器的构建过程中得到充分运用：建立专利容器的基础是各种服务类型的专利分析数据、结果和报告，这之中的专利大数据类型和挖掘处理方法都是由洞悉专利分析规律的项目管理人员组成的咨询服务团队，以及拥有数千名精通专利法律知识、熟谙专利和科技文献检索、覆盖专利申请全部技术领域的专业技术人员组成的检索分析团队共同完成的，这些分析的需求以及与其对应的数据和方法的选择都为容器的构建提供了理论支持——基于不同的业务需求，归纳总结在不同服务中应用的专利数据类型和挖掘处理方法，以数据和算法的复用为基础，通过数据和算法的容器排列组合以完成具有不同服务需求的专利分析项目。

具体而言，专利分析中，专利数据是多维的，包括专利文档、电子表格、图表、HTML文件、演示文稿等，通过容器，可以实现对各种建模后的专利数据按照不同的主题、企业、领域等条件进行区分，分析建模过程中使用的框架和分析算法也得到了保存。通过将零散的数据进行统计分析，以不同维度将数据进行存储，从而使得离散的数据具有关联性，形成了专利数据的立体结构，便于创新主体从各个维度或基于多个维度的组合，对过往数据进行挖掘和利用。由于不同的分析工作，会持续引入新的专利数据内容，因此当

如何玩转专利大数据

创新主体在同一产品线上进行产品的迭代更新时，其可以在相同主题这一维度下，基于不断累积的数据体结构，获得更加细粒度的行业发展路线信息。由于专利分析过程中对于某些指标的分析是共通的，譬如无论是对于申请人的分析，还是行业中技术分支发展趋势的分析，亦或是企业区域布局的分析，可能都会涉及对专利申请数量的粗略估计，如果在分析阶段直接采用容器对数据进行整合分类，当创新主体希望了解竞争状况，监控潜在的竞争对手时，就可以快速地提取在进行行业趋势分析或区域布局分析时的数据，避免从零开始的前期重复劳动。通过将创新主体在分析过程中积累的经验方法进行汇总，以不同的输入输出数据及功能进行分类，可以达到分析方法的快速实现，同时，数据的处理更加丰富和多样化，便于企业实现更加可靠或复杂的分析。考虑到类似需求的专利分析具有相似的流程，当企业希望拓宽业务进军其他技术领域时，可以充分利用之前对于已探索过的领域的数据处理方式和分析手段，降低人工分析过程中人力和时间的浪费。此外，由于相同分析目的所采用的不同分析方法的累积，在创新主体进行专利数据的分析时，也可以快速实现通过不同分析手段所产生分析效果的比较，为不同的主题、主体或是领域，通过分析框架和算法重用的方式进行快速的比较测试，从而通过采用最合适分析手段来提高分析结果的可靠性。此外，当创新主体想要提升分析的精度和深度时，可以将容器中存储的分析手段进行排列和组合，从而可以快速获得更加复杂分析方法并进行测试，获得更加准确的专利数据分析结果。

举例来说，当创新主体对于某一技术领域或特定申请人提出了定制的专利分析需求，基于专利容器的专利分析平台可以按照客户的需求灵活并精确获取到各级细分技术领域、特定时间段、特定区域，还可以对不同申请人进行多个维度的专利数据的采集和封装，进而有针对性地组合已有的算法分析容器完成对多个维度的数据比对分析，从而为创新主体进行专利挖掘、专利布局等提供借鉴。高维的专利数据可以基于申请人、技术分支、时间、区域分布等众多维度进行划分，当创新主体需要获取技术分支分析、主要申请人分析、区域布局分析、行业发展趋势分析的结果时，都可以以某一特定的维度为基础，对其他维度的信息进行统计分析，无论是一维时间线的分布，还是二维专利地图的展示，容器思想都可以为高维度专利信息的统筹绘制提供更加便捷和快速的画像。采用这种整合—拆分—再整合的方式对专利分析中的数据和信息进行汇总，进而实现对专利分析的数据、结果和报告的二次加工和完善，最终实现多方式、多角度的结果呈现，保证最终形成的专利容器能够以快捷、详实的内容针对性的满足不同主体的不同需求。

7.1.1.3 容器助力专利运营

基于专利大数据挖掘的专利分析可以帮助社科组织、企业等创新主体掌握自身以及竞争者的优势和劣势，创新主体从专利分析的结果中了解行业走势，在产业化实施、市场营销、产品开发、公司战略上有所突破，实现更加切合业务需求的高效专利运营。

一方面，专利运营过程中涉及技术类、法律类和经济类数据，数据的来源又是多种多样，数据的维度巨大，复杂度也很高，不过由于专利容器支持异构数据的同质化封装表达，使得数据的采集和存储更加简便，方便后续数据处理，方便对数据的清洗和挖掘；另一方面，专利容器以数据立方体的形式，将较为基础的基于数据可直接获得的低层次数据容器通过维度叠加扩展的方式组合成更加高级的具有逻辑关联的高层次数据容器，专利运营人员可以通过拆解高层次数据容器，或者组合不同的低层次数据容器，实现对于相关数据信息跨维度和跨信息类型的统计分析，进而进行更有针对性和效率的专利运营工作。

此外，与各类专利分析的服务类似，专利运营工作人员在进行过往的专利运营工作时，会积累大量的专利运营的经验数据，并形成相应的方法体系，将这些数据注入专利容器后，专利容器不单包括了专利数据、专利分析服务项目相关联的算法，还可以通过专利容器组合出关于技术脉络的报告结果，这其中，每个技术脉络的节点还与不同的专利集合相互关联，报告结果中的分析文字和章节也以附加信息的形式存储在专利容器之中。这种分析结果和报告的汇聚形成了一个巨大的专利知识库，为专利运营工作提供了强大的数据信息方面的支持，并为实施专利市场化运营提供了直接的便利。此外，由于具有相同目的的专利运营所采用的专利数据和分析方法是可以积累并且沿用的，在创新主体进行专利价值评估、高价值专利挖掘、专利布局操作时，以层级的方式将评估的因子、布局考量的参数存储在不同的专利容器，不断迭代更新分析内容，从而实现高效率低参与度的底层参数容器的组合，以及高层评估、挖掘、策略容器的复用。

7.1.2 专利容器的扩展运用

基于专利分析容器可以实现完整的专利分析运营体系及其标准管理流程和质量控制体系，同时可以提供对企业开放的、用于专利分析运营的系统。政府部门、行业组织、科研院所、企业等营利机构，各种不同的创新主体均能够从专利容器中获取"智慧"的专利数据。虽然基于专利容器对于高维度的专利数据和复杂多变的分析算法可以实现"黑盒式"的封装，完成基础的专利分析运营工作，但若想实现更加丰富高效的专利分析运营工具则需要将容器思想与现有工具结合，应用于更加广阔的专利大数据挖掘蓝海。

7.1.2.1 与其他工具的结合运用

显然，目前较为广泛使用的专利数据服务辅助产品均涉及专利数据和分析算法的使用，对于专利容器在数据分析方面的提升则需要以软件模块的形式建立专利容器与现有商用软件工具的互补性关联关系。专利容器这一数据结构的存储、调用、组合方式，依存于现有软件丰富的分析功能和处理方式，不仅可以实现专利容器的算法持有量的不断充实扩增，还可以在合作中提高各种与之结合的软件功能的数据吞吐容量，提升专利数据处理的维度和效率，从而依靠不断壮大的数据库资源演化出更加独立自主的支持平台。

专利容器以专利数据为桥梁，通过在海量数据中筛选出有价值的专利，将之现有的智能检索和众多专利分析工具对接，形成基于容器数据算法平台的"合力分析"，同时，由于专利分析容器包括完整的专利分析运营体系及其标准管理流程和质量控制体系，同时提供对企业开放的、用于专利分析服务和运营的算法封装，因此，在细分领域的数据挖掘和针对性更强的行业数据提取上，可补全现有智能检索工具的短板，扩展实现多种分析功能，包括但不限于：优势专利、弱势专利、对手优势专利、对手弱势专利、挖掘创新技术点、知识产权风险控制、对手研发策略及路线和新立项目透视、核心技术专利挖掘、核心竞争专利等，实现专利攻防分析，提供分析价值信息等。

专利分析结果的可视化也可以通过专利容器与其他工具的结合来提升。一方面，可以提取并识别其他工具对于专利分析结果可视化的方式，将其进行分类、改造和移植以形成基于专利容器的可视化结果的模板，通过扩充现有的算法容器的方式，实现基于专利容器的分析平台的完善；另一方面，数据可视化本身是一个技术性较强的问题，并且由于数据的组织形式变化多样，直接提取其他工具的可视化模板对于容器的构建可能会复杂且低效，因此，对现有的数据类型容器进行改进，提供简便易组合的数据接口的转换器也是一个可行的结合策略，以接口优化代替大量的算法容器的设计工作，实现分析结果不同的转换形式，便于不同可视化工具对于结果的取用。

7.1.2.2　与其他领域的结合运用

基于现有的专利大数据挖掘相关服务而言，目前国内的专利大数据服务产品种类相对比较单一，尤其是在如何利用专利大数据实现不同的系统功能或指标设计还缺乏创新，暂时还停留在对专利大数据本身的单纯利用，如上一节所涉及的专利数据分析评议、专利稳定性分析、专利主题检索、专利导航、专利预警项目，以及市面上常见的各类专利信息的单纯的检索和数据统计工具。虽然也存在一些对专利资产特征信息与企业经营信息的关联性研究，但也是局限于对专利技术实力的评价，仅能给出关于数据的汇总和呈现，并不能充分地联系不同数据源头不同维度的附加信息，开展更加深度和智能的专利大数据挖掘，因而现有的这些内容还不足以为政府部门、科技企业、投资机构、资本市场等提供全面、完整、动态、可视化的服务。这主要是因为，我国现有的专利大数据挖掘大多还停留在低效大开销的人工分析阶段，即便利用了大数据手段也未能很好地提供一个普适的数据存储和处理结构，导致专利领域的从业人员难以从常规化的基础项目中抽离出来，限制了其构想更加上层和复杂的专利大数据挖掘应用的自由。

容器思想的提出和应用正为专利领域，乃至知识产权领域的从业人员打开了一扇新的大门，通过数据和算法的复用达到了提高数据的提取和处理效率，同时减轻专利分析运营工作中重复劳动的效果。如果将基于容器思想的专利大数据挖掘与云计算等先进技术结合，通过构建以大数据分析指标体系为关键要素的容器数据结构的进一步扩充和优化，开展对专利资产与产业发展大数据的融合运用的路径、方法、模式等进行深入系统的研究，以专利资产与产业发展的特征信息集中互联和相关性线性与非线性解析为基础，设计和开发跨领域的算法容器，则可以更好地实现对创新驱动发展的影响因素的完整分析，通过采用复合的学科理论体系进行交叉分析与统计，实现动态和静态数据报告的联合展示的可视化主动分析计算平台，打造可预判未来创新发展走向和经济效益的智能化分析工具，则可以促进主动管理视角的深入分析，打通专利资产与产业发展数据壁垒，并更好地体现容器思想的广阔价值。具体而言，容器思想与其他领域的结合运用可以从以下几方面来逐步进行：一是探索构建基于专利容器的专利大数据和其他领域数据的交叉分析体系，改进现有的专利数据的容器，使其与市场、产业、金融及商品领域的大数据资源在格式上相互兼容统一，将数据复用的思想扩展到与专利分析大数据挖掘相关的其他领域，方便进行数据的采集、归纳汇总和筛选；二是加入更多的适合不同领域的数据分析利用的机器学习算法，充分利用算法复用的思想，便于相关领域的从业人员发掘关键因素及各因素之间的相关性；三是进一步降低领域内数据和算法之间的耦合性，提高不同领域内数据和算法的兼容性，提供更加简单的封装调用方式，从而简化新的专利大数据挖掘应用的创建门槛，促进专利容器在各行各业的普及和使用。

7.1.3 基于容器的专利分析运营的附加值

通过基于"容器"思想的专利分析和运营，使用过的项目数据都被梳理清楚，已有的分析算法也得到了最大限度的封装保存，当新的需求和项目出现时，平台可以智能化地根据项目需求取得各种维度组合的数据进行分析，也可以调用已有项目中使用过的分析方法进行再次推演，从而实现了专利分析在数据和算法上的复用，节省人力和时间上的成本，同时，这种专利数据和分析算法的复用和封装也使得相关专利数据分析平台的部署变得更加简单、快捷，维护复杂度也大大降低。然而，容器思想的价值不仅体现在此，基于容器思想的专利大数据挖掘对政府部门、行业组织、科研院所和企业盈利机构在提升行业、企业管理的工作时事半功倍。

7.1.3.1 鼓励行业发展

企业在社会中往往扮演多种角色，按照地理位置属于不同的地理区域，按照主营业务划分属于不同的行业。围绕这个企业进行专利分析的业务时，通常会将这个企业设定于不同的角色，这个企业可以参与到所在地理区域的专利分析，也可以参与到所在行业的专利分析，但不同区域、不同企业的专利大数据平台的配置和部署千差万别，集成整合难度极大，如果每次专利分析都要重新进行数据处理和集成整合又会大大增加时间成本和资金成本。基于"容器"思想的专利数据平台较好地解决了这个问题。

通过容器对企业的专利数据进行包装后，各类型的数据已经被巧妙地存储于一个个子容器中，可以根据需要进行重复利用和灵活扩展。当政府部门需要对不同区域进行专利评估以及行业协会需要对行业内企业进行专利分析时，都可以通过简单部署，自动从容器中提取所需的专利数据，从而为政府部门和行业协会等创新主体节省大量时间和资金。这种低成本的复用增强了政府部门和行业协会的专利服务能力，可以将更多的时间精力投入分析结果与行业发展的关联本身而不是繁琐的数据处理中。

借助于政府部门和行业机构提供的基于容器的高效专利大数据的挖掘和分析手段，创新主体在探索行业发展态势中进行分析和统筹的难度得以降低，大大缩减了各行业在空白技术和领域进行探索所需要花费的时间和精力，使得双创行业主体可以根据自身的能力和资源有针对性的进行技术的研发，并达到及早洞悉关注领域的潜在商机的效果，通过这种途径，专利容器的运用为鼓励双创行业发展奠定了良好的基础。除此之外，政府和行业机构也可以通过提供完备的专利容器分析工具，定向协调区域行业的发展，促进国家社会的经济发展。

7.1.3.2 助力企业发展战略制定

基于容器思想，创新主体可以快速高效地掌握战略制定的外部环境分析过程中的技术因素和竞争因素，一旦创新主体先于其对手意识到其所面临的潜在外部机遇与威胁，管理者便可以以最快的速度指定适当的战略，为市场定位、细分战略走向、所要提供的服务作出决策。这得益于基于容器的专利分析为创新主体提供可复用的分析方法，使得实时运行分析算法以获得专利技术的现状、核心技术、生命周期等市场基本情况的描绘、相关领域的监测成为可能，创新主体及时高效地获得市场对于现有技术的依赖情况以及对于新技术的接纳速度的信息，进而准确把握技术迭代更新的时间节点。此外，容器的复用思想可以让企业在发现行业新兴竞争时，采用组合已有分析流程组件的方式，在第一时间掌握对手的技术水平、研发实力、研发动向、专利策略等情况，这些信息可以帮助创新主体获得其竞争对手的潜在市场及市场合作策略，认清市场坏境，并制定相应的竞争策略。一旦创新主体获得了关于市场走向的关键信息，其可以基于自身在技术、营销、管理等各方面的优势情况，实现战略方向上的快速转换；容器思想更好地帮助企业实现以先发制人的姿态和引领市场趋势的方式率先进入市场。

同理，在创新主体战略制定的内部环境分析过程中容器思想也可以实现创新主体对其职能方面所具有的优势和劣势进行高效的信息提取。创新主体内部分析的出发点就是要利用内部优势克服内部弱点，有效地利用自身资源，或采取积极的态度改进已有劣势，扬长避短，制定有针对性的战略。创新主体的优势主要体现在不容易被竞争者所超越或模仿的产品和方法，基于容器的专利分析可以帮助创新主体更加便捷地得到其研发能力的指标参数，获得其在细分领域的技术实力，进而判断出其为不同领域产品提供技术支持和服务的可行性。容器思想使得对创新主体专利技术的持有数量、转化率、引用或转让等参数的跟踪分析变得更加简单便捷，通过这种方式评估创新主体的技术发展水平，并结合其他多源的法律、金融异构数据，支撑创新主体可能进行的股份分配、法律诉讼、融资、专利转让、合作合并等操作，进一步地，通过基于"数据立方体"从多个角度和维度来分析创新主体专利申请数量、转化率的变化情况，还可以帮助创新主体明确目前资源分布是否符合企业的最初确定的战略方向。

所谓"天下武功，唯快不破"，对于企业而言，只有占领先机，才能在瞬息万变的市场中快速积累自身价值。基于容器思想的专利分析，正好为企业提供了一把"快刀利刃"，无论专利数据多么冗杂，分析手段多么百变，当其被封装成为一个供企业随时复用的"黑盒"，并且也不需要耗费人力和时间重复地进行实现和测试时，企业已经跑在了竞争队伍的前列，拿到了掌握市场先机的钥匙。

7.1.3.3 提升企业专利项目管理

专利容器对高维度数据的支持，有利于对专利分析项目的统筹管理，更加方便地记录已经存在的课题信息、专利服务项目信息，并用于专利分析项目的统计和调查。此外，由于专利分析项目中还会涉及参与分析项目的人员，因此，专利容器可以方便内部管理人员对专利服务人员进行管理。通过这些信息的整合和分析，可以提高企业专利管理的综合能力，为未来专利分析项目的高效运作铺平道路。

以项目、课题为单元的专利容器调用有利于企业获得对自身专利分析项目情况的认知。企业可以统筹管理专利分析项目的容器信息，对不同时间节点、不同技术领域，乃至技术主题下开展的专利分析项目进行横向和纵向的分析统计。通过横向分析，企业可以快速了解各种类型上的专利分析项目的数量比例、企业对于不同领域的分析频次、分析项目在时间和财政的开销；而纵向分析则有助于企业挖掘探索领域的深层内容，通过对相同领域或主题的项目进行时间轴线的统计或是内容关键词分布的分析，企业可以快速掌握自身在发展道路上的前行路径，并与原定战略目标、市场趋势、政策方针进行比较，在回顾中积累经验，从而进一步指导辅助企业的战略走向制定，以及企业在专利分析业务管理上的效率提升。

在容器支持的平台，企业可以通过项目、课题容器获取相关参与人员的信息，统计获得人员与专利分析项目的关联关系，实现对于参与专利分析项目的人员管理。专利容器中不但蕴含了参与人员的个人数据，还囊括了专利分析项目的各项指标属性，通过系统地调用整合这些多维度的数据，企业可以获知人员参与过的专利分析项目的类型、人员在分析项目中承担的角色、人员参与过的分析项目的技术主题和领域、人员的分析经验值、人员分析结果的认可度等信息，这些客观的历史数据的组合从多个侧面描绘了众多专利分析人员的综合能力，有助于企业对专利分析人员的能力优势进行比较筛选，实现专利分析人员的合理运用：当面对一个新的专利分析项目时，基于这些客观的指标参数，企业可以因地制宜，针对分析手段、分析领域等各项需求，为相应任务选择能力最为匹配的人员开展专利分析工作。

正如很多商业领袖所说的，企业管理的核心在于人的管理，准确的人才管理运用是提升企业效率、促进企业营收的重要一环，只有尊重知识人才，结合企业自身战略发展和开展工作的特点，将每一颗"螺丝钉"放在企业中最合适的位置，才能让这台大机器又快又好地跑在战略的轨道上，领先其他竞争对手。专利容器的使用，使得多维度的冗杂企业相关专利数据得到更加系统的保存，在简单易维护的同时，为企业编织出巨大的管理辅助的网络，提高企业在人员管理、战略管理上的效能。

无论是宏观层面的政府部门、行业组织，还是微观层面的科研院所和企业盈利机构，专利容器的实现，使得不同主体能够通过从专利容器中获取针对性和专业性强的专利分析数据和信息来实现：（1）形成专利导航对产业发展决策的引导力，促使产业发展规划、产业运行决策的科学化程度进一步提高，产业布局更加科学、产业结构更加合理；（2）发挥专利制度对产业创新资源的配置力，引导创新资源主要向影响产业发展的关键领域、关键技术倾斜和聚集，创新资源的利用效率明显提高；（3）强化专利保护对产业竞争市场的控制力，依托产业技术优势，基本掌握对相关产业发展具有较大影响的若干关键技术的核心专利，并形成保护严密的专利组合；（4）发挥知识产权评议对产业专利风险隐患的防范力，及早发现、规避、消减产业重大经济技术项目可能面临的专利风险隐患；（5）提升专利运用对产业运行效益的支撑力，有效收储能够支撑产业发展需求的专利资源，依托专利运用协同体建立有利于集中管理、协同运用的专利运营商业模式，促进专利的战略性运用和价值实现；（6）增强专利资源对产业发展格局的影响力，在若干产业形成较强的整体专利优势，引导和推动产业发展格局向于我有利的方向发展，显著改善国内产业集群在产业价值链中的竞争地位。因此，专利容器真正体现出了"智慧的融合"，从而为行业组织和政府部门提供全面的知识产权宏观态势及风险预警提示信息，为政府部门科学决策提供了有力支撑，同时还能够为企业和科研院所提供丰富的知识产权综合运用及技术创新等相关信息，提升企业的核心竞争力。

7.2 基于容器的专利体系构成

容器思想的介入使得专利大数据有了更广阔的应用前景。本小节将以容器思想出发，着重介绍基于容器的专利体系构成。专利体系可以覆盖一个专利的整个生命周期。按照专利大数据的使用流程可以分为产品研发、专利申请、专利审查、专利侵权、专利引进、政府管理、专利服务等环节。按照使用对象的不同可以划分为申请人、专利代理人、专利审查员、专利运营机构、政府部门、行业协会等。下面主要从产品研发、专利申请、专利审查、专利侵权、专利引进、政府管理等六个环节介绍基于容器的专利体系应用。

7.2.1 基于容器的专利大数据在产品研发的应用

企业或个人在进行产品研发时并不能无的放矢，否则就会浪费大量的时间和资金，更严重的后果是丧失竞争时机。对于顾客而言，当一个产品是某个企业特有的，其他企业公司生产不了或者还没有生产这种产品的时候，消费者就会愿意为该产品支付超过其生产成本的价格，企业也能由此获得产品的经济价值，实现企业利润的积累。而通过基于容器的专利大数据，为企业瞄准市场空白，并提供相关的技术支持，则是基于容器的专利大数据在产品研发链条上可以为企业带来市场价值的重要一环。在专利大数据的基础上，把专利运用嵌入产业技术创新、产品创新、组织创新和商业模式创新之中，是引导和支撑产业科学发展的一项探索性工作。

企业新产品的研发阶段可以分为三个主要的步骤：在研发开始前首先选择技术方案，在研发过程中确定技术方案的实施方式，以及在研发结束后部署技术方案的投放和保护。无论是哪个步骤，都要求企业对于相关领域的技术地图有完整的了解，掌握企业核心的技术优势并认清相关竞品的发展路线，而这些均需要专利大数据的支持。

在产品研发开始前，利用容器对多源、异构、高维的大数据处理的优越性，能够帮助企业快速了解该领域的技术发展趋势，把原本杂乱无章的技术细节串联在一起，进而将本领域的技术地图勾画出来，企业能够全面地了解与企业产品线相关的技术领域的最新进展、技术概括、研发热点、发展趋势和市场动向。每一个领域中的相关技术错综复杂，但是核心技术往往只有一项。而企业也只有精准地把握核心技术，才能够在整个产业链条中拥有更高的溢价能力，核心竞争力也会更加突出。因此，企业可以以获得的信息作为选题、立项或投资的依据。企业通过构建的专利大数据平台，可以从现有专利中寻找到尚未开发的领域，了解该技术可能的扩散路径，从而快速准确地确定正确的研究方向。或者,利用现有的专利技术信息,提前为后续研发工作选择有价值的技术作为先导,以提高研发的起点,达到合理地避免低水平重复研究和开发,节省相当程度的时间和经费的目的。研发投入向来是新兴企业财政支出的重头,借助专利分析手段,企业可以实现研发上投入的大幅降低,或是拥有更多余钱加深拓宽现有产品线,这都可以帮助企业以更高的利润率争夺市场。

在产品研发过程中,企业已经确定了其将要投入人力的技术分支,企业可以借助由专利分析所获得的关于自身研发能力的信息,对产品的落地方式进行选择。技术的开发通常具有继承性,新产品的研发多是基于现有技术的发展路线向前迈进。企业可以掌握新产品研发所必要的技术手段,借鉴前人的技术方法和手段,基于以往的研发经验实现新的发明创造。企业还可以根据分析的结果,判断采用不同技术方法解决类似技术问题的难易程度,从而快速获得解决难题的突破口。同时,在研发过程中,企业可以对竞争对手进行跟踪调研、监视分析,收集有关对手的新策略、新举措、新工艺等信息,结合竞争对手的优势、机会、弱点进行分析,及时调整研发方向,与此同时,如果发现研发方向或实现新产品开发的部分方案与竞争对手或其他组织的专利相同或相似时,企业也可以在第一时间采取措施,设法改进或绕开其他方案的保护范围,或采取技术并购或企业合作的方式,在研发过程中快速掌握关键技术手段,避免无用功。

在产品研发完成后,更多的是关于产品投放以及自身壁垒构造方面的需要。企业在投放产品时需要对产品定位作出决策,通过从专利信息入手,了解产品所在技术领域的技术层次、与相关领域其他技术的差异、产品自身的优势特点等信息,从而准确地对产品进行定位,确定市场投放营销手段和目标客户。此外,企业若想长期保持自己在某一产品线上的优势地位,则需要对研发获得的新产品进行保护,通过申请专利来构建壁垒是一种常见的手段,在该场景中,企业通过专利大数据获得现有技术的发展水平和竞争企业的技术路线,并在此基础上确定产品相关专利的保护范围,为产品线上未来可能面对的风险提早策划专利保护的策略,进一步引导企业加快在研发方向上的脚步。

专利大数据对于企业新产品研发的过程至关重要,无论是对于自身专利技术的分析掌握，还是对于领域内相关专利技术的调研，都会帮助企业快速定位市场突破口，并大大缩短研发周期，降低研发难度。对于企业而言，一个新颖且有竞争力的产品，是其占领市场、获得利润的重要砝码，基于对过往产品进行专利分析过程中积累的经验和数据，制作出的可复用模型，可以引导和辅助企业实现产品市场价值的最大化。

7.2.2 基于容器的专利大数据在专利申请的应用

能否对技术起到最恰当的保护，专利撰写的质量起到至关重要的作用。撰写专利时必须对已申请的类似专利有足够的了解才能知道所要撰写的专利需要保护多大的范围、独立权利要求和从属权利要求如何搭配、系列申请如果合理地布局等。代理机构如果建立起专业领域的基于容器的专利大数据对专利撰写会起到事半功倍的效果。

建立起某技术领域的专利大数据后，容器的特性使得维护这个专利大数据变得高效和简单，当专利数据有更新的时候，可以根据预设条件自动更新，查询相关领域的技术情况时即可保证是最新的。当某技术领域出现新的技术分支或两个技术关联性越来越强时，存储不同技术领域的容器可以方便的进行组合、通知、观察、联动，从而节省大量的时间成本和开发成本，代理机构可以快速的对新的技术进行查询，从而方便专利的撰写。

7.2.3 基于容器的专利大数据在专利审查的应用

我国的专利申请量已经多年位居世界第一，反映了我国近年专利事业的蓬勃发展。但是我国虽在申请总量上处于领跑地位，但在高质量、高价值专利方面仍与发达国家存在一定差距。甚至一些申请人出于不同的目的申请了低质量的专利，针对这种现象，我国的专利政策逐步从鼓励数量转变为注重质量。

在存在多个审查部门的前提下，对审查标准的一致是客观的要求，因此有必要对审查过程和结果进行互相借鉴。基于容器的专利大数据正是这种应用场景的最佳工具，各个审查部门可以建立自己的专利大数据，而通过容器可以实现各个审查部门之间的算法共享和数据复用。建立起基于容器的审查大数据后，各个审查部门可以不断地丰富自己的审查大数据，同时各个审查部门也可以对类似或相同的案件快速作出协同审查，大大提高审查效率和质量。

7.2.4 基于容器的专利大数据在专利侵权的应用

在企业的运营过程中,虽然产品的推陈出新可以为企业提供核心的竞争力,但是在科技水平高速发展、研发能力大幅提升的今天,新产品大都不是绝对意义上完全新颖和独特的,一个产品的产生通常都伴随着与其他产品的技术重叠和交叉。因此,企业若想实现利润的营收就需要在产品定位和后期推广的各个阶段都把控好自身产品与其他机构相关专利技术的关系,避免因为侵犯专利权而导致的损失。

企业需要基于制定的长期战略路线并沿着一定的技术路线来经营,因此,每当企业迎来产品或者服务的更新时,就需要遵循技术沿革进行。然而,由于竞争企业在相同技术领域的布局和战略往往非常相似,当企业按照原先既定的技术路线前行时,很可能会出现与竞争企业的技术交叠,带来侵权隐患。为了规避可能由侵权导致的一系列问题和损失,侵权风险预警工作就显得格外重要。侵权专利的预警分析是企业实现其利益最大化的手段之一。在这种场景下,专利分析可以帮助企业发现技术领域的专利分布、确定市场的空白地带、采用其他技术解决问题的可能性,以及改进现有技术所需要付出的成本代价,从而帮助企业定位到侵权风险较低的产品研发、推进和定位方式,也可以为企业提供采用与现有技术不同的技术手段来解决相同问题的参考。

企业在产品的后期推广过程中同样存在对于侵权风险规避的需要,透过基于容器的专利大数据,企业通过产品的准确定位和投放市场的精确筛选,实现规避专利侵权、利润最大化的商业目的。产品的定位可以决定企业参与的市场的竞争激烈程度,虽然推出的新产品可能与其他现有专利技术存在交叠,但是如果定位合适到不过于影响其他企业或机构的利益,竞争方也可能选择不发起侵权诉讼——毕竟侵权官司大多都是旷日持久的,当其所需要的人力和财力成本远远超出企业赢得诉讼的收益时,可能就违背了企业以营利为目的核心。此外,对于企业研发获得的一个新产品,虽然竞争企业可能在产品投放前已经在一个区域进行了专利布局,但由于专利具有地域性,在未涉及专利独占的区域,企业依然可以在没有专利侵权风险的情况下实施专利。这可以通过疑似专利的筛查和专利同族分析来实现。

基于容器的专利大数据还可以帮助企业实现"以攻为守"的侵权应对方

针。所谓"最好的防守就是进攻",要想规避侵权风险,先于对手进行专利布局则是企业实现专利反击的重要策略。透过对目标企业所持有的专利的类别、数量、内容分析获得的数据,可以有效地了解目标企业的战略意图方向,进而获得竞争对手在技术创新上的侧重点,以及与企业自身发展路线的交叠内容。这些分析帮助企业决策者实现知己知彼的状态,进而可以针对一些可能的,但是尚未落地的技术实现路径进行提前的专利布局,对于那些已经发布的产品和服务,则可以强调自身产品的差异性,并对此进行专利领域的相关声明来实现侵权风险的有效规避,做到侵权应对的有的放矢。在这个灵活多变的市场中,企业申请专利就如同下棋,一步好棋既可以盘活自己的棋子,也可以阻止对方的进攻,专利分析就如同棋谱,为执棋的企业提供决策和工具支持。

纵然企业在新产品的研发和投放过程中充分利用了专利分析的数据,由于实际执行中的偏差、竞争企业战略意图的改变以及市场环境的未知变化,依然可能导致企业由于发生侵权行为而被起诉。这时,对高维度专利信息的快速分析就显得尤为重要。企业基于对相关企业专利分析的结果可以采用不同的应对策略。从自身保护的角度来说,专利范围关键技术的检索,可以帮助企业发现自身产品与被侵权专利之间的具体差异,给出企业并未侵犯专利权的具体依据,进行对专利侵权的抗辩,同时,还可以协助谈判代表掌握对手可能的答辩,预先进行整个过程的模拟,提前做好应对的措施,从而争取谈判空间,提高谈判胜算。企业也可以借助专利分析在侵权官司中实现"反守为攻"的地位转变,通过从现有技术中获得与被侵权专利相同或相似的技术方案,采取无效被侵权专利的方式推翻其专利权,及时止损,保证企业的产品服务可以继续实施,并在市场中流通运行,为企业创造利润,以实现企业在市场中的占领和发展。

面对日益频繁的专利侵权纠纷,企业不但需要未雨绸缪,在产品推出前做好预警分析,更需要在面临诉讼时快速地了解自身技术在领域中的处境,并准确地定位起诉方的技术空白从而给予反击。一份便于管理和调用的传统的侵权分析手段的算法模板库,附加上可以基于特定场景需求进行调整的参数集合,是企业实现对不同的层面和类别的专利进行挖掘和分析的前提,更是企业在侵权纠纷中维持自身利益的基础。

7.2.5 基于容器的专利大数据在专利引进的应用

近年来,从国外引进技术的专利合同数量逐年增加,说明我国的专利技术引进的范围不断扩大,同时专利合同金额逐年递增,专利是技术水平和质量的重要指标之一,专利合同金额的大幅增加,说明我国引进的技术的质量在持续提高。但伴随着我国企业与国外企业的国际间技术交流和专利引进持续增加,涉外专利纠纷也在持续增加。比较典型的是引进的专利为即将淘汰的技术、专利引进后仍需支付高额专利费、引进专利为无效专利等,这就给国内企业带来巨大损失。通过严格的专利分析可以很大程度上避免这些损失。

基于容器的专利大数据辅助海外专利引进主要体现在以下几个方面。

(1) 通过基于容器的专利大数据判断技术的含金量。解决某一技术问题的技术手段有很多,通过专利大数据统计出目前解决这个技术问题的技术手段有哪些。如果其中一种技术手段专利申请量较大,并且年专利申请量随时间从少到多,那么该技术手段很大可能就是解决该技术问题的主流技术,可以列入专利引进的重要备选方案;如果一种技术手段年专利申请量从多到少,那么该技术手段很大可能已经逐渐被淘汰,专利引进时应避免引进该类技术;如果一种技术手段年专利申请量随时间由多到少,近年又快速增长,说明该技术手段在历史上曾作为主流技术,之后碰到技术瓶颈,导致该技术发展缓慢,近几年,由于克服了技术瓶颈,该技术又得到快速发展,目前已成为主流技术之一,也可以列入专利引进的重要备选方案。

(2) 通过基于容器的专利大数据判断技术所处的生命周期阶段。一项技术一般都有一个生命周期,例如,萌芽期、发展期、成熟期、退潮期。通过对技术所处阶段的分析,对我国企业专利引进有重要的指导意义。发展期的技术在专利申请上一般表现为年申请量快速增长,上升势头明显。成熟期的技术在专利申请上一般表现为年申请量趋于稳定。引入处于发展期和成熟期的专利性价比高些。如果一项技术的专利申请量已经逐年下降,那么明显就处于退潮期,此时引进就有较大风险。

(3) 通过基于容器的专利大数据评估专利价值。专利价值一般包含专利权人、专利的有效性、剩余的保护期限、专利保护的地域范围、专利权是否稳定、专利类型、技术价值等方面。首先必须明确专利的专利权人是否是引进技术的目标企业，以免浪费时间以及受骗。需要判断专利的有效性，如果专利处于无效期，那么引进该专利并不需要支付专利费用。计算专利的剩余保护期限，发明专利的保护期限为 20 年，剩余的保护期限越长，占有该专利的时间就越长，专利价值也就越大。专利具有地域性，只在专利授权国才具有独占性，如果专利产品只在中国生产和销售，且该专利没有在中国获得授权，那么企业就可以在中国境内免费使用该专利技术，自然该专利没有价值。专利许可的类型包括独占许可、排他许可和普通许可。其中，独占许可是指在一定时间内，在专利权的有效地域范围内，专利权人只许可一个被许可人实施其专利权，而且专利权人自己也不得实施该专利。排他许可，也称独家许可，是指在一定时间内，在专利权的有效地域范围内，专利权人只许可一个被许可人实施其专利，但专利权人自己有权实施该专利。排他许可与独占许可的区别就在于排他许可中的专利权人自己享有实施该专利的权利，而独占许可中的专利权人自己也不能实施该专利。普通许可，是指在一定时间内，专利权人许可他人实施其专利，同时保留许可第三人实施该专利的权利，这样，在同一地域内，被许可人同时可能有若干家，专利权人自己也仍可以实施该专利。普通许可是专利实施许可中最常见的一种类型。通常专利许可费用高低的排名依次为独占许可、排他许可、普通许可。在国际技术贸易中，80% 以上的都是专利许可贸易，即专利权人或其授权人许可对方在约定的范围内实施专利，受让方支付约定的使用费。

  引进专利时也要分析其技术价值。核心专利和外围专利的价值显然不同，不可替代性的专利和可替代性强的专利价值也明显不同。通过专利分析可对专利的技术价值进行判断，通常技术特征少、特征比较上位、包含范围大的专利是核心专利的可能性大。相反技术特征较多、特征较为具体的专利是外围的专利的可能性较大，价值相对也小。

  下面围绕取得较大成功的高铁技术和关系群众生命健康的仿制药谈一下海外专利的引进以及专利分析起到的作用。

  高铁已经是中国的一个亮丽名片。中国的高铁产业发展，走了一条"引进、消化、吸收、再创新"之路。中国高铁产业兴起于 2004 年，在全国铁路大提速的背景下，铁道部面向全球进行了高速铁路技术的招标。德国西门子、法国阿尔斯通、加拿大庞巴迪和日本川崎重工相继入围。这些外资巨头通过

如何玩转专利大数据

"市场换技术"的方式，与中国国有企业成立合资公司，并和铁道部及相关国企签署技术转让协议和采购合同。据媒体报道，2004年7月，铁道部为时速200千米动车组项目第一次招标，德国西门子公司要求每列原型车的价格人民币3.5亿元，技术转让费3.9亿欧元。中方坚持技术转让费在1.5亿欧元以下，每列原型车人民币2.5亿元。最终，西门子公司出局，法国阿尔斯通、日本川崎重工、加拿大庞巴迪及与其合作的中方企业长客股份和青岛四方中标。在引进技术的基础上中国企业敢于创新，中国高铁技术在原有技术的基础上有大量创新，拥有了自主知识产权的技术，从2009年开始，已经开始向国外申请知识产权保护。并已经在某些领域超过国外技术，中国的高铁技术与日、德、法相比更复杂，水平更高。这三个国家的高铁大部分使用有砟轨道，而中国的京津城际、武广高铁、郑西高铁这三条线，运营时速是350千米，全线是无砟轨道。在2010年12月7日召开的第七届世界高速铁路大会上，铁道部与保加利亚共和国、黑山共和国、斯洛文尼亚共和国、土耳其共和国的政府主管部门以及法国阿尔斯通公司、加拿大庞巴迪公司、德国铁路股份公司、美国通用电气公司分别签署了铁路合作文件。中国高铁企业走出国门已蔚然成风，以中国中铁股份有限公司、中国铁建股份有限公司为代表的基建类公司和以中国南车股份有限公司、中国北车股份有限公司为代表的装备制造公司，已经在中东和非洲市场获得了大量订单。可以说高铁是中国引进国外技术一个成功的范例。

2018年热播的电影《我不是药神》引发了社会上对仿制药的广泛关注。我国医药产业在世界上的核心竞争力仍然是低成本的，大多数企业严重缺乏自主创新能力。由于自主创新能力不足，我国97%以上的制药企业只能在仿制药领域发展。对各个跨国的制药巨头来说，专利药如同源源不断生金蛋的鸡。以辉瑞公司过期的专利药立普妥为例，专利期内每年能给公司带来高达120多亿美元的收入。仿制这些药物一般只能等专利过期，2010—2015年，国际上有近400种专利药物到期，主要集中在呼吸系统用药、内分泌及代谢药、心血管系统药、中枢神经系统用药、呼吸系统用药和消化系统用药等几大领域。这些专利药的销售额高达2550亿美元。近几年来，虽然中国政府加大了对生物药物创新的投入，但是存在药品的商业化水平较低、小规模的重复投入、拥有自主知识产权的药物较少等现实问题，与此同时，仿制药却以

20%以上的速度增加。绝大部分企业由于研发能力有限，都将目光放在了仿制药市场，这也导致了我国仿制药的市场状况十分复杂，竞争异常激烈。制药业是对专利保护依存度最高的行业之一，品牌制药公司会根据研发、营销、知识产权的优势利用基本专利和后续专利策略、核心专利和外围专利策略，对研发过程中的新技术进行专利保护，获得并尽可能延长专利保护期。即使专利药的基本专利到期，品牌制药公司也会设下各种各样的专利壁垒，阻碍仿制药上市，以获得最大的利润。因此，如何避开品牌制药公司设下的专利壁垒，使得仿制药能成功上市，成为摆在仿制药公司面前的一个难题。

为了避免仿制药的法律纠纷必须借助于充分的专利分析，医药企业在进行新药研究开发前，必须重视对专利文献信息的检索分析利用。通过专利分析掌握国内外药物研发水平和动态，寻找技术空白点，选择合适的技术路线，进行改进和创新，避免低水平重复研发。国外的医药企业都十分重视药品专利分析，大型制药企业如史克、辉瑞等几乎都设有专门的竞争情报部门，负责对药品从研制、生产到销售等方面进行全面、系统的专利情报调研分析。通过对药品专利进行分析，如果是在国内生产，就主要是关注有没有在中国申请专利，如果是出口，就要特别关注产品在出口国的专利情况。企业应根据产品的目标市场选择相应的策略。在仿制药的开发过程中，需要企业高度关注和注意规避专利风险。仿制药企业在进行药物的研发和上市工作时需密切关注药物的化合物专利等核心专利，抓住专利到期的时机。主要的专利分析方向有以下几种：第一，分析药品专利信息，了解相关药品专利在目标地域的法律状态及到期期限，以避免日后的专利侵权纠纷；同时，可以提前做好非专利药的开发及创新工作，力争在原创专利药到期后迅速将自己的产品推向目标市场。第二，通过专利分析掌握目标药品在目标领域的专利技术分布规律和特点，有效地指导企业进行非专利药的开发。第三，仔细分析研究专利文献，初步判断绕开相关专利壁垒的可能性，掌握一定的非专利药开发技术，并在原专利的基础上进行创新。

7.2.6 基于容器的专利大数据在政府管理的应用

政府部门在引导产业发展方面起到极其重要的作用，政府部门的政策、资金、人才投向哪个行业，哪个行业就更容易有突破性发展。政府部门的决

如何玩转专利大数据

策需要充足的依据做支撑才能更加合理化、科学化。据资料显示，世界发明成果的70%—90%仅在专利文献中记载，通常的论文、杂志等只记载了少部分。因此，将专利分析的结果作为政府部门决策依据是十分科学并且必要的。基于容器的专利大数据具体在以下几个方面辅助政府部门进行决策。

（1）政策制定。各级政府部门制定经济政策时，只有客观了解本区域和同级政府部门的经济、技术情况才能做到知己知彼，制定出的政策才能符合实际。专利分析有助于政府部门掌握各区域的宏观经济状况和技术发展水平，更有助于政府部门因地制宜地制定出符合本区域发展水平的经济政策，避免出现经济政策的假大空。

（2）政府采购。政府采购是一项重要的调控工具，尤其在我国公有经济为主体、政府相对强势的国情下，政府采购的方向、结构和规模对社会经济实体的发展有明显的影响。政府采购的倾向性是企业发展的一个风向标。政府采购是倾向于自主研发的专利产品还是倾向于低成本仿制的非专利产品，对相关企业的影响是不言而喻的，前者无疑是在鼓励技术创新进步，后者无疑是在鼓励劣币驱逐良币。完善的专利大数据有助于提高政府采购的技术含量和公信力。

（3）产业布局。合理的产业布局应该是各产业之间协调发展、良性互动，科技含量高的朝阳产业"独得恩宠"，科技含量低的夕阳产业逐步"打入冷宫"。专利的数量和质量是科技含量的重要衡量标准。政府部门通过专利分析可以掌握各个行业的技术发展水平和发展阶段，哪个行业该进行扶持，哪个行业该进行改造了然于胸。

（4）技术攻关。一些关键技术的攻关需要投入大量的人力、物力并且短期内难以有经济效益，但这些技术对国民经济又往往相当重要，单靠一个企业是没有足够能力进行发展的。这时就需要国家集中资金、人才、物力进行攻关。专利分析可以帮助政府找准技术短板，集中人力、物力投入到基础技术和前沿技术，主动承担起单个企业没条件发展的基础技术研究。同时，也可以协调企业有选择的研发重点项目，避免重复投入，加快技术研发的速度。

（5）企业扶持。企业是国民经济的载体，好的企业应该鼓励。对科技含量高的企业，政府往往进行税收减免和资金扶持，怎么判断一个企业的科技创新能力？专利就是一个重要的指标，现在专利数量已经是评判高新企业的一个重要指标，政府部门不仅需要重视申请的数量更需要分析申请的质量，这也对专利分析能力提出更高的要求。

为了实施我国的知识产权战略，政府可以围绕基于容器的专利大数据做以下几方面的工作。

（1）拨出专门预算费用进行专利文献深加工和基于容器的专利大数据基础设施建设，减少企业进行专利分析的成本。政府部门要加大对专利数据库的平台建设，为企业技术开发人员和学者研究提供便利条件，方便对专利数据进行深度处理和价值挖掘，为国家制定相关技术政策和企业进行技术查找和选择提供理论依据。以日本政府的专利服务为例，工业所有权情报研修馆提供形式多样的专利服务，例如，专利流通顾问、专利信息顾问、专利流通数据库、知识产权中介机构数据库、专利流通讲座。将大学、公立机构的研究成果专利化后转移给企业，充当专利的牵线人。国内目前的专利基础设施建设还处于起步阶段，不过部分省份结合本省经济特色已经开始进行专利数据库的基础建设工作。例如，黑龙江省的农业机械专利数据库。辽宁省的光伏产业专题数据库、数据机床专题数据库、仪器仪表专题数据库、液压专题数据库。天津市的汽车、钢铁、物流、石油化工、纺织等国家重点产业专利数据库。重庆市的18种重点产业专利数据库。云南省的农业、花卉园艺、林产业、生物产业等重点产业专利数据库、抗旱救灾专利数据库。山西省的化学专利单元词数据库、专利引文数据库、全球产品样本数据库、不锈钢专题数据库、煤化工专题专利数据库、装备制造专题数据库。江西省的十大战略性新兴产业专利数据库、中外陶瓷专利数据库。广东省的全领域代码数据库、战略性新兴产业专利数据库、重点行业专利数据库、地方特色行业专利数据库、知识产权相关数据库。这些基础专利数据库为地方重点行业的创新发展提供了重要支撑。

（2）以基于容器的专利大数据为依据科学制定专利补助政策。没有导向的专利补助容易产生专利垃圾，是对社会资源的浪费。我国地方政府资助专利费用始于1999年的上海市政府颁布的《上海市专利申请资助办法（试行)》。随后，其他地方政府也相继开始实施该政策，到2008年，绝大多数地方政府都普遍实施了该政策。目前，地方政府主导下的专利费用资助政策虽然得到了普遍性地实施，资助额度也越来越高，但从整体上看，政策的实施缺乏有效的理论基础做指导，各政府部门在决策时具有一定的盲目性和零散性，资助重点并不明确，无论是价值高的项目申请专利，还是价值低的项目申请专利，大多数地方政府都不加区分地一概予以资助。虽然这种资助政策重点在补贴，而不是让被资助申请人获利，但如果补贴政策过于机械化或者补贴程序不科学时，就会给被补贴申请人留下获利的空间，从而损害到补贴政策促进技术创新的效果，甚至阻碍技术创新。只有把补助投向创新能力强的企业或个人才能提高资金利用效率，起到鼓励创新的效果，否则只会产生更多低水平重复的专利垃圾。政府部门可以通过系统的专利分析有重点的资助，通过调整专利产出结构，优化创新资源的配置，进而合理引导技术创新资源的投入方向。

（3）以基于容器的专利大数据为依据进行省市间、行业间、企业间的技术转移。跨地区技术转移指的是技术成果由一个地区以某种形式转移和流动到另一个地区，是技术创新活动的核心环节之一，也是推动经济社会发展和技术进步的重要手段。而专利作为最重要的技术成果，成为跨地区技术转移的主要载体形式。随着政府和商业数据库建设的不断完善，专利文献也由于格式规范且易于进行大样本获取、处理和分析，而常被作为技术水平和创新能力的指标。政府可以通过提供专业的专利分析，弥补省市间、行业间、企业间的信息差，发挥宏观调控作用使高水平的技术在不同区域和企业间流动。据统计，中国科研单位的科技转化率不到20%，所以政府部门需要构建成果转化机制，使更多的专利技术成果充分转化为生产力。政府部门要站在战略高度上，搭建好全国性的技术流动平台和技术转移网络，打破地区间的疆域界限，降低省际技术转移的成本，充分发挥好不同地区在技术转移中的作用，促使科技资源在不同经济区域内的综合集成与高效配置。

7.2.7 基于容器的专利体系融合

当产品研发、专利申请、专利审查、专利侵权、专利引进、政府管理等专利体系环节都建立起完善的基于容器的专利大数据后，便可实现 1＋1＞2 的效果。各个环节的专利大数据可以利用容器兼容、复用的特性方便地进行数据共享、交换或者交易。这样就实现了我为人人、人人为我的良好专利大数据生态。基于容器的专利大数据生态可以使从业人员从繁琐的开发环节中解放出来，将更多的时间和资源投入到专利的价值挖掘和利用，从而发挥出专利生态的最大价值。

第八章 总　　结

本书前面章节已对容器进行了系统的介绍，然而，容器的应用场景并不仅限于此，其应用场景还存在很多的扩展空间，例如，容器在专利质量评估、在智能再分类的应用等，我们在这里仅做一些示例性的扩展探索。

8.1　基于容器的专利质量评估

随着全民创新能力的不断加强，专利申请的数量有着大幅度的增长，从2011年起，国家知识产权局受理的发明专利申请量首次超过美国，跃居世界第一位，占全球总量的1/4。在专利数量增长迅速的同时，批量的低质量申请也混入专利申请的行列中，专利蟑螂现象持有发生，专利在进入其生命周期后，有着不同的结果和使用价值，低质量申请如果进入到专利的后续生命周期，其使用价值和市场价值必然很短，存在很大的资源浪费。那么，如何保证授权的专利质量，保证授权专利有合理的保护范围，做好社会大众和专利申请人的利益平衡，有效提升专利申请质量是长久以来的一个重要课题，在学术界，专利质量的评估已然成为学术界关注的焦点，当前已经积累了丰富的研究结果，例如，已经构建的专利质量测量综合评价指标体系，学者Reitzig从专利的新颖性、专利的宽度、周边发明的困难程度、投资组合的位置、谈判的筹码等方面考虑专利质量；也有学者从专利特征、专利权人特征、研发活动特定和其他因素等四个方面探讨了专利价值的理论框架；还有学者探讨了测量专利质量的各项指标，专利维持时间指标，1986年，Schakerman

和 Pakes 提出利用专利维持时间来衡量专利质量，即从专利缴费的视角来探讨专利对于专利权人的重要程度；也有学者通过大数据研究专利质量的方法，其中代表性的指标有发明人数、专利权人数、说明书页数、IPC 数和权利要求项数等，这些指标直观地反映了专利的基本特征，可见，学术已经就专利的质量进行了广泛探讨。那么，是否可以将容器技术引入专利申请质量和专利价值评估体系中，下面我们对其可行性进行初探。

8.1.1 基于容器的申请质量评估

当前，不论是专利代理机构还是专利管理部门对于申请质量较低的申请的评估方式大体还是人工筛查的方式进行，系统筛查还没有起到很大的作用，为此需要投入很大的人力、物力，时间成本非常高，而如果在专利代理机构进行案件申请阶段，或者进入到专利局进行案件初筛阶段，都没有排除低质量申请，低质申请从而进入到后续实质审查阶段，那么就需要专利审查员自下而上的进行相关案件的反馈，必然会带来审查资源和行政资源的浪费。在这种情形下，建立申请专利质量的评估模型，将专利申请撰写质量的评估科学化、客观化是非常必要的。那么，作为大数据处理中的容器技术则是一个首选的技术处理手段。

基于容器的申请质量评估模型，可以有效对专利申请的质量进行评估。那么，如何引入容器技术，如何将容器的"标准型""高维性"的特点用来有效解决对专利申请质量的评估是需要进行实践论证的。为解决这一问题，我们需要建立相应的容器模型，可以以案件为基本单元，建立案件容器模型，抽取通用案件容器的一些因素，例如，（1）基本属性，如发明名称、申请号、申请日、代理机构、申请人、申请人所在地、分类号；（2）构成属性，权利要求的项数、说明书页数、附图数量；（3）文本属性，权利要求书、说明书等审查单元文本；（4）审查属性，是否进入审查、检索报告，对比文件的审查状态，通知书使用法条等维度的数据信息，构成表征用于进行低质量案件筛查的基本数据信息。然后设置一定的案件筛查规则，如与历史数据构成的低质量案件信息库进行比较，同一申请人、同一地域、同一发明人、同一专利代理机构短期集中申请案件的领域跨度较大、发明名称和权利要求文本相似度大于设定阈值等，结合文本智能匹配算法，自动、精准挖掘申请内容相同或相似的低质量申请案件，并基于新的挖掘结果更新低质量案件信息库，从而有效节省低质案件筛查所需投入的人力成本，高效提升专利申请质量。

8.1.2 基于容器的专利价值评估

在专利价值评估研究中，如何建立科学的专利价值评价评估模型已成为目前理论界和实务界探讨的热点。通常将影响专利价值的因素归为四大类：技术因素、市场因素、竞争因素和法律因素，通过对诸多影响因素及作用机理的分析，建立专利价值评估指标体系及分析模型。那么基于容器的标准性、高纬度的特点，怎样将大数据处理技术中的容器技术引入专利价值的评价体系？我们选取专利技术价值、市场价值和权利价值三个维度，尝试建立基于容器的具备可操作性的专利价值评估指标模型，以技术价值评价指标为基础，建立专利技术质量评价模型，对大样本和真实专利数据进行专利技术质量评价。

美国知识产权咨询公司 CHI 公司与美国国家科学基金会（National Science Foundation，NSF）联合开发了全球第一个专利指标评价体系，用于评价公司或国家和地区的知识产权综合实力，并以此指标体系为基础来评价公司的无形资产价值。CHI 公司专利评价指标包括专利数量、专利平均被引用数、当前影响指数、技术实力（专利数量×当前影响指数）、技术生命周期、科学关联性以及科学强度（专利数量×科学关联性）七个指标。其中，技术实力和科学强度指标是复合指标。在 CHI 公司专利评价指标的基础上，基于容器的专利价值评估模型引入两大研究路线：（1）专利价值影响因素及作用机理。大量研究表明，影响专利价值的变量主要有专利生命周期、专利保护范围、专利创造性、专利可替代性、专利研发投入、专利权人特征、专利法律特征等。上述研究针对影响专利价值的单一变量和多变量，分析了各种变量对专利价值的影响机理，然而并未以多变量为评价指标建立具体专利价值评估模型；（2）专利价值评价指标及模型。基本思路是从影响专利价值的四大要素：技术、市场、竞争和法律出发，构建专利价值评价指标体系，评价模型计算方法主要采用专家打分法、层次法、决策树法以及模糊综合评价法等，利用层次法和模糊综合理论建立评价模型。2012 年，由国家知识产权局和中国技术交易所联合出版的《专利价值分析指标体系操作手册》，从专利法律价值、技术价值和经济价值角度建立专利价值分析指标,共包含 18 个评价指标,并通过专家打分法计算专利价值度(0—100)。通过引入官方的专利价值分析因素和打分标准,建立基于容器的专利价值评估模型,将专利价值的评估从定性机制扩展到定量机制,提供更加科学化、客观化的专利价值评估。

8.2 基于容器的专利智能再分类

专利分类数据是最重要的专利分析和运营的基础数据之一,但是随着技术的飞速发展和各个传统领域的交叉和融合,当前的专利文献分类体系的划分和行业专利分析的需求并不相适应。例如,彭茂祥等提出了对于中国专利进行专利分类与产业分类对照关系构建方法,但需要进行大量的人工的文献分析和梳理对照工作。另外,分类体系的修订也远落后于技术发展的需要,即便修订后的分类表,其相应文献的再分类工作也是费时费力,给专利分析和运营的工作带来非常大的工作量。

目前,世界上主流的专利分类方法主要包括国际专利分类(International Patent Classification,IPC)体系、日本专利分类 FI/F-term 分类体系、德温特专利分类 DC/MC 分类体系、联合专利分类 CPC 分类体系等。其中,最广泛使用的、唯一国际通用的专利文献分类和检索的工具是 IPC,世界知识产权组织为其唯一管理机构。IPC 分类的目的是便于技术主题的检索,目前各局使用的是第八版 IPC,有 8 个部、7 万多个细分条目。目前,共有一百多个国家和地区使用它进行专利文献的检索和管理,在有些国家甚至作为唯一的检索工具。但是,IPC 分类体系逐渐暴露出分类条目过于粗略、更新修订过程过于繁琐、各局理解存在偏差等问题。欧洲专利局、美国专利商标局和日本特许厅早期也在使用和各自发展 ECLA、USPC 和 FI/F-term 分类体系。这些分类体系各有所长,不尽相同,互相之间也没有建立通用的对应关系和规则。在经济全球化的大背景下,为了适应文献的发展,满足更多人的需要,同时增加信息的流通,各国都意识到需要建立一种更加权威、精细、通用的"全球性"专利分类体系。

第八章 总 结

2008 年五大专利局（欧洲专利局、中国国家知识产权局、美国专利商标局、日本特许厅、韩国特许厅）"共同的混合分类"基础项目启动，美国商标专利局和欧洲专利局于 2013 年 1 月 2 日正式发布并开始实施研发联合专利分类系统（Cooperative Patent Classification，CPC）。该系统取代两局原有的分类系统（European Classification System，ECLA 和 U. S. Patent Classification，USPC），以 ECLA 为基础，与国际专利分类系统（International Patent Classification，IPC）保持一致，但内容更加详尽，包括约 25 万个分类号。2013 年 6 月，欧洲专利局和中国国家知识产权局签署了一项备忘录，国家知识产权局逐步引入 CPC 对中国发明专利文献进行分类，2016 年 1 月开始，对所有技术领域的新发明专利申请进行 CPC 分类，并与欧洲专利局共享相关分类数据。可见以五局为核心的世界各国专利审查机构都在开展向 CPC 体系靠拢的工作。五局框架更是先行一步，在框架内的各国已经开始规模化、体系化的将现有文献和未来文献按照 CPC 体系进行了标引。

综上可见，各国专利局为应对专利数据全球化和专利体量爆炸式增长作出了努力，但是从专利大数据的视角去审视这些变化，不难看出仅依靠传统的分类体系和以专利分类员人工的方式为主进行的分类工作已经越来越难以适应专利大数据时代的需要。以使用最为广泛、分类条目复杂度最低的 IPC 分类体系为例，首先其类别量就已经非常大，且层次复杂，最新的 IPC 分类体系共包含 7 万类别和 5 个层级；其次一件专利可能被赋予不止一个分类号；并且专利申请人为了扩大专利受保护的范围，专利申请的用词会过于夸大或模糊化；条目类别之间相似度高，从而对分类使用特征的表达能力提出较高要求；各个类别的专利数量分布严重不均衡，也给分类带来巨大压力。目前，专利审查员主要使用手工分类，少量借助机器分类辅助的方法对专利进行分类。对于手工分类，需要专利审查员逐篇阅读专利文献，然后确定分类号，效率低、费用高；并且人与人主观判断存在差别，导致分类效果的一致性较差，因此专利的自动分类、智能分类和自动再分类的研究也逐渐成为专利大数据研究的热点之一。

在专利真正进入大数据时代以前，专利自动分类研究主要分为以下几个体系：基于国际分类号（IPC）自动分类、基于德温特自动分类、基于个性化分类。已有许多学者采用基于机器学习的方法对专利文本进行分类研究，

如何玩转专利大数据

主要采用基于词的特征和单一分类器进行分类。然而,这种方法并没有很好地解决专利文本分类这种复杂的文本分类任务。因此,机器分类的准确度需要进一步提升,以辅助专利审查员的分类工作。传统的使用机器学习算法对专利进行分类的做法是,首先选择特征,然后构建分类器,因此特征和分类算法是研究的热点。

在特征层面上,可以引入词向量这种包含语义信息的特征,以丰富以往基于词袋模型、主题模型的特征;从分类器层面,已经完成的绝大部分工作使用的都是单一的分类器,可将集成的方法应用到专利分类工作中;从数据量和待分类别数量层面来看,有的工作中的 IPC 类别足够但是总训练数据量不足,有的则训练数据足够但是类别数不足,因此可以同时增大训练数据量和类别数量。由此可见,深度学习的方法、大规模数据分布式方法、多分类器集成的方法是专利大数据到来之后的研究新热点及趋势。但是同样的,深度学习、大规模数据分布式等大数据时代才真正实用的技术,想要与专利的分类体系进行对接,也并不是天然的,需要对数据进行"集装箱"化的类似设计,而容器思想在基于大数据的专利分类过程中理论上也能起到非常高效的承载作用。

我们在前文已经指出,容器思想是为了解决特定的问题而提出的一种大数据建模思路,以及在该思路指导下的数据结构和核心库的实现方法,设计大数据处理系统的方法,以及服务实现和应用部署的方法。在解决专利数据自动分类问题时,同样可以采用容器思想进行设计。

首先,容器可以更好地承载专利文献数据中的特征数据,以利于分类。特征数据与文本数据最大的不同是特征数据在特定的文献类型形式下才有存在意义,而文本数据在任何形式文献下都有其意义,特征数据可以采用容器承载转化为结构化的数据。之前大部分的文献分类都是基于文本数据,很少涉及出版日期、文献长度、文献类型、出版地等特征数据。因此,对于专利文献的自动分类和索引体系也是以文本数据为基础的居多,大多使用题目、摘要、前20行的背景介绍及主权项。例如,欧洲专利局以 K—临近算法为基础,研发了自动分类的软件,分类的结果主要以文摘或全文为主,最近研究报道一些著录数据的融入可以提高分类的准确性。而与专利文献相比,其他文献并没有更多的元数据,因此对于许多大数据研究机构而言,研究元数据就没有更大的价值；一般的商业大数据的分类软件多是基于语言的，很难融入非语言的信息。此外，商业分类软件主要针对短文本，如电子邮件和新闻；人工分类器一般不使用作者姓名、文本长度、出版年限等元数据来分类文本，因为人为思维方式转化为计算机软件很容易产生错误；自动分类器的工作原理不是在语义上分析文本内容，而是文献的智能分类，单个的特征词与其相关的 IPC 而得到其分类的结果。人工索引不能"记忆"发明人和其相关的IPC 类，而基于计算机自动分类的分类器却可以将其关系进行分析并正确分类。与其他文献相比，专利文献拥有丰富的特征数据，这些数据对于专利文献的归属有很好的指引作用，其中 IPC 就是最为重要的特征数据。在使用容器对这些特征数据进行封装以后，专利文献的特征数据亦可以作为分类的特征量，如引用文献、文本长度、专利代理人、主权项、例证、优先权。专利公司及特殊发明者总是和特定的技术领域有着紧密关系，有助于自动分类器进行正确的分类。

其次，分类后的专利文献也可以表示为多个树节点的专利集合，与前文的技术分解表类似，利用容器"数据封装""高维处理"的特点，可利用简单的容器进行组合叠加来分解存储复杂数据，将特征数据这些复杂数据存储在多个子容器中，即可以采用多维度的子容器承载专利文献的多个特征数据，采用树容器（tree container）对分类条目的集合进行承载和封装，以便利于后续基于大数据的自动分类算法的进一步处理。

最后，容器利用数据和算法复用的特点利于进行专利的智能再分类。针对大数据多源、异构、高维以及大数据算法接口各异、流程多变的特点，容器思想除了"数据封装""高维处理"以外，更具优势的特点还在于"算法兼容"和"算法复用"。因此，在分类表进行修订或者分类规则发生变化后，易于通过算法复用，将已有的分类算法调整并复用到待再分类的专利数据上，以更好地适应技术的飞速更新和融合。

以上是基于专利容器的思想从专利分类的角度可以对专利大数据进行的一些优化分析，专利分类数据作为专利分析和运营的基础，如果能从该前端进行专利容器的构建和基于大数据的优化建模，将大大提高专利分析和运营的效率。由于本书篇幅所限，对基于容器的专利智能分类未能进一步展开，仅将基于容器的分类思路进行梳理，以供参考。

8.3 基于容器的审查过程数据分析

随着专利数据量呈指数规模的增长，专利服务和运营已经不能再满足于原始专利文献数据与案卷数据的获取和提供，而是需要更加深度地发掘专利生态系统数据的交易价值以及关联价值。专利生态数据价值在我国专利法第四次全面修改以及大数据国家战略的推动下得到进一步的提升。一方面，新修订的专利法明确要求"提供专利信息基础数据"，这将有利于降低原始专利数据交易成本，鼓励利用专利数据创业行为，并催生出更多高质量的增值数据；另一方面，随着大数据国家战略的推行，大数据交易运营平台模式也应运而生，这些平台企业具有良好的数据运营能力和经验，建立起一整套符合市场规律的增值数据交易规则以及数据赋权赋值体系。在上述两股力量的驱动下，专利领域在这个阶段也将孕育出专利大数据创新运营平台。政府部门在这个阶段的主要任务是提供符合标准规范的基础数据，建立和规范专利数据运营生态系统。专利文献数据也将与专利交易、许可实施、执法维权、法律诉讼以及平台日志数据、用户行为信息等多个维度数据进行关联，提供更有价值的、面向决策支持的数据服务。例如，可以将专利代理、申请、审查、复审或无效、法律诉讼等数据关联成线，按照人员、时间、地点等多个维度，还原企业创造与运用专利的实际场景，研究分析企业画像，可以用于识别企业疑似恶意申请行为、专利代理公司能力评估、专利检索服务能力评价等。

然而，根据大数据的理论，随着数据收集、存储、分析技术的突破性发展，可以不再因诸多限制不得不采用样本研究方法（例如，对个案数据的抽样），只要数据量足够大，就能够更加全面、立体、系统地认识数据所代表的意义和价值。而在这其中，对以往忽略的海量的过程数据的分析起到了主要的作用。上文提到的恶意申请行为、专利代理公司能力评估、专利检索服务能力评价等，仅靠对申请和授权数据的分析是远远不够的，均需要对审查过程的数据进行分析。

美国在几年前就开始了审查过程的使用，其中美国的一家网站已经免费发布了个体审查员实时数据，提供的信息对行业人士确定申请策略可能会有帮助，也可帮助得到某一特定审查员的授权决定。该网站名为 Examiner Ninja，用户可以看到美国专利商标局所有审查员的数据。网站呈现使用各种不同申请策略所能得到的授权率，还可以看到审查员在审查中采取特定行动所需的时间。每个审查员的数据还都会与其所在技术领域以及整个美国专利商标局所有其他审查官的数据进行比较。Examiner Ninja 网站目前针对每个审查员会有五个导航栏："概览栏"提供每个审查员的授权率数据；"策略栏"提供的数据包括审查员面审、提出上诉或请求继续审查时审查员授权率的变化情况；"历史栏"统计审查员每年授权、撤案以及未结案件的总数，还会展示该审查员最近公布的案件的状态；"计时栏"介绍审查员首次驳回、首次终结驳回、发布撤案通知、提出申请问题所平均花费的时间；"评论栏"，用户可以分享其与该审查员的接触经历以及意见；"概览""策略"以及"计时"栏还会提供该审查员与所在技术领域以及整个美国专利商标局的其他审查员的对比数据。

对于以上数据的分析，结合专利数据本身的特点，还可以进行更深入的过程数据的分析。例如，对于原有专利分析中的难题，根据审查意见和答复意见可以进行专利说明书中数据披露的真实性的分析；根据禁止反悔（estoppels）原则，可以进行更准确的专利价值的评估等。但这些分析都需要对审查过程数据进行规范化的清洗和抽取，而利用申请个案这一天然的专利数据子容器，可以将其中关注的过程信息也作为个案子容器的纬度之一加以分析。结合人员、时间、地点等多个维度，可以对审查全生命周期的各个阶段的数据进行"集装"化的处理和分析。

具体而言，以专利分析中对禁止反悔原则的考虑为例，权利要求保护范围的分析，是由授权权利要求的文字限定和解释为基础。但在审查过程中，申请人可能直接修改权利要求书，例如，在某一项权利要求中增加新的技术特征，或者将某一已有技术特征用更加下位化的技术特征代替；也可能在答复审查意见通知书时，以自认的方式表明某一特定技术方案不在专利保护的范围内。对于后者而言，仅靠对权利要求甚至说明书的分析是难以获得的，而如果类特征数据作为案件容器子模型的一个维度，一并进行基于容器的封装，则可以在原有的分析模型和分析算法的基础上通过容器的数据和算法复用实现考虑禁止反悔原则的分析。同样，基于容器便于处理高纬数据的优势，其他审查过程中相关的特征信息也可以进行抽取，根据需要专利数据容器进行扩展。

8.4　基于容器的创造性评判

专利要通过审核和保持专利的稳定性必然要通过三性的判断，以"三性判断"为主线的审查机制历来是国家知识产权局的主流审查标准，而创造性是保证专利授权的最重要的判断标准，创造性判断标准的设置和运用关乎到专利制度运行的社会效果，影响国家知识产权政策和创建创新型国家战略的制度和实施，创造性判断标准经历了从无到有，从"独创性"到"天赋""创造性火花"等的极端主观性标准，然后到美国1952年提出的非显而易见性，之后渐渐滑向导致专利丛林的极端客户化标准，再到2007年美国引入普通创造力而使创造性判断回归到两个极端之间某个位置的振荡发展过程。极端主观和客观判断都不符合人类创造力的特质，因为想象和理性是科学研究的两大支柱，缺少了想象或理性都不能构成有创造性的发明。

创造性判断的本质是法律判断，现有的专利法、专利审查指南以及审查实践对于创造性的判断均采取三步法，首先通过检索获得最接近的现有技术，然后通过确定本申请与最接近的现有技术的区别特征以及判断由该区别特征起到的作用，最后判断是否有显著的特点和显著的进步，然而，通过三步法的创造性判断作出的决策和判断通常也会带入些许的感性因素，缺乏理性的判断，最后得出的创造性的显而易见性并不是完全建立在理性基础上的最佳选择，而是建立在人类心里上的第一满意选择，因此要使判断结果更加趋近能真实反映人类科技的进步，使判断具有相对的可重复性和稳定性，应适当引入客观手段，以减少主观判断的随意性，在这种情况下，是否可以在创造性的评判过程中引入模型管理机制，作为一种判断辅助工具？容器思想和容器技术可以作为数据处理工具引入创造性判断模型的构建过程，通过大数据分析容器技术构建科学、合理、理性的创造性评价模型。

我们将容器思想引入创造性评价模型主要体现在两个方面：一是创造性

评判模型中评判因子的选择，二是最容易引入主观因素的公知常识的鉴定过程。

8.4.1 基于容器的创造性因子选择模型

发明产生的过程就是创造性积累的过程，涉及的每个因素都为发明的产生提供了或多或少的创造性。在充分考虑各因素对创造性的贡献的基础上，将影响创造性的影响因子平面化、横向化，通过厘清影响创造性结果的影响因子，确定关键影响因素并构造判断模型，充分发挥判断模型和专利专家的作用，整体性评价发明所具有的创造性，避免事后诸葛亮判断的问题。基于容器的创造性因子选择模型，选取对创造性影响的多个因子，利用容器对高纬度的处理能力，将多个影响因子作为容器的多个维度，通过容器高维度关联的处理能力，多个因子的关联性、耦合性对影响创造性的多个因子使用容器"黑盒"加以处理，然后判断容器输出是否具备创造性的结果，一方面可以整体上考虑各因素对创造性的影响，另一方面可以最大限度地摆脱判断者个体因素的满意判断羁绊。

作为容器的多个维度的创造性的影响因子，可以通过本申请的环境因素、对比文件的环境因素的情况更加精细地选取影响因子，因子选择有多种方式，例如，可以选取的因子为发明所在技术领域在整个现有技术总量之中的占比、最接近现有技术和发明所在技术领域之间的层级差、区别技术特征数量、区别技术特征和发明所在技术领域之间的层级、技术问题的提出方式、技术效果、常规试验能力、专利授权量发展趋势、基本创造性；或者可以选取以下因子：技术问题、技术效果、基本创造性、区别特征的关联性、本领域技术人员在创造性判断的地位；抑或选择以下因子：技术问题、技术效果、最接近现有技术、区别技术特征数量、本领域技术人员。一个发明创造的创造性表现在多少个环节，涉及每个因素都为发明贡献多少创造性，各个因子并不相互独立，各个因子的协同作用也可以为发明产生贡献创造性，通过容器的黑盒、高纬、标准化处理过程，将多个输入因子作为容器的输入因素、将显而易见性作为输出因素，将客观性、系统性引入创造性的判断过程，对创造性判断实现更加精细的管理。

8.4.2 基于容器的公知常识鉴定模型

在创造性的审查过程中，最容易带入主观因素的就是公知常识的鉴定，我们将容器思想引入公知常识的鉴定是非常必要的，因此，在创造性评判模型的构建中，我们要介绍的第二个方面就是将容器思想引入公知常识的鉴别。目前，专利局作出的审查意见通知书和驳回决定中，引用公知常识评述发明创造性的比例不占少数，不经举证而直接将区别技术特征简单、直接地认定为公知常识的现象也时有发生。专利局为了提高社会服务意识，提升社会满意度，提出了"以证据为支撑形成结论、保证客观公正执法"的指导思想，避免在公知常识的认定过程中的"经验论"和"直觉思维"。而在实际的审查过程中，对于公知常识的举证和认定的检索来源比较单一、缺乏可靠性、便利性，并且同一领域审查员成功认定为公知常识的资源也没有途径共享给其他人员，举证过程、举证结果和举证效率的效果都很不理解，非常影响获得最优的审查质量，降低社会满意度和专利局的公信力。然而，公知常识也可以看成是大数据中的一种类型，将容器思想和容器技术引入对公知常识这一数据的分析和处理过程，建立一套基于公知常识大数据的容器模型，系统化、科学化、便捷化，作为一种辅助工具帮助提升审查效能和公信力。那么，如何建立公知常识容器模型？我们可以从以下几个方面进行入手，首先分别以案件和审查员为基本单元抽取所需维度的数据信息，从通用案件容器中选取案件的多级维度，一级维度可以包括案件本身的相关要素，例如，技术领域、技术问题、技术特征、技术手段、技术效果、分类号、公知常识证据；二级维度可选取对比文件的相关要素，例如，引用的对比文件和公知常识证据，而从通用审查员容器抽取学历背景、工作经历、审查单元等。通过上述相关要素的抽取，容器模型相应地建立完成，然后利用大数据分析中的决策树等智能分类算法，基于提取的案件信息和审查员信息，确定具有相同或相似细分领域，或者能够解决相同或相似技术问题的公知常识知识点进行聚合和分类整理，并自动基于当前案件或审查员审查单元等信息进行公知常识的关联推荐，通过公知常识容器模型的建立，系统性、科学性、便捷性地完成了审查员对公知常识的获取，不仅有助于审查质量的提升，还有助于提升审查过程的举证意识和举证能力。

客观化是专利创造性判断的生命，通过建立因子选择容器模型和公知常识鉴定容器模型，在创造性的判断过程引入理性、科学、客观的判断机制，从而使得创造性的评判更加合理，增加创造性判断的可信度。从而，专利创造性客户化判断的所有努力，包括一些可能的判断工具的出现，都是最终作为主观性判断的参考，客观化判断的研究为最终的主观化判断提供更稳定的支持，两者并不排斥，大数据分析容器技术的引入对于提高整体审查质量，提升社会满意度必然作出贡献。

容器的扩展应用场景不仅如此，其实还可以扩展到很多专利大数据的应用场景。

参考文献

[1] Manyika J, Chui M, Brown B, Bughin J, Dobbs R, Roxburgh C, Byers AH. Big data：The next frontier for innovation, competition, and productivity, 2011 ［OL］［2019 – 03 – 20］. http：//www. mckinsey. com/insights/business_ technology/big_ data_ the_ next_ frontier_ for_ innovation.

[2] 百度百科"社会"词条［OL］［2019 – 04 – 02］. https：//baike. baidu. com/item/社会/73320.

[3] 徐宗本，张维，刘雷，等."数据科学与大数据的科学原理及发展前景"：香山科学会议第462次学术讨论会专家发言摘登［J］. 科技促进发展，2014，10（1）：66—75.

[4] 孟小峰，慈祥. 数据管理：概念、技术与挑战［J］. 计算机研究与发展，2013，50（1）：146—149. MENG X F, CI X. Big data management：concepts, techniques and challenges［J］. Journal of Computer Research and Development, 2013, 50（1）：146—149.

[5] 覃雄派，王会举，杜小勇，等. 大数据分析：RDBMS与MapReduce的竞争与共生［J］. 软件学报，2012，23（1）：32—45.

[6] HUANG S, CAI L, LIU Z, HU Y. Non – structure data storage technology – An discussion［C］. 2012 IEEE/ACIS 11th International Conference on Computer and Information Science, China：Shanghai, 2012：482—487.

[7] Benchmarking Apache Kafka：2 Million Writes Per Second（On Three Cheap Machines）［OL］［2019 – 04 – 10］. 2014 – 04 – 27, https：//www. cnblogs. com/yanduanduan/p/6688209. html.

[8] 孟小峰，慈祥. 数据管理：概念、技术与挑战［J］. 计算机研究与发展，2013，50（1）：146—149. MENG X F, CI X. Big data management：concepts, techniques and challenges［J］. Journal of Computer Research and Development, 2013, 50

(1): 146—149.

[9] Schroeder WJ, Zarge JA, Lorensen WE. Decimation of triangle meshes [J]. Computer Graphics, 1992, 26 (2): 65—70. [doi: 10.1145/133994.134010]

[10] Renze KJ, Oliver JH. Generalized unstructured decimation [J]. IEEE Computer Graphics and Applications, 1996, 16 (6): 24—32. [doi: 10.1109/38.544069]

[11] Plaisant C, Carr D, Shneiderman B. Image-Browser taxonomy and guidelines for designers [J]. IEEE Software, 1995, 12 (2): 21—32. [doi: 10.1109/52.368260]

[12] Plaisant C, Grosjean J, Bederson BB. Spacetree: Supporting exploration in large node link tree, design evolution and empirical evaluation. In: Proc. of the IEEE Symp. on Information Visualization (InfoVis 2002) [J]. Washington: IEEE Computer Society, 2002. 57—64. [doi: 10.1109/INFVIS.2002.1173148]

[13] 卢青, 赵澎碧. 大数据环境下的专利分析模型 [J]. 现代情报, 2018, 38 (1): 37—38.

[14] 2017年国家知识产权局年报 [N]. 2018-05-03.

[15] 刘倩. 基于大数据对专利信息的分析 [J]. 电信网技术, 2017 (3): 21.

[16] 李建蓉. 专利信息与利用 [M]. 北京: 知识产权出版社, 2006: 5—10.

[17] 姚卫浩. 专利大数据及其发展对策 [J]. 中国高校科技, 2014 (6): 17—18.

[18] 张龙晖. 大数据时代的专利分析 [J]. 信息系统工程, 2014 (2): 148.

[19] 马兵. 大数据与专利分析 [J]. 科技经济导刊, 2017 (30): 3—4.

[20] 邓鹏. 大数据时代专利分析服务的机遇与挑战 [J]. 中国发明与专利, 2014 (2): 29—31.

[21] 彭茂祥, 李浩. 基于大数据视角的专利分析方法与模式研究 [J]. 科技经济导刊, 2016, 39 (7): 108—110.

[22] 彭茂祥, 李浩. 专利大数据发展路径研究 [J]. 中国发明与专利, 2016 (6): 14—16.

[23] 杨铁军. 专利分析实务手册 [M]. 北京: 知识产权出版社, 2012: 1—10.

[24] 马天旗. 专利分析: 方法、图表解读与情报挖掘 [M]. 北京: 知识产权出版社, 2015: 1—5.

[25] 杨栋. 容器数据结构的Python示例 [OL] [2019-09-19]. https://github.com/yangdongbjcn/patent-container.

[26] 石陆仁. 专利侵权风险评估要素解析 [J]. 中国发明与专利, 2009 (5), 61—62.

341

［27］李静．基于指标体系的企业专利预警机制研究［D］．重庆：重庆大学，2009．

［28］翟东升，张帆．企业专利预警指标体系研究及实例分析［J］．现代情报，2001（5）：37—40，45．

［29］BERGMANN I, BUTZKE D, WALTER L, et al. Evaluating the risk of patent infringement by means of semantic patent analysis：the case of DNA chips［J］R&D Management, 2008, 38 (5)：550—562.

［30］LEE C, SONG B, PARK Y. How to assess patent infringement risks：a semantic patent claim analysis using dependency relationships［J］. Technology Analysis & Strategic Management, 2013, 25 (1)：23—38.

［31］胡彩燕，等．专利价值评估方法探索综述［J］．中国发明与专利，2016（3）：119—122．

［32］吴全伟，等．专利价值评估体系的探析与展望［J］．中国发明与专利，2016（3）：123—127．

［33］张丽娜，等．基于多级价值评估的专利交易定价机制［J］．中国发展，2014，14（4）：45—49．

［34］杨思思，等．专利法律价值评估研究［J］．高技术通讯，2016，26（8—9）：815—823．

［35］杨思思，等．专利技术价值评估及实证研究［J］．中国科技论坛，2017（9）：146—152．

［36］杨思思，等．专利经济价值度通用评估方法研究［J］．情报学科，2018，37（1）：52—60．

［37］刘雨微，等．基于层次分析法的控制系统性能评估［J］．计算技术与自动化，2014，33（4）：6—10．

［38］高起蛟，等．层次分析法（AHP）在数据质量评估中的应用［J］．信息技术，2011（3）：168—173．

［39］朱明旱，等．一种广义的主成分分析特征提取方法［J］．计算机工程与应用，2008，44（26）：38—40．

［40］马天旗，等．高价值专利培育与评估［M］．北京：知识产权出版社，2018：1—5．

［41］白光清，等．医药高价值专利培育实务［M］．北京：知识产权出版社，2017：1—14．

［42］马天旗，赵星．高价值专利内涵及受制新都探究［J］．中国发明与专利，2018（3）：24—28．

[43] Alan L. Porter，等．技术挖掘与专利分析［M］．陈燕，等，译．北京：清华大学出版社，2012：12—22．

[44] 专利挖掘，搜狗百科［OL］［2018 – 05 – 28］．https：//baike. sogou. com/v174474363. htm? fromTitle = % E4% B8% 93% E5% 88% A9% E6% 8C% 96% E6% 8E% 98．

[45] 杨铁军，等．企业专利工作实务手册［M］．北京：知识产权出版社，2013：53—71．

[46] 胡正银，等．面向TRIZ的领域专利技术挖掘系统设计与实现［J］．图书情报工作，2017（1）：117—124．

[47] 文庭孝，李俊．专利法律信息挖掘研究进展［J］．图书馆，2018（4）：18—27．

[48] 岑咏华，等．面向企业技术创新决策的专利数据挖掘研究综述：上［J］．情报理论与实践，2013，33（1）：120，125—128．

[49] 马天旗，等．高价值专利筛选［M］．北京：知识产权出版社，2018：1—7．

[50] 赵斌，等．专利布局方法与实施新常态［D］．2015年中华全国专利代理人协会年会第六届知识产权论坛论文集，2015：753—763．

[51] 谢顺星，高荣英，瞿卫军．专利布局浅析［J］．中国发明与专利，2012，（8）：24—29．

[52] 马天旗，等．专利布局［M］．北京：知识产权出版社，2016：18—40．

[53] 贾丽臻，等．基于专利地图的企业专利布局设计研究［J］．工程设计学报，2013（3）：173—179．

[54] 秦小波．设计模式之禅［M］．北京：机械工业出版社，2010：1—8．

[55] Jeff Reback. Pandas DataFrame 数据结构［OL］［2019 – 09 – 19］．https：//pandas. pydata. org/pandas – docs/stable/reference/api/pandas. DataFrame. html．

[56] Martin Fowler. Microservices, a definition of this new architectural term［OL］［2019 – 09 – 19］．https：//martinfowler. com/articles/microservices. html．

[57] Susan J. Fowler. 生产微服务［M］薛命灯，译．北京：电子工业出版社，2017：1—19．

[58] 周立，等．Spring Cloud 与 Docker 微服务架构实战［M］．北京：电子工业出版社，2017：1—26．

[59] 龚正，吴治辉，王伟，等．Kubernetes 权威指南［M］．北京：电子工业出版社，2017：45—208．

[60] 闫建勇，龚正，吴治辉，刘晓红，等．Kubernetes 权威指南企业级容器云实战［M］．北京：电子工业出版社，2018：98—139．

[61] 董微微. 专利分析方法对技术路线图制定的支撑作用研究［J］. 现代情报, 2017, 37（11）: 44—50.

[62] 文家春, 等. 政府资助专利费用对我国技术创新的影响机理研究［J］. 科学学研究, 2009, 27（5）: 686—691.

[63] 倪凯. 跨国医药企业专利药到期对我国仿制药企业的影响［J］. 亚太传统医药, 2012, 8（7）: 1—3.

[64] 黄鲁成. 基于专利分析的产业共性技术识别方法研究［J］. 科学学与科学技术管理, 2014, 35（4）: 80—85.

[65] 曹明, 等. 基于专利分析的技术竞争力比较研究［J］. 科学学研究, 2016, 34（3）: 380—385.

[66] 蔡爽, 等. 面向技术战略的专利分析方法述评［J］. 技术经济, 2008, 27（6）: 36—38.

[67] 唐炜. 面向战略决策服务的专利分析指标研究［D］. 中国科学院硕士学位论文, 2016.

[68] 谢小勇, 王雷. 专利信息分析在行业产业分析中的应用［J］. 中国发明与专利, 2007（12）: 61—62.

[69] 王兴旺. 专利分析在企业技术并购中的应用探究［J］. 情报杂志, 2011, 30（10）: 91—94.

[70] 于淼. 基于企业专利战略的专利情报工作研究［D］. 河北大学硕士学位论文, 2011.

[71] Yun Yun Yang, Thomas Klose, Jonathan Lippy, Cynthia S. Barcelon - Yang, Litao Zhang. Leveraging text analytics in patent analysis to empower business decisions - A competitive differentiation of kinase assay technology platforms by I2E text mining software［J］. World Patent Information, 2014（39）: 24—34.

[72] 宋巧枝, 方曙. 专利信息分析方法在企业战略制定中的应用［J］. 现代情报, 2007（10）: 193—195.

[73] 北京路浩知识产权代理有限公司, 北京御路知识权发展中心. 企业专利工作实务［M］. 北京: 知识产权出版社, 2009: 5.

[74] 中国知识产权报. 一起来场头脑风暴: 如何让专利大数据更有价值?［N/OL］.［2018 - 05 - 23］. https://biaotianxia.com/article/4974.html.

[75] 王伟军, 蔡国沛. 信息分析方法与应用［M］. 北京: 北京交通大学出版社, 2010: 10.

[76] 方建生, 杨清云, 邱碧珍. 电子商务: 第3版［M］. 厦门: 厦门大学出版社, 2016: 8.